广西卷

《中国海洋文化》编委会 编

海洋出版社
2016年·北京

广西卷
海洋平安
龍皇天子
龍皇廟
漁業豐
鎮守南
孔
廟
鴻
恩

中国海洋文化

广西卷

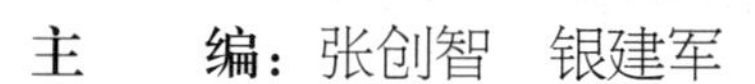

总序

文化是民族的血脉，是人民的精神家园。2014 年 10 月 14 日，习近平总书记在文艺工作座谈会上发表重要讲话指出，文化是民族生存和发展的重要力量。人类社会的每一次跃进，人类文明每一次升华，无不伴随着文化的历史性进步。在几千年源远流长、连绵不断的历史长河中，中华儿女培育和发展了独具特色、博大精深的中华文化，为民族的生生不息提供了强大精神支撑。

我国是陆海兼备大国，海洋与国家的生存和发展息息相关。中华民族是最早研究认识和开发利用海洋的民族之一。春秋时期的“海王之国”，汉代的海水煮盐工艺，沟通东西方的“海上丝绸之路”，郑和七下西洋的航海壮举，海峡两岸的妈祖文化等与海洋相关的文化遗产，都表明海洋文化是中华文化的重要组成部分，中华民族拥有显著特色的海洋文化传统，为人类海洋文明做出了不可磨灭的贡献。

党和国家历来高度重视海洋事业发展。特别是改革开放后，我国经济逐步发展成为高度依赖海洋资源的开放型经济，海洋已成为支撑我国经济格局的重要载体。党的十八大以来，建设海洋强国已成为经邦治国的大政方略、重大部署。弘扬海洋文化，提升全民海洋意识，已成为社会各界的广泛共识。海洋文化是认识海洋、经略海洋的思想基础，是建设海洋强国的精神动力，也是增强民族凝聚力、国家文化软实力的重要内容。

“中国海洋文化丛书”是我国海洋文化建设的一大成果。这套丛书第一次较为系统地展示了我国沿海各地海洋事业发展、海洋军政历史沿革、海洋文学艺术、海洋风俗民情和沿海名胜风光，既有一定的理论深度，又兼顾可读性、趣味性，荟萃众美，图文并茂，雅俗共赏，是继承弘扬海洋文化优秀传统的重要媒介。在这套丛书的编纂过程中，得益于沿海各地党政领导、机关部门的大力支持，得益于国家海洋局机关党委、地方海洋厅（局）的精心组织，凝聚了一大批海洋文化专家学者的心血和智慧。

“中国海洋文化丛书”是海洋文化综合研究的有益探索。由于海洋文化的这类研究尚属首次，受资料搜集困难、研究基础相对薄弱等各方面客观因素的影响，研究和编写难度较大，不当或疏漏之处在所难免，也希望更多的专家学者和有识之士参与到发掘、研究、宣传、弘扬海洋文化的行动中来，为弘扬海洋文化、提升全民海洋意识做出更多贡献。

希望本丛书对关注海洋文化的各界人士具有重要参考价值。希望本丛书的出版，对繁荣中华文化，推动海洋强国建设发挥重要作用。

丛书导读

由国家海洋局组织，沿海各省（区、市）海洋管理部门积极响应落实，200余位历史文化专家、学者共同完成的“中国海洋文化丛书”，经过长达5年的立项、研究、撰著、编修，今天终于与读者见面了。海洋出版社精心打造的这套“中国海洋文化丛书”，卷帙宏巨，共14个分册，分别对中国沿海8省、2市、1自治区及港、澳、台地区的海洋文化进行了细致的梳理和全面的研究，连缀与展现了中国海洋文化的整体体势，探索且构建了中国海洋文化区域性研究的基础，推动中国海洋文化研究迈出了重要的、可喜的一步。

海洋文化，是一个几与人类自身同样苍迈、久远的历史存在。但“海洋文化”作为文化学研究中专一而独立的学术领域，却起步晚近，且尚在形成之中。尽管黑格尔在《历史哲学·绪论》中，就已经提出了“海洋文明”这个概念，并为阐释“世界历史舞台”和“人类精神差异”的关联性而圈划出三种“地理差别”，即所谓“干燥的高原及广阔的草原与平原”“大川大江经过的平原流域”和“与海相连的海岸区域”，但很显然，这还远远不足以成为一个学科的开端与支架。中华民族是人类海洋文明的主要缔造者之一，在漫长的历史演进过程中，踏波听涛、扬帆牧海的中华先民，创造了悠久的、凝注民族血脉精神的中国海洋文化，在相当长的历史时段内，对整个人类社会海洋文明的示范与引领意义都是巨大的。但“中国海洋文化”无论是作为一个学术概念的提出，还是其学科自身的建构，同样不出百年之区，甚至只是应和着近三十多年来中国政治变革、经济发展、社会转型、文化重构的鼓点，才真正开始登上当代中国思想文化舞台的“中心表演区”。由是观之，“古老—年轻”，可谓其主要的标志。“古老”，为我们提供了巨大的时空优势和沉厚积淀，让我们得以在海洋文化历史的浩浩洪波中纵游翱翔、聚珠采珍；“年轻”，使其具备了无限的成长性和多样化的当代视角，给我们提供了建立中国海洋文化学理论体系的充分可能与生长条件。

作为一个初具雏形的学术领域，中国海洋文化研究面临的课题是众多的，必然要经历一个筚路蓝缕、艰辛跋涉的过程，才能使自身的学科建设达于初成。以研究路径而论，当前或有如下几个方面是值得注意的：一是包括基本概念、基本理论、基本路径、基本规范等在内的“基础性研究”；二是建立在海洋学、航海学、造船学、海洋考古学、海洋地质学、海洋生物学、海洋矿产学、海洋气象学等相关海洋学科基础之上，抽象与概括其文化哲学意义的“宏观性研究”；三是以独立性、个案性问题研究为着力点，进而扩及一般性、共性研究的“专题性研究”，如海上丝绸之路研究、妈祖信仰研究，等等；四是以时间为“轴线”、对中国海洋文化历史生发流变进程加以梳理与描述的“纵向式研究”；五是以空间为“维度”、对中国海洋文化加以区域性阐释与比较的“横向式研究”。当然，这些方面是相互联系、互为支撑的，具有系统的不可分割性。

海洋出版社推出的这套“中国海洋文化丛书”，应当属于横向的“区域性研究”。在分册选题的确定上，分列出《辽宁卷》《河北卷》《天津卷》《山东卷》《江苏卷》《上海卷》《浙江卷》《福建卷》《台湾卷》《广东卷》《澳门卷》《香港卷》《广西卷》和《海南卷》，其分册的依据，既考虑到了目前中国沿海省市地区的现行行政区划，也考虑到了不同地区在历史文化进程与地理关系上形成的联系与差异。

“区域性研究”非常必要，“区域性”或曰“地域性”，是文化的固有特征。有论者指出：所谓“区域文化”或“地域文化”，源自“由多个文化群体所构成的文化空间区域，其产生、发展受着地理环境的影响。不同地区居住的不同民族在生产方式、生活习俗、心理特征、民族传统、社会组织形态等物质和精神方面存在着不同程度的差异，从而形成具有鲜明地理特征的地域文化”。（李慕寒、沈守兵《试论中国地域文化的地理特征》）中国沿海辽阔，现有海岸线长达 18 000 多千米，跨越多个纬度和气候带，纵向跨度巨大，横向宽度各异，濒海各区域文化发展进程中依赖的主要生成依据、环境、条件差别明显。首先，中国沿海及相邻海域不同纬度的地形地貌不一，气象洋流各异，季风规律不同，岛屿分布不均，人类海洋活动、特别是早期海洋活动的自然条件迥异。其次，受地理、历史等自然、人文条件的影响与制约，濒海各地及与之相邻内陆地区的文明程度、文化性状不同。再次，古代远洋航线覆盖范围内，存在着不同种族、不同信仰、不同文化来源与不同历史传统的众多国家和地区，中国沿海各地在海洋方向上相对应的文化交流对象、传播路径、历史时段、往来方式等都不同。最后，历史上、特别是近数百年来，中国沿海各地区受外来文化影响的程度、内容等，也不完全一样。由此，造成了中国沿海各地文化样态纷繁，水平不一，内涵也不尽相同，有些甚至差异巨大，因此，不分区域地泛谈中国海洋文化，难免失之于笼统粗率，不足以反映其在大的同一性前提下的丰富多样性。从这个意义上说，“中国海洋文化丛书”的编撰别开生面，生成了中国海洋文化研究的一个新的样式，即中国海洋文化的区域性研究。这是对中国海洋文化在研究方法、研究思路上的一个重要的贡献。

区域性研究，重点在于揭示不同区域的文化独特性。任何一个文化区域的形成，都离不开两个基本要素，一是区域内的文化内聚中心的确立，二是外廓边缘相对封闭的壁垒结构。我们在辽宁的海洋文化中看到了山东海洋文化所不具备的面貌，在福建的海洋文化中看到了台湾海洋文化中所不具备的面貌，尽管辽宁和山东共拥渤海、福建和台湾同处东海，在自然与人文诸方面有着如此千丝万缕的联系，但其文化仍然各具风貌，难以混为一谈。海洋文化的区域性研究，正是要对这种区域文化的独特性有所揭示，既要揭示各区域内文化中心的存在形式、存在条件与存在依据，又要廓清本区域与其他区域的差异与联系，从而形成对本区域海洋文化核心特质的认识。本丛书 14 个分卷的撰著者，大多都关注到了这个问题，从本区域地理环境、人种族群、考古及历史典籍等方面，开始寻源溯流，追踪觅迹，最终趋近于对本区域海洋文化特质的描述，进而构成了整个中国沿海及其岛屿各区域海洋文化丰富形态与样貌的整体展示。总体上看，各分册尽管在这一问题上的学术自觉与理论深度等方面尚存参差，但毕竟开了一个好头，形成了区域性海洋文化在研究方向上的共识。

区域性研究，同样重视区域间的比较性研究。文化从来就不是静若瓶浆、一成不变的，它不仅存在于自身内部，而且以“扩散”为其基本的属性与过程，文化特性的成型、存续、彰显、变异，很大程度上存在于此一文化与彼类文化的相遇与选择、交流与传播、对立与比较、碰撞与融合之中。一方面，中国沿海南北跨度巨大，以台湾岛、海南岛等大型海岛为主体的海岛群独立存在，地理、族群、文化习俗等方面的差异不言而喻。但另一方面，中国在历史上毕竟长期处于“大一统”的政治格局中，以儒家文化为主体的儒、释、道、法百家融合的传统思想文化，长期稳定地居于中华民族精神文化的核心地位，中国沿海各区域之间政治的、经济的、人文的历史联系十分密切。由此，形成了中国海洋文化各区域之间在时间轴上的“远异近同”和内容上的“同异并存”。我们的区域海洋文化研究，必须把区域间的比较研究作为一个重要方面，在比较中，凸显本区域的文化特质；在比较中，寻找与其他区域的文化联系；在比较中，建立各区域特质与中国海洋文化整体性质的逻辑关系与完整认识。还有一个问题，是要关注到沿海地区与相邻内陆地区的比较研究，关注到内陆文化和海洋文化在相向毗邻区域间的互动、交汇、融合。我们欣喜地看到，本丛书中很多分卷对上述问题做了探讨，也取得了一定的研究成果，使本丛书的研究视野突破了各区域的地理界限，从而为完整描述中国海洋文化整体样貌打下了基础。

区域性研究，最终要突破行政区划的界域，形成中国的“海洋文化分区”。目前，本丛书是以中华人民共和国现行行政辖区来分卷的。这不仅是为了操作上的便利，也有一定的历史文化依据。因为现行的行政辖区不是凭空产生的，有相当充分的自然与人文历史渊源。如河北与天津，同处于渤海之滨，河北对天津在地理上呈"包裹状"。而上海与苏、浙，单纯以地理关系而论也与津、冀相似。但是仔细考察就会发现，天津不同于河北、上海不同于苏、浙，这是在历史文化发展进程中形成的客观存在。津、沪两个地区的海洋文化，具有更鲜明的港埠—城市特色，外向性状更突出，受外来文化影响更直接、程度更大，呈现出迥异于相邻冀、苏、浙省的特色。因此，以行政辖区来分卷是有一定理由的。

但是也应当看到，现有的省市划分，行政意义毕竟大于文化意义，难以完全契合文化学研究的实际。比如山东，依泰山而濒大海，古称"海岱之区"，但实际上，"山东"作为一个古老的地理概念，其所指范围是不断变化的；直到清代，才有"山东省"的设置。而从文化源流的角度看，历史上，齐鲁文化的覆盖区域远不以今山东省辖区为界；若再溯海岱—东夷文化之远源，则其范围更阔及今山东、江苏、河南、安徽等省，散漫分布于华北与华东的广大范围。类似的情况并不罕见，事实上，无论是"同'源'异'省'"，还是"一'省'多'源'"，都是可能存在的。因此，随着研究的深入，我们的文化研究视野，最终必然会超离现有行政辖区的局限，否则就难以对各地区文化有脉络清晰的、本质的把握。

由此，我们有一个期盼，就是在本丛书提供的、按行政辖区分省市进行海洋文化研究的基础上，可以通过类比、合并，最终形成具有文化学意义的"中国海洋文化分区"。

这一课题的意义非常重大，比如，今广东、广西和海南，地处南海之北，五岭之南，北缘有山岳关隘阻隔，远离中原，自成一体，就其文化渊源考察，同出乎"百越"一脉，共同构成了独立的"岭南文化"，具有明显的文化同源性，因此，将广东、广西和海南视为一个海洋文化分区，进行跨越现有行政区划的文化考察，或许更有利于研究的深入。而在此基础上我们还会发现，该"分区"内的广西不仅"面向南海"，且"背依西南"，在体现"岭南文化"共性的同时，亦深受"西南文化"的影响。就其向海洋方向的辐射而论，当然包括北部湾、海南乃至整个南海，并拥有海上丝绸之路的始发港合浦，但另一条重要的文化传播路径则是通过中南半岛南下。因此，广西的独特性是不言而喻的。相比之下，海南与广东（还包括本"分区"外的闽台），则直接的文化联系更加紧密，共性更突出；而港、澳地区，也有不同于粤、桂、琼的特殊性。由此，我们在大的海洋文化分区中，又可以进一步细化出不同特质的"文化单元"。这种以海洋文化分区替代行政辖区的研究思路，显然具有更大的合理性。

再如今辽宁、吉林、黑龙江等“关东之地”，在历史上都曾濒海。有翔实记录表明：汉武帝时期，中国东北部疆域边界西至贝加尔湖，东至鄂霍次克海、白令海峡、库页岛地区。唐代，从北部鞑靼海峡到朝鲜湾，大片沿海地区均归中国管辖。元代，设立辽阳行省管理东北地区，其下设的开元路，辖地“南镇长白之山，北侵鲸川之海”，所谓“鲸川之海”，即今之日本海。而松花江、黑龙江下游，乌苏里江流域直至滨海一带的广大地区和库页岛都归中国管辖。明代，设置努尔干都司，辖地北至外兴安岭，南达图们江上游，西至兀良哈，东至日本海、库页岛。清代，满族入关前即统一了东北，所辖范围自鄂霍次克海至贝加尔湖。只是到了清康熙二十八年（1689 年）中俄签订《尼布楚条约》后，外兴安岭以北及鄂霍次克海地区才“割让”给俄国，距今不过 300 余年。清咸丰八年（1858 年），根据《中俄瑷珲条约》，沙俄又“割占”了外兴安岭以南、黑龙江以北的 60 多万平方千米中国领土；2 年后，才占领海参崴（符拉迪沃斯托克）。直至第二次鸦片战争，沙俄才借《中俄北京条约》，把乌苏里江以东、包括海参崴（符拉迪沃斯托克）在内的 40 万平方千米中国领土夺走，至此，中国才失去了日本海沿岸的所有领土，这不过才是 150 年前的历史。事实上，无论是在红山文化的渊源追溯上，还是在与中原文化的相对隔绝上；亦无论是在区域内游牧—农耕性质的多民族并存与融合上，还是在萨满文化的覆盖与变异上，东北地区都有充分的理由成为中国文化版图上的一个独立文化区，因此也必然影响到整个东北地区的海洋文化，使其呈现出独有的“东北特色”；而揭示东北地区海洋文化特质的研究，最直接的研究理路也许就是置于“海洋文化分区”的大前提统摄之下。

本丛书虽按行政辖区分卷，但也为“中国海洋文化分区”的确立，做出了先导性的贡献。

区域性研究，必须体现基础性研究的要求。在突出本区域文化特色研究的同时，关照到中国海洋文化基本问题的研究，是区域性研究的根本目的。如，什么是“海洋文明”？什么是“海洋文化”？什么是“中国海洋文化”？怎样确定“海洋文化”的科学概念并严格划定其内涵与外延？中国海洋文化与中国传统文化的关系究竟是什么？或者说，在漫长历史中居于主流地位的中国传统文化与中国海洋文化究竟是否属于形式逻辑范畴内讨论的“种属关系”？如果确实存在这种逻辑上的层级，那么传统文化这个“属文化”对海洋文化这个“种文化”的强制规定性究竟是什么？而中国海洋文化这个“种文化”又如何体现中国传统主流文化这个“属文化”的基本属性？反之，中国海洋文化对中国传统文化施加的影响又有哪些？在精神—物质—制度等层面上是怎样表现出来的？进一步放大研究视野，则中国海洋文化在世界海洋文化范围内的独立存在意义和历史地位是什么？从世界范围回看，中国海洋文化的基本性质是什么？而以发展的、前进的目光观察，中国海洋文化未来的发展方向和前景又是什么？在实践中华民族伟大复兴的历史进程中会发挥什么样的重要作用……这些问题，层叠缠绕，彼此相连，或多至不胜枚举，但都是海洋文化研究的基本问题。区域性的海洋文化研究的意义，不仅在于对本区域海洋文化诸课题的研究，还应有意识地在区域性研究中探讨和研究整体性、基础性的问题，分剖析理，彼此观照，以观全貌，最终为中国海洋文化学的学科建设和理论体系的形成，奠定坚实的基础。本丛书各卷撰著者，在这方面也都做出了有益的探索和尝试。

“中国海洋文化丛书”，举诸家之说，辩文化之理，兴及物之学，是近年来中国海洋文化研究成果的一次集合性的展示。尽管由于各种原因，还存在着这样或那样的不足，但对促进中国海洋文化研究的发展，仍具有不可忽视的意义。生活在1500多年前的陶渊明先生在诗中说:“奇文共欣赏，疑义相与析。”中国海洋文化作为一个新兴的研究领域，尚在成长之中，对于丛书中存在的问题，也希望广大读者不吝赐教。

21世纪是海洋世纪，党的十八大报告中首次提出“建设海洋强国”的战略目标，海洋上升至前所未有的国家发展战略的高度。希望本丛书的出版，能唤起更多读者对中国海洋文化的关注与研究。中国的海洋事业正在加速发展，中国的海洋文化研究正在健康成长并为国家海洋事业的发展提供强大而不竭的文化助力，让我们一起努力，为实现“两个一百年”的奋斗目标，为实现中华民族的“海上强国梦”而竭诚奋斗，执着向前。

海洋文化学者　张帆

目录

目录

中国海洋文化

百越故地　山重水复
南国门户　物华天宝
海纳百川　兼容并蓄
人海共生　边缘崛起

第一章

桂海苍茫

——独具特质的海洋文化

曾几何时，广西是一个神秘、荒芜而遥远的地方，遥远到历史的书写者只能用想象去描述：这里的山水间瘴气弥漫，森林道路猛兽横行，居民荒蛮不化，人们茹毛饮血，如鸟叫般的语言，住在山崖木楼，文身披发……许多令人望而生畏的词汇遍布于稗文正史中。古人眼里的广西，是那么充满野性，遍地荆棘，去天万里，似乎与中原文明格格不入。正因如此，广南西路成为了封建时代贬官流放的重要目的地之一。

然而，正是由于道路阻且长，广西自古以来就是一块充满诱惑的富饶土地，在历朝历代都是中原王朝意欲开发的版图，是各路英雄豪杰建功立业的疆域，更是探险家不惜跋山涉水的处女地，是有宏图抱负的文人志士一展身手的大舞台。据古书记载，“瞬死苍梧，象为之耕”；秦始皇派兵平南越，西汉大将狄青南征留下不朽功勋，东汉名将马援征交趾在此开疆拓土；唐代柳宗元、宋代范成大及周去非从这里给朝廷捎去地理物产风俗信息，唐代诗人宋之问、宋代诗人苏轼在海角天涯吟唱，明朝徐霞客在此寻幽探险……

作为中国西部唯一拥有出海口的省区，广西山海相连，区位优势突出，一直是中国与东盟各国的合作高地。自古以来，广西沿海人民在北部湾畔这块广袤的山水之上繁衍生息，克服生产生活的局限，同浩瀚的大海斗争共存，在关心海洋、认识海洋、经略海洋的过程中孕育了古老的海洋文明，创造了独特而灿烂的海洋文化，并在海洋文化的促进下，一步步走向现代文明。

改革开放 30 多年以来，随着西部大开发政策的实行、中国—东盟自由贸易区的建立、广西北部湾经济区的开放开发、泛珠江三角洲区域经济合作的加强，广西北部湾这一片神奇的碧海蓝天，正从悠远的历史走来，奔向美好的明天。

钦州三娘湾观潮

在古人眼里，天圆地方，广西处于中国大陆的最南端。南方草木繁茂，汪洋恣肆，与中原的环境差别甚大。然而，早在虞舜时代，中原地区的统治者就十分注重与岭南百越诸族的接触、交往。宋代周去非在《岭外代答》中开篇就说广西是“百粤故地”，百粤即百越。据《史记》记载，舜帝命大禹定九州，让荒服来贡，并“南抚交趾”。《诗经·大雅》里也记载，王命令召集猛将开辟四方，“至于南海”。百越故地，物产丰富，但难以抵达，在先秦科技和交通不发达的时代，令有识之士鞭长莫及。《通志·岭南序略》曾这样描述，“五岭之南，涨海之北，三代以前，是为荒服。当周成王时……南荒有越裳国，以三象重译而献白稚，曰：道路悠悠，山川阻深……”周朝衰亡后，由于力不能及，百越才改而朝贡楚国。

广西海域是中国 18 000 多千米大陆海岸线最西南岸段海域，所面对的是中国海域面积最大的北部湾海域，其独特的自然环境和气候，自古以来就为人们所关注。唐昭宗时期的广州司马刘恂在《岭表录异》中记载：“南海秋夏，间或云物惨然，则其晕如虹，长六七尺。比候则飓风必发，故呼为飓母。忽见有震雷，则飓风不能作矣。舟人常以为候，豫为备之。”

1. 得天独厚的区位优势

广西海域面积约 6.28 万平方千米，占北部湾海域面积 12.93 万平方千米的 48.6%。海岸线位于我国海岸线的西南端，东与广东省廉江县英

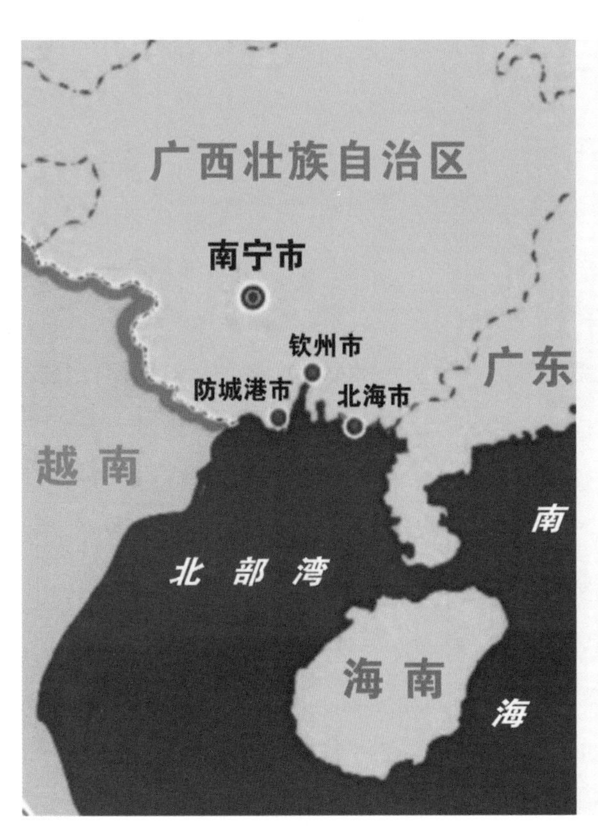

广西北部湾的地理位置

罗港交界，沿铁山港、北海港、大风江、钦州湾、防城港、珍珠港等沿岸，西达北仑河口，与越南交界，大陆岸线长达1595千米，在全国11个沿海省份排第6位。广西沿海有钦州市、北海市、防城港市三个地级市，有东兴市一个县级市，有合浦、浦北、灵山、上思四个县，辖区内还有钦州港经济开发区、钦州港经济技术开发区、中国—马来西亚工业园区、东兴国家重点开放开发实验区四个国家级园区。

2. 多民族聚居的边海区域

百越故地，历史悠久，伴随着几千年前的诸侯混战和随后的部落迁徙，广西沿海地区聚居着诸多民族，形成民族大杂居、大发展、大融合的局面。据2010年11月1日中国第六次全国人口普查数据公布，广西沿海三市（北海、钦州、防城港）总人口为626.87万人，少数民族人口占11.97%。其中，钦州市及辖区面积4657平方千米，总人口为379.11万人，壮族等18个少数民族（包括瑶、仫佬、苗、黎、傣、毛南、侗、土家、水、京、回、彝、布依、藏、蒙古、白、高山等）人口为 32.30 万人，占总人口的 10.56%。防城港市总人口 86.01 万人，壮、瑶、京、侗、苗、仫佬、毛南、回、水、仡佬、满、朝鲜、藏、黎、傣、维吾尔等 21 个民族人口约占 45.47%，其中东兴市江平镇京族三岛是中国大陆唯一海洋少数民族京族的主要聚居地。北海市总人口 161.75 万人，壮、瑶、京等少数民族人口占总人口的 1.94%。

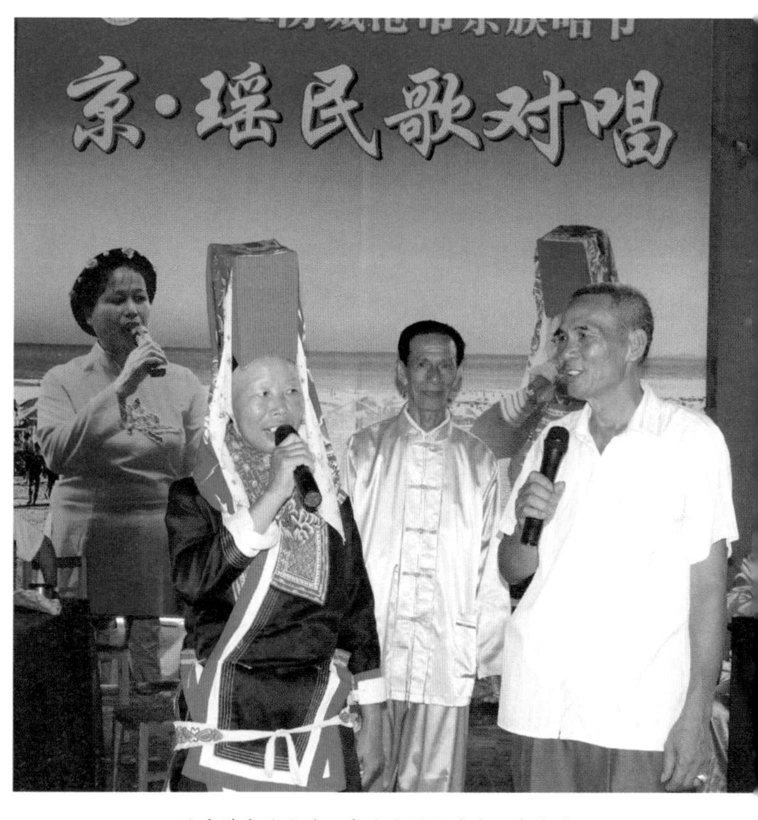

防城港京族哈节上京族哈哥和瑶族阿妹对歌

3．形制多变的区划建制

先秦时期，广西沿海地区没有进入阶级社会时，处于部落或部落联盟阶段，主要是以血缘为纽带，形成了一些土邦小国，主要有西瓯国和骆越国，更多的土著民族则隐居山林海角。公元前 214 年，秦统一岭南推行郡县制后，广西沿海划归象郡。

汉初（公元前 206 年至公元前 111 年），广西沿海属南越国故地。西汉汉武帝元鼎六年（公元前 111 年），汉武帝平定南越国后，广西沿海大部分属合浦县（县治在今浦北县旧州），少部分（今上思）先属合浦、郁林两郡，后属晋兴郡。

三国时，广西沿海境内属吴国。南北朝至隋末，广西沿海地区境内大体属越州、安州、黄州三个（州）郡。

唐朝时，广西沿海境内分属越州、宁越、玉山州、瀼州、上思羁縻州五个郡，均属岭南道。

宋至清末，广西沿海境内则大体分属廉州、钦州、上思羁縻州三个州府。自清光绪三十二年（1906 年）起，广西沿海的合浦、钦县、灵山县属廉钦道廉州府。

民国十年至民国末年，除上思县隶属广西省南宁道，后隶属广西省南宁道行政督察专

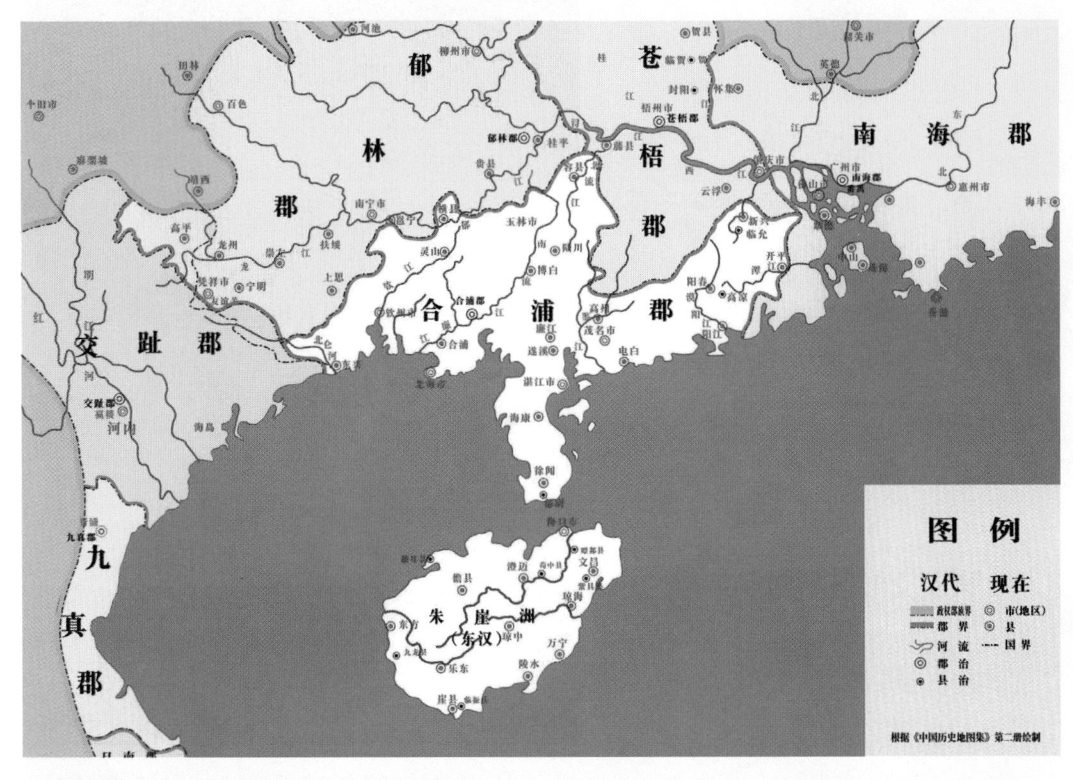

汉代合浦郡辖区图

员公署外，境内其他县区先后隶属于广东省、广东南区绥靖公署、广东第八区行政督察专员公署（治所在今合浦县廉州镇）。

新中国成立后，广西沿海各县行政划分屡变，直至 1983 年 10 月，北海市从钦州地区划出，升格为地级市。1984 年 4 月，北海市（含防城港）被国务院确定为全国进一步对外开放的 14 个沿海城市之一。1987 年 7 月 1 日，合浦县划归北海市管辖。1993 年，防城县、上思县从钦州地区划出与防城港组成地级防城港市。1996 年 4 月，国务院批准设立县级东兴市，由防城港市代管。1994 年 6 月，经国务院批准撤销钦州地区，设立地级钦州市。至此，原钦州地区分为三个地级市，广西沿海出现了钦州、北海、防城港三市并立的格局。

4．靠山濒海的地形地貌

广西沿海地区地质构造十分复杂，从志留纪至今经四亿多年的变化发展，由于北北东向压扭断裂和南南东向张性断裂作用构成钦州湾断陷，特别是受第四纪冰期后期海侵，使湾内岸线曲折，岛屿棋布，港汊众多，形成了今天的地质轮廓。

从地形上看，广西沿海北枕山地，南濒海洋，地势北高南低，地貌类型由北向南依次为山地、丘陵、台地、平原，并呈有规律的分布。山脉多自东北至西南走向，山间盆地广泛分布于丘陵地区，河流冲积出的三角洲主要有面积 550 平方千米的南流江三角洲和面积 135 平方千米的钦江三角洲。

5．温暖潮湿的气候环境

广西沿海地区位于北回归线以南，北接大山，南濒北部湾，气候条件独特，南北、东西气候差异较大，属南亚热带气候，具有亚热带向热带过渡性质的海洋季风特点。夏秋两季多受季风影响，盛行偏南风，从海洋上带来大量的水汽，台风也时常侵袭，空气湿度大，日照强烈，降水强度大，雨量集中。冬春两季受冬季风影响，盛行偏北风。由于地势对气候的影响，如十万大山的阻隔，山的南坡暖湿气流交汇作用，容易形成大雨，而山的北坡则水汽减少，空气下沉升温。太阳辐射能总量在 960 ～ 115 千卡／厘米^2，年日照时数在 1400 ～ 1900 小时左右，平均日照时数 2119.6 时／年，平均年总辐射量为 116.04 千卡／厘米^2，热量充足；夏热冬暖，无霜期长，气候温和，年平均气温为 21 ～ 23℃，年总积温 7800 ～ 8300℃，最热的月份是 7 月，平均气温 28 ～ 29℃，极端最高气温达 37.3℃，最冷的月份是 1 月，平均气温 13 ～ 15℃，极端最低气温曾达到 0℃，绝大部分地区无霜期在 350 天以上，年蒸发量 1708.2 毫米，年平均相对湿度为 81%，年平均风速 2.6 米／秒，最大风速 30 米／秒。年平均降雨量在 1600 毫米左右，年降雨量以中部和西部最多，年最大降雨量达 1800 毫米以上。广西沿海地区气候宜人，有利于海上作业、发展旅游业及农作物生长。

6．复杂独特的海洋水文

根据地质地形及潮汐特征的不同，广西沿海地区海岸线大致以大风江口为界，分为东部和西部两岸段。大风江以东沿海多为堆积海岸，滩涂广阔，大风江以西沿岸多为海蚀海岸，多溺谷、岛屿，海岸陡峭，海岸线曲折，形成很多港湾和岛屿。

广西沿海的潮汐，主要是由西太平洋传入南海，经北部湾口进入北部湾而形成的，基本上服从北部湾的潮汐规律。同时因受地形地貌、河口地面径流的注入等各种环境因素的综合影响，各岸段及港口所具有的分潮半潮差均不同，构成复杂独特的潮汐特征。

北部湾作为全日潮区，最大涨潮潮差为7.03米（北海石头埠潮位站），最大落潮潮差为6.25米（北海石头埠潮位站），平均潮差为2.13～2.53米，历史上最高潮差曾达到8.5米。

广西沿海沿岸海水主流在涨潮时由南向北流，退潮时由北向南流，在近岸区域及沟泾则按地形走向而流。在最高潮及最干潮时均有一水不流动的平潮时期，约10～30分钟。北部湾潮水14天为一周期，俗称“一流水”，每天叫“眼子”，每流水的第一天叫“一眼子”，第二天叫“二眼子”……第十二天叫“十二眼子”，第十三天叫“小半眼子”，第十四天叫“半眼子”，满十四天后又从“一眼子”算起，一至七眼子每天潮高逐日增加，“八眼子”后逐日降低，以七、八眼子为当次流水高（也是最低）潮日（农历闰年的次年为八、九眼子），俗称“足流水”。每流水中“三眼子”至“十二眼子”这10天为全日潮，“小半眼子”“半眼子”“一眼子”“二眼子”这4天为半日潮。在半日潮的每天两次潮水中，逐日增高的叫“子水”，逐日降低的叫“老水”，隔天最高（或最低）潮时，相差（推迟）30～70分钟，平均50分钟。广西沿海潮汐的特点对广西沿海港口、码头的规划、建设及运行有一定的指导作用。

防城港簕山古渔村大潮

广西沿海地区港口众多，毗邻海南省、广东省及港澳特别行政区，既背靠我国西南地区，又直通我国中南地区，同时面向东盟各国，地处西南经济圈、中南经济圈与东盟经济圈的接合部，是中国西南、中南地区开放发展的战略支点，是中国西南、中南地区通向东盟及各大洲、进入国际市场的最便捷出海通道。

自古以来，广西就是中国对外交往的海上丝绸之路的重要出海港口，是东盟各国通往中国西南和中南地区的水陆通道。通过南昆铁路和焦柳铁路，云南、贵州、四川、重庆以及河南、湖北、湖南等省市的货物可以从广西沿海港口出海转运到世界各地的港口，比走铁路经香港转口减少陆路运输里程 400 ～ 700 千米，缩短海上运距 23% ～ 65%。随着广西钦州港保税港区的建成，海陆交通网络的不断完善，广西北部湾港与世界上 80 多个国家和地区的 170 多个港口通航往来，对内则沟通内陆各大中城市，作为广西对外贸易口岸和窗口的西南出海大通道基本形成。

中国—东盟自由贸易区建立以来，广西沿海地区作为连接中国西南、中南与东盟大市场的枢纽，在拥有 5.5 亿人口的东盟和 4.6 亿人口的泛珠江三角区域合作的两大市场中，战略作用进一步增强，不断推动广西与泛北部湾国家的交往和合作进程的发展。

广西北部湾海域面积辽阔，拥有丰富而独特的海洋生物资源、滨海旅游资源、海洋油气资源及矿产资源、海岛资源，风能、潮汐能等，开发利用潜力巨大。可以说，广西的潜力在北部湾，优势在北部湾，希望在北部湾，未来也在北部湾！

1. 天然良港众多

在广西沿海曲折的海岸线上，分布着众多的天然优良港口。可建港的岸段有勒沟港、铁山港、北海港、钦州湾、防城港、珍珠港、大风江口、暗埠江口等 10 多处港湾和河口。现有岸线资源可建 3 万吨级以上深水泊位 100 多个，优化利用岸线可建 200 个万吨级以上深水泊位，开发利用潜力很大。

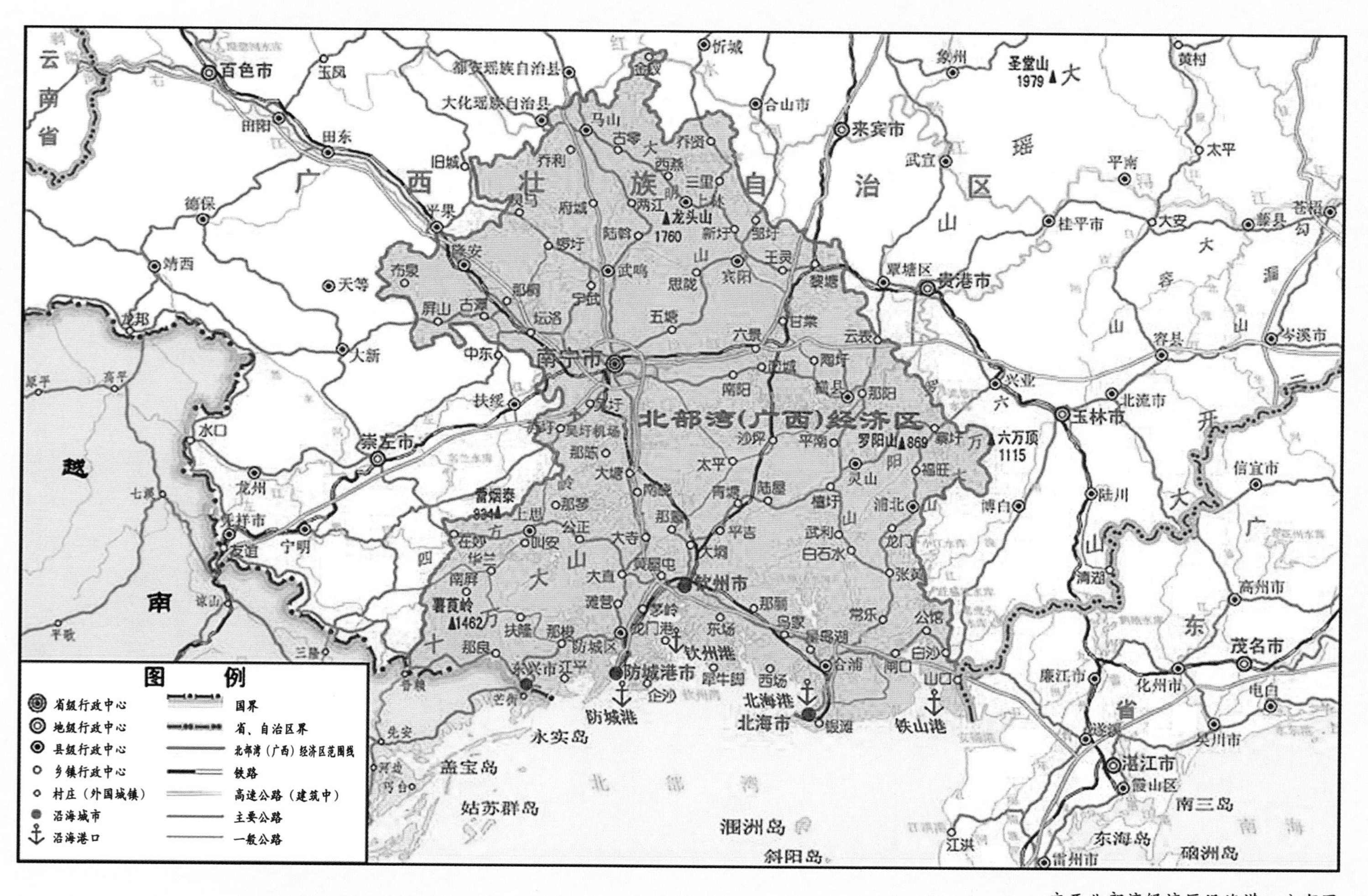

广西北部湾经济区沿海港口分布图

广西沿海港口资源基本情况

港口名称	性质（功能）	港口资源概况
北海港	综合性港口	分8个港区，泊位53个（其中万吨级以上泊位8个），年吞吐量达4000万吨
沙田港	渔港、商港	有300～500吨级泊位3个，靠泊能力1000吨，货物吞吐量25万吨
公馆港	渔港、商港	靠泊能力100吨，货物吞吐量20万吨
石头埠港	渔港、商港	万吨级以上泊位4个，靠泊能力200吨，货物吞吐量3万吨
涠洲南湾港	渔港、军用港	已利用岸线500米，码头2座总长200米
营盘港	渔港、商港	靠泊能力1000吨
白龙港	渔港	靠泊能力1000吨
英罗港	渔港、商港	靠泊能力1000吨
铁山港	商港、渔港	单边岸线长48千米，可建10万至20万吨级深水泊位30个。现有2个10万吨级泊位，5万吨级码头1个，2万吨级码头2个
钦州港	商业港	深水码头岸线长40千米，泊位52个，万吨级以上15个(10万吨级泊位4个，7万吨级2个，5万吨级5个，3万吨级1个，1万吨级3个)，年吞吐量达到5000万吨
茅岭港	商港、渔港	靠泊能力500吨，货物吞吐量10万吨
龙门港	综合性港口	可利用岸线长3500米，高潮时可靠泊500吨级船4艘
大番坡港	渔港	靠泊能力500吨
犀牛脚港	渔港	靠泊能力1000吨
大风江港	渔港、商港	可利用岸线长300米，可靠泊能力100吨
防城港	商港	广西沿海最大商港，自然岸线长 38 千米，有码头泊位 41 个，万吨级以上泊位 30 个（其中 20 万吨级 1 个，15 万吨级 4 个，5 万吨级 13 个），年吞吐量达 1 亿吨
京岛港	渔港、商港	靠泊能力200吨，货物吞吐量3万吨
江平港	渔港、商港	靠泊能力200吨
东兴港	渔港、商港	靠泊能力500吨，货物吞吐量100万吨
企沙港	渔港、商港	利用岸线长1700米
珍珠港	渔港、军用港	自然岸线长2千米，低潮可靠泊60吨渔船，高潮可靠泊100～500吨渔船
红湾港	渔港	靠泊能力100吨

注：海岸线长 1595 千米（直线 185 千米），港口分布密度平均每 69 千米 1 个。

2．世界海洋生物资源的宝库之一

北部湾海域属热带海洋，适合各种鱼类繁殖生产，加之内河流水携带大量的有机物及营养盐类到海洋中去，使北部湾海域成为中国高生物量的海区之一，这里不仅是中国著名的渔场，也是世界海洋生物物种资源的宝库之一。据调查，北部湾有鱼类500多种、虾类200多种、头足类近50种、蟹类190多种、浮游植物近140种、浮游动物130种，其中儒艮、中国鲎、文昌鱼、海马、海蛇、牡蛎、青蟹十分著名，驰名中外的合浦珍珠也产于这一带海域。分布于沿海滩涂、面积占全国40%左右的红树林以及分布于涠洲周围浅海、处于我国成礁珊瑚分布边缘的珊瑚礁，作为重要的热带海洋生态系，具有极大的科研和生态价值。这些海洋生物资源对发展海洋捕捞、海水养殖、海产品加工、海洋生物制药和价值的提取以及科学研究都有非常重要的价值。

广西北部湾滩涂生物资源共有47科、140多种，以贝类为主。其中，牡蛎资源量有4000吨，文蛤资源量有8500吨，毛蚶资源量有22 000吨，方格星虫资源量有4000吨，锯缘青蟹资源量有140吨，江蓠资源量有190吨。滩涂养殖中具有较高经济价值的品种有文蛤、泥蚶、毛蚶、牡蛎、贻贝、瓜螺等贝类和方格星虫、沙蚕、窄蛏（竹蛏）、海胆、三疣梭子蟹、锯缘青蟹、对虾等。

在广西沿海20米水深以内的浅海范围内，有浮游植物104种、浮游动物132种，其年均总量分别为每立方米1850万个细胞和137毫克；各类海洋生物达1155种，其中，虾类35种，蟹类191种，螺类143种，贝类178种，头足类17种，鱼类326种。还有一批具有昂贵药用价值的海洋生物资源，如鲎有4种，资源量有数万吨，年产量约20万对；河豚有8种，仅棕斑兔头鲀年可捕量可达1.1万吨；海蛇有9种，活海蛇年产量约75吨。

3．土地滩涂资源可利用度高

广西是中国唯一临海的少数民族自治区，沿海地区行政区划为3个地级市，其陆地面积为20 299平方千米，占广西全区土地面积23.66万平方千米的8.5%。广西拥有1005平方千米的滩涂面积，20米水深以内的浅海面积6488.31平方千米，面积10平方千米以上海湾8个。丰富的土地资源和滩涂资源，为广西建设海洋强区提供了充足的资源支撑。例如，1005平方千米的滩涂，除了进行海水养殖、制盐用途开发外，还是良好的后备土地资源。

防城港白浪滩

4. 油气资源蕴藏量大

广西海域及沿岸陆域蕴藏着丰富的石油和天然气资源，区域内有北部湾、莺歌海和合浦3个含油气盆地。特别是北部湾盆地具有良好的生油储油条件，沉积厚度大，据专家预测，具有12.6亿吨石油和天然气储量。据最新勘查显示，涠洲岛附近海域天然气储量100亿立方米以上，钻探获得工业油气井12口，油气显示井2口，证实油田4个，含油气构造2个，具有良好的石油天然气开发前景。莺歌海盆地已发现局部构造117个，总圈闭面积4243平方千米，天然气储量911.83亿立方米，远景石油地质储量近6亿吨，是我国目前海陆勘探所发现的最大的海上天然油气田。合浦盆地面积950平方千米，经探明的石油储量为3.5亿吨，是全国最有开发前景的八大石油小盆地之一。

5．矿产资源开发前景好

广西沿海的海底沉积物中含有丰富的砂矿，已知的有 20 多种，如煤、泥炭、铁、锰、锡、铝、锌、汞、金、锆英石、黄玉、钛铁矿、石英砂、石膏、花岗岩、黏土等，而且钛铁矿比较丰富，沿岸已知产地 8 处，其中 3 处初步勘查估算地质储量近 2500 万吨，储量大，开发前景良好。

6．海水化学资源丰富

广西海域的海水化学资源丰富，近海海水盐度范围在 19.31 ～ 32.09，平均海水温度 23℃，滩涂平坦、广阔。同时，广西海域及沿海地区日照时间长，热辐射达 447 千焦／厘米 ^{2}，是发展盐业和海水化工的良好场所。此外，还可利用现有盐田卤水发展溴素、氯化钾、氧化镁、硫化钠等化工产品。

7．光热水环境组合良好

广西沿海处于南亚热带区域、光热水环境组合良好，是全国光热水资源最丰富的地区之一，这里阳光充足，雨量充沛，年日照时数为 1639 ～ 2234 小时，太阳总辐射量平均为 423 ～ 502 千焦／厘米 ^{2}，年积温达 7738 ～ 8297℃，对太阳能的利用及生物生长和制盐特别有利。

广西沿海有 22 条独立河入海，年径流总量为 250 亿立方米，其中具有 100 平方千米以上流域面积的河流有 13 条，年径流总量为 225 亿立方米。南流江、大风江、钦江、茅岭江、防城河、北仑河 6 条为最大，占沿海河流流域面积 79%，年径流量为 182 亿立方米，降水是地表水的主要来源，年均降水量 1900 毫米。地下水资源比较丰富，据有关部门估算，地下水资源储量为 45.57 亿立方米，可利用地下水资源 13.6 亿立方米。

8．海岛资源开发前景广阔

广西沿海岛屿有 679 个，岛屿面积 83.85 平方千米，岛屿海岸线 531 千米。其中面积大于500平方米以上的海岛有651个，面积最大的岛屿是北海涠洲岛，有24.74平方千米，其次为渔沥岛，有12.44平方千米（因填海已与陆地连为半岛），龙门岛（含西村岛）面积10.22平方千米。面积小于10平方千米的海岛有648个，占海岛总数的99.53%。已经开发的岛屿占海岛总数的70%；无人居住的岛屿占海岛总数的90%。岛屿上有多种丰富资源，在海洋资源开发中占有重要地位。特别是随着北部湾海洋石油天然气的大规模开发，涠洲和斜阳两岛的地位更为突出。

9. 滨海旅游资源种类繁多

广西沿海旅游资源主要是滨海自然风光和人文古迹两大类。滨海自然风光有：北海银滩、冠头岭森林公园、涠洲岛和斜阳岛风光、龙门“七十二泾”风景区、白龙半岛滨海风光、山口国家级红树林自然保护区、星岛湖风光等。人文古迹有合浦汉墓群、东坡亭、海角亭、文昌塔、大士阁、白龙珍珠城遗址以及沿岸的新石器时代贝丘文化遗址、古炮台、古运河、名人故居等，有古朴的渔村风光，还有现代港口风光，有京族风情、壮族风情，还有疍家风情、客家风情等，为发展海洋观光和旅游业提供了有利条件。

繁忙的防城港码头

海洋孕育生命，同样孕育文化。广西沿海地区背山面海，因此广西海洋文化精神既体现山陆的坚韧雄壮，又体现海洋的容纳博大，结合起来就是不固执、不封闭、不排外，兼容并蓄，奋发图强，和谐共生。

广西海洋文化是广西沿海各族人民在开发、利用和保护海洋的社会实践中所形成的思想道德、民族精神、教育科技和文化艺术等物质和精神成果的总和。它包括：一切与海有关的物质存在与物质生产；一切与海有关的意识形态；一切与海有关的因时、因地制宜的社会典章制度、组织形式、生产方式与民俗习惯；一切受海洋大环境制约与影响的生产活动与行为方式。广西海洋文化精神就是广西沿海各族人民在长期的海洋生产生活中形成的精神形态特征：博大精深、乐于进取、富于包容、勇于冒险，它体现为开放、进取、敢竞争、不守旧、敢反抗、敢争先的广西海洋人文精神。

广西海洋文化除具有中国海洋文化的一般共性，如涉海性、对外辐射性、交流性、商业性、趋利性、开放性和拓展性之外，还具有自己的独特个性。

1. 深厚的历史底蕴

根据考古挖掘，广西沿海居民从事渔猎和农业活动可追溯至新石器时代。先秦时期，生活在这里的骆越人有“断发文身”的习俗，因为他们“古时入水采贝，皆绣身面为龙子，使龙为己类，不吞噬”。自西汉元鼎年间设合浦郡以来，合浦郡一直为岭南政治经济文化中心之一，是当时中国通往东南亚、南亚、欧洲各国的“海上丝绸之路”的始发港之一，广西沿海地区成为中国古代最早对外开放的地区。隋唐时期，钦州陶瓷文化发展成熟，宋代钦州是对外贸易的一大港口。近代北海成为中国西南地区对外贸易的通商港口。现存的新石器时代贝丘遗址、古运河、古商道、伏波庙、白龙珍珠城、京族哈节、珠还合浦及三娘湾的神话传说等记载着其厚重的历史。潭蓬运河、北海百年老街、合浦上窑明窑遗址及明代瓷烟斗和压槌，见证了昔日“海上丝绸之路”的繁荣与喧闹；现代北部港三大港正在续写“海上丝绸之路”的辉煌。

2. 浓郁的南疆特色

古代广西沿海远离中原，经济发展相对滞后，毒蛇猛兽和“瘴疠病毒”多，生态环境恶劣。在长期的生产生活中，广西沿海各族人民被迫与大自然进行顽强的斗争，形成勤劳、勇敢、敢于冒险、勇于开拓的文化特征，同时也在一定程度上笃信鬼神，求助于超自然力的庇护，即便科技已经高度发达的今天，这种求神拜佛的遗风在沿海居民日常生活中也时有体现。

自古以来，广西沿海就是驰名中外的南珠产地，素有“西珠不如东珠，东珠不如南珠”之说，珍珠文化相当发达。关于珍珠的采集、贸易等有一大批民间传说故事，诸如《珠还合浦》《白龙城的传说》《美人鱼》等美丽传说。此外，留下了一批历史文化遗迹，如七大珠池、珠场八寨、白龙珍珠城等。目前，北海市就是以南珠文化作为城市文化的重要形象及标志。

广西沿海有鲜明的海洋文化元素，海天一色的广袤海域、海岛海湾的旖旎风光、盘根错节的滨海红树林群落等孕育了独具风韵的南海海洋生态文化。疍家婚礼和服饰、京族哈节与渔具渔法、渔歌及渔业谚语等，充分展示了斑斓的南方海洋民俗文化。

3. 鲜明的民族特色

广西海洋文化是以骆越文化为基础，在与海内外各种文化的交流碰撞中逐渐融汇、升华而成的。在与内陆文化的交流中，它接受并融汇了中原文化、楚文化、巴蜀文化的元素，而在与海外文化的交流中，又包含了基督教文化、佛教文化、近代西方文化等因素。特别是近代西方文化对广西海洋文化产生了深远的影响。广西海洋文化在吸纳多元文化影响的同时，始终还保留了自己的独特性，这在民俗、饮食、艺术、建筑、宗教

位于合浦县中心广场的美人鱼雕像

等方面均有反映，体现出鲜明的地域特色和各种地方文化的共存共生现象。例如，广西沿海属于多神崇拜，包括海神、龙神、雷神、飓风神、天妃、伏波神和孟尝神等，其中伏波神崇拜与伏波将军南征活动有关，孟尝神的崇拜与“珠还合浦”的故事有关。此外，广西海洋文化中还有广府文化、客家文化、福佬文化、壮族文化、京族文化等文化的内容特征，在区域内部又表现出明显的区域差异，具有鲜明的民族特色。

4. 较强的商贸特性

古代合浦郡沿海盛产珠玑、玛瑙、玳瑁、象齿、犀角、宝石、美玉和名贵香料等奇珍异宝，成为向中原统治者进贡的珍品，吸引了大批商人来岭南经商贸易。由于珍珠贸易的盛行，当地居民以采珠贩珠为生，很少从事农业生产，“崇利”的商品价值观念渗透到社会各个角落。汉代合浦港呈现的舟楫云集、往来不绝的繁忙景象，宋代钦州博易的繁荣交易场景，近代北海开埠后对外贸易的发展，都反映了广西航海文化与海洋商贸文化所构成的丰富内涵。

5. 富于忠勇斗争性

自古以来，广西沿海是中国南部的边海防要地，素有“古来征战第一线”之说。历经千锤百炼，这里留下了许多战争遗迹和文献记载：有伏波将军马援的活动遗址、伏波庙会遗址、白龙古炮台、水师营遗址、刘永福和冯子材故居及其英雄故事，展现了可歌可泣的守边卫国、抗击外辱的海疆文化。

位于北海还珠堂内的美人鱼雕像

在长期的社会演变进程中，广西沿海地区孕育出了人海共生的和谐海洋文化，这种文化已经融入沿海各族人民的日常生活之中。从传说、信仰、语言、民俗到海洋文化理念、文化艺术；从舟楫渔盐、航海交往、海上贸易到开发海洋资源、发展海洋经济；从渔村变迁到沿海城市建设，她散落在实物、文字、图片、风俗、口头文学、信仰观念及其他口述资料中，需要进行全面挖掘、整理、研究，并传承、弘扬和发展。由于各种原因，目前广西海洋文化资源一直没有得到合理的开发和利用，但广西沿海各族人民在生产生活实践中一直在自觉或不自觉地传承、弘扬和发展自身的海洋文化。

1．广西海洋文化的传承、弘扬和发展

策划规划

2012 年，广西壮族自治区海洋局委托国家海洋局宣传教育中心牵头编制完成了《广西海洋文化及海洋产业发展策划》，这是全国首个通过评审的省（市、区）级海洋文化及海洋文化产业发展策划。2013 年，广西壮族自治区海洋局在此策划的基础上，又委托相关单位编制《广西海洋文化及海洋产业发展规划》，将海洋文化挖掘、创作、提升与旅游发展有机结合起来，将海洋生态文明发展建设与旅游开发结合起来，将生态型海岸改造与美丽滨海城市结合起来，着力打造知名海洋文化品牌，建设海洋文化产业园区，培育北部湾特色海洋文化产业集群。

挖掘抢救

广西积极保护一批正在逐渐萎缩的传统海洋文化载体如渔村、海洋神话、海图海志、海洋民俗、盐民船民等，挖掘和抢救一批散落在实物、文字、图片、风俗、口头文学、信仰观念及其他口述资料中的海洋文化资源。如在京族民间使用的喃字，是记载解读京族传统文化的重要依据，但由于笔画过繁，结构复杂，未能得到推广流行，濒于失传。京族文学家苏维芳等人对喃字古籍进行了抢救性整理，搜集经书 80 余本，传统民

歌 1400 首、5 万多字，故事 10 万多字。2001 年，京族三岛与广西大学合作建立了京族文化研究基地，持续开展研究性的工作。此外，北海百年老街、合浦汉墓博物馆、钦州刘永福故居和坭兴陶艺馆、东兴的京族生态博物馆、京族古民居和京族哈亭等都为保存海洋文化做了大量有益的工作。2010 年，国务院批复同意将“历史悠久，文化底蕴丰厚，历史遗存丰富，近代城市建设特色突出”的北海市列为国家历史文化名城，目前北海市正与广州、漳州、泉州、宁波、扬州、蓬莱联合组成“海上丝绸之路”七市申遗团队，将“海上丝绸之路”文化遗产联合申报世界文化遗产。

著书立说

目前，由潘琦主编的《广西环北部湾文化研究》（广西人民出版社 2002 年版）是一本系统研究广西北部湾历史文化的学术专著。由余益中、刘士林、廖明君主编的《广西北部湾经济区文化发展研究》（广西人民出版社 2009 年版）是广西北部湾经济区正式上升为国家战略后第一本对该区域的文化资源和文化发展进行整体把握和全面研究的学术专著。由王锋主编的《北部湾海洋文化丛书》（一套四本，广西人民出版社 2010 年版）是广西第一套以海洋文化研究来命名的丛书。钦州学院北部湾人文研究中心编著出版的《北部湾学人文丛》，截至 2012 年已出版了三期共 15 本，内容涵盖广西北部湾历史文化、民族文化、刘冯事迹与爱国主义教育等。此外，广西沿海各地市县也在修编地方志和编撰文史资料，有意识地传承和发展海洋文化。

歌舞戏剧

广西沿海各地利用当地的传统民间戏剧，传承海洋文化。如民间歌舞戏剧“老杨公”“耍花楼”“八音”“咸水歌”“西海歌”等，都是流传于广西沿海渔民中的主要民间歌谣，“采茶剧”“跳岭头”“粤剧”等剧目，在原有剧本上都增加了海洋性的内容。

广西壮族自治区党委宣传部策划、北海市倾力打造的我国首部海洋性题材的大型舞剧《碧海丝路》，2008 年在南宁举行首演，2009 年获得中宣部“五个一工程奖”。北海市歌舞团创作的《咕哩美》是中国首部海洋风情舞蹈诗，创作 10 多年来，《咕哩美》已经在全国各地演了1200多场，曾先后获国家文化部第八届“文华新剧目奖”“文华音乐创作奖”“文华舞美设计奖”，中宣部“五个一工程”奖，第二届中国舞蹈“荷花奖”舞蹈诗铜奖等。目前，《咕哩美》已成为北海文化艺术的一个品牌。

影视宣传

通过利用影视文化宣传海洋文化，广西沿海打造了《故乡的独弦琴》《海恋》《渔家情》《数渔火》《幸福网》等一大批以海洋文化为背景的音乐作品，它们相继在一些国家级的电视展播和评选中获得大奖。2009年，中央电视台《走遍中国——走进北海》专题片在北海开拍。2011年，中央电视台大型系列特别节目《沿海行》在北海市、钦州市、防城港市拍摄。2011年，广西东兴市成为中央电视台中文国际频道系列特别节目《边疆行》的第一站。

由中央电视台中文国际频道摄制的《走遍中国——走进北海》，以“海门传奇”“南珠涅槃”“边陲汉墓遗事”“谍战老城”“美人鱼归来”“神奇涠洲岛”“疍家人的海上婚礼”7集系列专题片，围绕北海2000多年开放历程形成的历史文化，从不同侧面反映了北海作为最早的“海上丝绸之路”始发港和19世纪鸦片战争后成为通商口岸的史实，通过珍贵的史料、神奇的风光、珍稀的物产、美丽的传说和奇异的民俗，对北海悠久的开放历史和深厚的海洋文化积淀做了全面的梳理，以丰富的史料和物证及专家的分析匡正，使人们了解北海历史及海洋文化。广西沿海各市通过创作《北部湾》《湾湾歌》《可爱的母亲城》《北部湾情歌》《风生水起北部湾》等歌曲，把北部湾推向了中国，把广西沿海的旅游推向了中国。此外，《中国东盟合作第一城——防城港》已制成影碟。

文化节庆

广西沿海定期举办北海国际珍珠文化艺术节、钦州国际海豚文化节和观潮节、中国钦州国际蚝情节、中越边境文化旅游艺术节、京族哈节、防城港国际龙舟节、金花茶节、东兴市“中越青年界河对歌”联欢活动、中越边境文化旅游艺术节、北海海滩旅游文化节、北部湾海洋风情艺术节等一批节庆活动，正逐渐把广西海洋文化品牌打响。如2008年以来，一年一度的防城港市京族哈节活动已成为该市最具特色的一大文化品牌和中越双边文化经贸交流合作的一个平台。北海国际珍珠文化艺术节举办了五届，钦州国际海豚节开幕式文娱晚会举办了五届，钦州观潮节已举办了四届，“中越青年界河对歌”联欢活动已举办了11届。另外，还有北海市的“欢乐夜银滩”、首届中国国际海滩旅游文化节等。2010年，在广西沿海各市举行的“中越青年大联欢活动”是中越建交60周年暨中越友好年系列活动的重头戏。2013年11月，以“放飞青春梦想，共创美好未来”为主题的第二届中越青年大联欢活动又继续在广西沿海三市等地举行。

项目承载

广西沿海各地依托独特的自然景观和历史文化传统，大力发展滨海文化旅游、休闲渔业、海洋文化艺术等海洋文化产业，打造具有广西沿海特色的“海洋文化主题公园”“海洋文化一条街”“梦幻北部湾”等项目，滨海休闲度假胜地、海上观光旅游、海洋竞技旅游、海上饮食文化旅游等项目不断得到开发。例如，防城港市港口区企沙镇簕山古渔村，利用村堡、老树、绿岸、海湾、沙滩、礁石等滨海独特的自然、人文、生态环境，挖掘“古”韵味、“渔”文化，进行旅游开发。2011年6月17日，簕山古渔村举行了“与浪共舞”观潮节开幕式。此外，北海银滩、钦州三娘湾、东兴金滩、防城港大平坡和怪石滩、乱石滩等的打造，都是比较成功的海洋文化产业运作项目。

教育宣传

广西壮族自治区海洋局积极做好每年6月8日的“世界海洋日暨全国海洋宣传日”的宣传及策划活动，开展具有广西地方特色的海洋主题活动。广西沿海各市也积极组织海洋科技普及与文化传播活动，宣传海洋技术及前沿技术进展，逐步增强公众的海洋意识。如北海市海洋之窗开展了“人类共同家园”——走进海洋之窗科普行动；合浦汉代文化博物馆开展天人合一——探寻合浦汉墓出土文物的“和谐”元素科普活动等对广大职工及青少年进行海洋生态教育。钦州学院在挖掘广西北部湾海洋文化资源的基础上，先后开设了“广西沿海历史文化研究”“广西北部湾古建筑文化研究”“坭兴陶文化研究”“广西北部湾民俗研究”等素质教育课程；结合新生入学教育，聘请专家开设“钦州历史文化专题”“刘冯抗法事迹专题”“钦州港的开发专题”等地方历史文化系列讲座。

文化论坛

2010 年 10 月，由中国海洋学会、广西科学技术协会、中共防城港市委员会、防城港市人民政府在防城港市联合举办“北部湾海洋文化论坛”，美国国家工程院、中国科学院、中国工程院、南京大学等国内外知名院士、专家、学者 200 多人共聚一堂，围绕“弘扬北部湾海洋文化，推动区域经济发展”的论坛主题开展学术交流，全方位展示北部湾海洋文化的风貌，挖掘北部湾海洋文化的精髓，促进北部湾海洋文化的传承与发展。

2. 广西沿海人民海洋文化意识的提升

在长期从事海洋生产劳动、开发和利用海洋的过程中，广西沿海各族人民逐渐培育并提升了海洋文化意识。

良好的海洋生态环境保护意识

广西北部湾是我国目前海洋生物资源最丰富的海域之一。这里生活着白海豚、儒艮、白鹭等海洋珍稀动物，有全国连片面积最大的红树林保护区、国家级海洋公园、珊瑚保护

老人与鹭鸟

区，形成了独具魅力的滨海自然风光。随着广西北部湾经济区的开放开发，广西沿海人民的海洋生态环境保护意识也在不断增强，“越是后发展，越要重视生态环境保护”“既要创造金山银山，更要保住绿水青山”的理念开始深入人心。沿海各族人民自觉把海洋生态环境保护意识转化为具体行动，自上到下，每年都组织红树林种植活动，积极参与海洋生态保护。在防城港市防城区鲤鱼江许家村屋背岭的万鹤山上，许新帮老人保护鹭鸟，无偿守山 50 年，使得每年有上万只鹭鸟到此栖息繁衍，成为一大奇观与佳话。在防城港市企沙半岛光坡镇红沙村白鹤山保护区，现 90 岁高龄的村民黄枢余及一家人对白鹭数十载悉心呵护，村里一年四季鹭鸟翔集，周边的树冠竹梢如同开满白花，铺满白雪。

崇尚冒险与“海人合一”的和谐意识

历史上古骆越人爱海、崇海、敬海。在开发、利用和保护海洋的过程中，广西沿海各族人民形成了崇尚冒险和与海共处，追求自我发展和人与海洋、社会和谐的自觉意识。他们借助征服海洋的幻想，颂扬祖先征服自然、战胜邪恶势力、开辟美好家园的创业精神。他们不仅崇拜妈祖（三婆），还崇拜海神、蛇神（龙神）、雷神、飓风神、伏波神、孟尝君和镇海将军等地方海神。正是多样性的海神信仰，为广西沿海人民的冒险和开拓、追求“海人合一”的和谐提供了强大的精神支柱。

开放与兼收并蓄的思想意识

千百年来，广西沿海各族人民和睦相处，共同开发海洋，在生产和生活中形成了独特的风俗习惯、思想观念等，构成了绚丽斑斓的海洋民族文化。由于面对的是开放的北部湾，广西沿海各族人民可以不受限制地开展海洋活动，与南洋、印度洋和非洲沿岸各国进行海上贸易和文化交流，广泛地接触众多的域外文化，融合各种文明。不但锻造了以开放型、外向型为核心内涵的海洋精神，而且还形成了开放、兼收、并蓄的各种文明意识。这为广西实现与全国同步全面建成小康社会、建成西南中南地区开放发展新的战略支点的战略目标奠定坚实的思想基础。

注重讲求团队协作的意识

海洋广阔无垠，深不可测。人们深知从事海洋活动风险大，养成了团队合作、同心协力、尊重权威的团队精神。在浅海捕捞和杂海渔业中，拉网、塞网、渔箔等工作往往也是

三娘湾女民兵巡逻保护蓝色疆土

通过团队的力量去完成的。如拉网捕鱼，需要分成两组，从两个方向合力拉网，大的拉网要三四十人，小的拉网也要二三十人合作。它要求人们群体合作、共同占有和使用捕捞工具。此外，人们要战胜海啸、台风等，也需要形成讲求团队合作，尊重权威的意识。

强烈的海防与海权意识

广西沿海地区处于祖国大陆海岸线西南端，自古以来，广西沿海各族人民一直站在保家卫国的第一线。这里曾是东汉伏波将军马援平定交趾、二征反叛的战场，形成了一系列民俗信仰崇拜即“伏波文化”，其精神内涵主要就是固边守边。从汉代“海上丝绸之路”的开辟，到近现代的抗日战争、解放战争、抗法援越、抗美援越、对越自卫反击战，广西沿海各族人民逐步认识到海洋就是陆地的屏障，富饶的海洋可以为人类造福，没有强大的海防，就不可能有巩固的国防。他们为争取民族独立和解放、维护祖国海权与领土完整做出了牺牲，用生命和鲜血凝成了强烈的海防与海权意识。目前，散落在广西沿海各地的白龙古炮台、石龟岭炮台、龙门水师营遗址和“大清国钦州界碑”等遗迹，都记载了军民守边卫国、抗击外侮、防御海盗的光辉历史和所作出的巨大牺牲，体现了“边疆稳则国运兴”的海防与海权意识。钦州三娘湾旅游区——著名电影《海霞》（记录了20世纪60年代初海岛女民兵与国民党残匪渔霸作斗争的历史）的外景拍摄地之一，至今还保留着海岛女子民兵班，她们积极维护景区社会治安、出海保护海上大熊猫“白海豚”。这些都以有形或无形的行动塑造着广西的边海疆文化，彰显着强烈的海防与海权意识。

海洋可持续发展的意识

21世纪是海洋的世纪，海洋已经成为经济全球化、区域经济一体化的联系纽带和战略资源的接替空间。党的十八大做出了“五位一体”的战略部署，明确提出“提高海洋资源开发能力，发展海洋经济，保护海洋生态环境，坚决维护国家海洋权益，建设海洋强国”——这是首次以党的报告形式对国家海洋发展战略做系统性的阐述，是中华民族向海洋大进军的庄严宣言和政治动员，也是建设海洋强国的纲领性指针。广西面向南海，与东盟国家海陆相连，是我国西部唯一沿海沿边的少数民族自治区，在维护国家海洋权益、服务国家周边外交战略，开发利用海洋资源、优化海洋经济战略布局，完善出海出边出省国家大通道、扩大以东盟为重点的开放合作，加快西部大开发、维护民族团结和边疆稳定等方面，具有不可替代的战略地位和独特作用，是我国建设海洋强国的重要组成部分。由于种种原因，与其他临海省市相比，目前广西在海洋技术创新能力、海洋管理能力、海洋高等教育水平、海洋技术产业化程度等方面还存在着一定的差距。伴随着广西北部湾经济区的开放开发、中国—东盟自贸区建设的转化升级、西南中南地区开放发展新的战略支点，广西各族人民越来越深刻地感受到海洋与经济发展的密切关系，认识到了利用海洋资源，实现经济增长的重要性。“广西优势在海，希望在海，融海之势，发展自我”逐步成为了广西人民的共识。他们决心要深入贯彻落实党的十八大精神，抓住这一千载难逢的发展机遇，走向海洋、经略海洋，着力建设海洋强区，为建设海洋强国、加快实现富民强桂新跨越做出积极的贡献！

3. 海洋文化场所和设施建设

改革开放以来，广西沿海各市县（区）多方筹集资金，相继建成一批海洋文化场所和基础设施，打造广西海洋文化的实物载体，提升了广西沿海城市的品味和知名度。

防城港海洋文化公园

防城港市北部湾海洋文化公园

防城港市北部湾海洋文化公园位于该市南面，面朝大海，毗邻市博物馆、文化艺术中心、科技图书馆、青少年活动中心四大场馆。该园是目前中国内地首个以海洋为主题的面积最大、书体具备、名家荟萃的大型书法石刻主题文化公园——北部湾海洋文化公园海洋诗书苑，占地约 1 公顷，“海洋诗书苑”五字集晋、唐、宋、元、明五朝大书法家王羲之、颜真卿、苏轼、赵孟頫、文徵明各一字而成，汇集了历代著名书法家、文人关于海洋的经典诗赋、词句的手笔墨迹，选取 100 块景观奇石镌刻出风格各异、形式多样的 120 幅书法作品；最为吸引人们眼球的是《百海图》巨型石刻，它汇集了历代 100 位大家、名人书写的“海”字，囊括了著名书法家王羲之、颜真卿、苏轼、赵孟頫以及当代伟人毛泽东、邓小平等的书法，集艺术性、观赏性、教育性于一体。

百海图

钦州茅尾海国家级海洋公园

2011 年 5 月 20 日，钦州茅尾海入选我国首批国家级海洋公园，成为我国新建的 7 处国家级

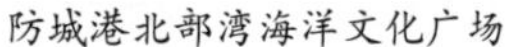

防城港北部湾海洋文化广场

北海海底世界

海洋公园之一，也是广西唯一的一个国家级海洋公园。钦州茅尾海国家级海洋公园的建设，将有效改善茅尾海的生态环境和景观环境，促进广西北部湾沿岸开放开发与海洋生态保护的和谐发展。

北海红树林生态自然保护区

北海红树林生态自然保护区位于合浦县东南部沙田半岛东西两侧，距北海市区 115 千米，是 1990 年 9 月经国务院批准建立的第一批 5 个国家级海洋类型自然保护区之一，保护区海岸线总长 50 千米，总面积 80 平方千米，其中陆域和海域各 40 平方千米。保护区保护的是海洋生态系统和珍稀濒危物种，其中重点保护海洋珍稀红树林植物 13 种；保护区内有海洋浮游植物 96 种，鱼、虾、蟹、贝等海洋动物 259 种，鸟类 106 种，昆虫 258 种。该保护区 2001 年 1 月加入联合国教科文组织世界生物圈。

北海银滩

北海银滩东西绵延 24 千米，以滩长平、沙细白、水温净、浪柔软、无鲨鱼、无污染的特点称奇于世。1992 年被列为国家级旅游度假区，享有“天下第一滩”之美誉。

北海海底世界

北海海底世界坐落在北海海滨公园内，是中国西部地区最大的海底观光景区，是以展示海洋生物为主，集观赏、旅游、青少年科普教育为一体的大型综合性海洋馆、全国海洋科普教育基地、国家 4A 级旅游景区。

京族生态博物馆

京族生态博物馆位于东兴市江平镇沥尾金滩旁，集中展示京族服饰、字喃、生产生活工具、哈节、独弦琴、居住环境、民间信仰、婚恋礼俗、地图资料等，全面反映京族的生产生活历程，具有展示、教育、科研等功能，成为展现京族传统文化魅力、体现国家民族政策的一个重要窗口。

合浦汉文化博物馆

合浦汉文化博物馆藏品达 5000 多件，其中一级品就达 21 件。合浦曾是汉代“海上丝绸之路”始发港之一，大量南来北往的船只和客流在此留下许多珍贵的历史遗产，这些文物为研究我国古代军事、文化艺术、政治、经济状况以及中国人民同东盟各国人民友好往来、贸易关系的历史提供了实物证据。

大江埠旅游风景区

大江埠旅游风景区位于北海市广东南路银海区老银滩路 1.2 千米的大江埠（俗称“野人谷”）。传说这里古代曾是两江交汇之处，许多达官显贵、船商以及少数民族商人沿江开展商品交易并栖水而居，逐渐聚落成大江、沙江和赤江三个村庄。景区有北海首家疍家民俗风情文化展示区，海洋战船博物馆收藏有历代王朝、著名的海战、民族英雄及海盗的战船和运输船的模型。

合浦汉文化博物馆

防城港伏波文化园

防城港伏波文化园

伏波文化园坐落在防城港市北部湾大道西湾海堤中段，于2014年初建成开放，由广场景观与雕塑两部分组成。广场南北长约400米、东西宽约150米。雕塑群设在广场上，主题雕塑是高约25米、重14吨的伏波将军马援铜像。围绕主题雕塑的是两组表现马援南征，传播中原文化，建设南疆情景的大型浮雕：南面是用花岗岩雕琢的与马援相关的中华成语文化浮雕；北面是铜铸的“马留人”两位平夷大夫和“七姓将军”像圆雕、竖立的一根根铜柱以及与伏波文化有关的群雕，如海岛、汉代战船等，反映了“伏波文化”在防城港市的产生、传承及发展，这是防城港市打造特色海洋文化的又一杰作。

4．广西海洋高等教育机构

广西海洋高等教育起步较晚，基础薄弱。长期以来，广西涉海教育机构只有广西交通运输学校等中等职业学校，海洋高等教育机构处于空白。2007年，钦州学院开设了轮机工程；2010年，钦州学院正式成立海洋学院，填补了广西海洋高等教育机构的空白。目前，钦州学院下设海洋科学学院、航海学院和船员培训中心，开设有轮机工程、航海技术、海洋科学、水产养殖学、物流管理（港口物流方向）、机械工程（港口机械方向）、轮机工程

技术等本专科专业。此外，北海职业学院开设有港口物流设备与自动控制、轮机工程技术、物流管理（港口物流方向）等专业；桂林电子科技大学北海校区开设有港口物流设备与自动控制专业；广西英华国际职业学院开设有国际航运业务管理、海事管理、港口业务管理等专业；广西海洋环境与滨海湿地研究中心（广西红树林研究中心）与广西大学等高校合作培养海洋湿地学科硕士研究生。

5. 广西海洋科学研究机构

广西海洋科学研究机构较少，海洋科技研究的力量整体上较薄弱。目前，广西海洋生态环境保护和海洋开发利用研究的机构主要有：广西海洋研究院、广西北部湾海洋研究中心、广西北部湾水产研究所、北海海洋环境监测中心站、广西红树林研究中心（北海）、广西海洋研究所、涠洲海洋技术开发中心、钦州学院北部湾海洋研究与教育中心等。

中国海洋文化

先民足迹　遍地留痕
岭外蛮荒　渐次开化
开埠通商　引领潮流
伟人夙愿　梦想成真
东盟桥头堡　中西南支点

第二章

风生水起

——源远流长的历史文化

当前，广西北部湾正风生水起、千帆竞发。广西北部湾这片海，伴着远古先民的沧桑足迹，带着先秦百越的神秘踪影，踏着秦汉时代的铁马呼啸，闪耀着“海上丝绸之路”的荣光，在唐宋走向海上文明的高峰，在近现代跌宕起伏的世界中变革，在当下中国—东盟自由贸易区升级的背景下，正谱写着中国沿海发展成新一极的篇章。

社山遗址

先民足迹 遍地留痕

广西沿海拥有辽阔的海域、宽广的河流冲积平原、延绵起伏的丘陵山地，气候温和，土地肥沃，植被茂密，资源丰富，宜居迷人。广西沿海古人类的足迹以各种形式遍地留痕，纵使沧海桑田，烟消云散，我们仍可以通过考古发现，一步步揭开沿海先民创造和留下的源远流长且独具特色的史前海洋文明。

1. 古人类的足迹

1960 年，考古工作者在灵山县城郊马鞍山的东胜岩和铺地岩、石背山的洪窟洞等三处洞穴中发现人类化石，包括颞骨、顶骨、额骨、臼齿、上门齿、髋骨、侧肢骨、髌骨等共 16 块，大约代表着四五个不同的人体，其体质特点与柳江人和麒麟山人相近，已具有明显的蒙古人种的基本特征。与人类化石一起出土的动物化石有熊、貘、犀牛、野猪、牛、鹿、豪猪等，是中国南方洞穴中常见的种属。此外，还发现了蜗牛、螺蛳和蚌等软体动物壳。遗址所处年代约为距今万年前的旧石器时代晚期，是迄今为止发现的广西地区分布最南的旧石器时代晚期文化遗址。

2. 滨海贝丘文化

约距今一万年前，广西沿海的古人类进入了新石器时代。20 世纪 50 年代以来，考古工作者在广西沿海发现了多处新石器时代的滨海贝丘遗址。

贝丘文化遗址是包含大量古代人类食余抛弃的海生贝壳和蚌壳为特征的一种文化遗址。西方学者称之为“庖厨垃圾堆”，日本学者称为“贝塚”，它在广西境内有广泛分布，广西沿海以海滨贝丘为主，主要分布在临海的山岗或小岛上，具有代表性的有防城港市的亚菩山遗址、马兰嘴和杯较墩遗址、东兴市江平镇交东村社山贝丘遗址、合浦牛屎环塘遗址，钦州芭蕉墩和亚陆江杨义岭黄金墩遗址等。年代为新石器时代早、中期，距今 6000 ～ 9000 年。

亚菩山遗址

亚菩山遗址位于防城港市防城区江山乡石角村的石角河与黄竹江河出口处东岸小山岗上。亚菩山因清朝乾隆年间建有一座亚菩庙而得名。遗址南临珍珠海，其余三面为绵延的红色砂岩山冈。遗址高出海面 12 米，文化遗存分布在山的南坡，南北约有 38 米，东西约有 60 米。遗址出土的器物较为丰富，有打制石器、磨制石器、夹砂粗陶片和骨蚌制的装饰品等，此外还有人和动物的骨骼等。

马兰嘴遗址

马兰嘴遗址位于防城港市防城区江山半岛的马兰基村南面珍珠港东北岸的山冈嘴部，西北距亚菩山遗址约 5 千米。遗址东西长约 32 米，南北宽约 20 米。这个遗址和亚菩山遗址的地层堆积和文化遗物都很相近，不过其规模比亚菩山遗址小，发现的磨制石器有 13 件。

杯较山遗址

杯较山遗址位于防城港市防城区大围基村东茅岭江出口处一座小山冈上，四周环水，东面为平坦的冲积平原，遗址高出海平面约 10 米。遗址东西长 150 米，南北长仅约 50 米。这处遗址堆积最厚，胶结的现象较普遍，打制石器略少，磨制石器和夹砂陶片都比较多。

亚菩山遗址

芭蕉墩遗址

社山遗址

社山遗址位于东兴市江平镇交东村西南海边高出海面 10 米的山丘上。山上有一社山，遗址在社山东部隆起处，故得名社山遗址。遗址东西宽 30 米，南北长 50 米，面积 1500 平方米。山上堆积大量的贝壳，以牡蛎壳居多，杂有泥蚶、白螺、网坠等，当地人称之为蚝壳山。其年代为新石器时代晚期，1981 年被公布为广西壮族自治区重点文物保护单位。在该遗址中还发现动物骨骼、绳纹陶片、石斧、石镰、石刀等新石器时代文化遗物。

芭蕉墩遗址

芭蕉墩遗址位于钦州市钦南区犀牛脚丹寮村西金鼓江的一个土墩上。大海涨潮时该墩成孤岛，退潮后四周是滩涂。海墩略显椭圆形，南北长约 100 米，东西宽约 80 米。墩上有厚厚一层牡蛎、蚌壳的堆积层，遗址中的遗物以打制石器为主，器形以“蚝蜊啄”为多见，还有砍砸器、刮削器、石斧、石球等，只有少量的磨光石斧。这是一处以渔猎为主要生活来源的贝丘遗址，年代为距今 8000 ～ 9000 年前的新石器时代早期。

上洋角遗址

上洋角遗址位于钦州三娘湾出口处北岸的沙丘上，北与上洋角相接，其余三面为海岸冲积台地，东面有一条小河南注入海。遗址高出海面仅 4 米，其范围长宽约 52 米。地表散布遗物，有打制的尖状器，斧、石片、磨制的斧、锛、凿、刀等石器，陶片全部为黑色的粗砂陶，未发现有几何印纹陶片共存。年代距今约 4000 年。

牛屎环塘遗址

牛屎环塘遗址位于合浦县城东南 27 千米的沙丘陵，面临北部湾。遗址高出海面约 5 米，有丰富的陶片出土，其中以夹砂陶较多，也有不少几何印纹软陶，硬陶较少，没有发现石器，年代为 5000 ～ 6000 年前。

以上滨海贝丘遗址出土的物品主要有石器、骨器、蚌器、陶器和动物遗骸等。出土的石器有打制石器和磨制石器两种，以打制石器为主。打制石器以具备尖端的厚刃的“蚝蜊啄”、手斧状石器为典型，还有砍砸器、三角形石器、两用石器、石球、网坠等，磨制石器有斧、锛、凿、磨盘、杵、石饼、砺石等，其中以斧、锛为最多，斧、锛中有一部分是有肩的。骨器有骨锥、骨簇、穿孔骨柄等，蚌器有蚌铲、蚶壳网坠、蚌环等。陶片全是夹砂陶，纹饰以蝇纹为主，也有蓝纹、划纹。出土的动物种类除了贝壳类外，还有鹿、象、兔、鱼、鸟等。遗址中所含的贝类全部是海产，基本上没有淡水贝壳（如螺、蜗牛）。这说明，早在新石器时代，人们已经开发广西滨海地区，在此地定居，使用石器、骨器、蚌器等较复杂的工具，过着以海洋渔猎为主、稻作农耕为辅的生产活动，创造了具有特色的早期海洋文明。原始造船业已经出现。这里是中国新石器早期文化形成的一个重要地区，是中国古代海洋文明的重要发生地之一。

3. 大石铲文化

广西沿海新石器晚期文化最具特色的是大石铲文化。这类遗址在广西沿海及周边地区发现了100多处，大多分布在江河两畔及附近的丘陵坡地上。钦州那丽独料村遗址、合浦高高墩、二埠水、清水江遗址等地都零星出土了一些大石铲。大石铲的形状似现代使用的铁锹，石铲上面中间有一个短小的长方形凸柄，双肩，肩部或平或略斜，半圆形弧刃，但双肩的两角和腰部形态各异，或直或尖，或分或内弧。石铲制作规整，棱角分明，美观精致，大多通体磨光，制作工艺已达到相当高的水平。在大石铲遗址中，出土的大多为石器，大部分磨光。除了铲外，有犁、锄、斧、锛、凿、祖（男性生殖器模型）、敲砸器、砺石等。如在钦州市那丽独料村遗址中出土了1100余件石器，包括斧、锛、凿、铲、锄、犁、镰、镞、刀、杵、锤、磨棒、磨盘和国内最早的橄榄核及男性生殖崇拜物“陶祖”等。大石铲的用途绝大多数为农业生产工具，说明农耕已成为当时主要的生产活动。

钦州市浦北县白石水镇出土的大石铲

1．从蛮荒之地到施政开化之所

秦始皇统一岭南以前，广西沿海地区属于“徼外”“蛮荒”“百越”之地，已进入部落联盟或阶级社会初期阶段，由部落联盟的君长统治。据《交州外域记》记载：“交趾昔未有郡县之时，土地有雒田，其田从潮水上下，民垦食其田，因民为雒民，设雒王、雒将，主诸郡县。县多为雒将，雒将铜印青授。”这说明，当时居住在这里的人们靠“潮水的上下”带来的肥料耕作田地，其田称为雒田，其百姓称为雒民。他们处于原始社会末期，出现了贫富分化，产生了阶级，形成了部落联盟，首领称为“王”或“侯”，拥有自己的地盘，但生产力水平还比较低，社会发展还极为缓慢。

商周时期，骆越地区生产工具有了进步，生产发展，可以向中原王朝进贡珍奇异宝，开始出现了铜器和陶器。殷墟出土的海贝、龟板，经鉴定有不少是当时“南海”特产。而据《通志》记载，骆越人送的宝贵礼物到周公手上时，周公说“政不施焉，则君子不臣其人”，说明刚刚建立不久的西周王朝，极欲在骆越地区施政。从经济生活来看，骆越人经营以种植水稻为主的农业生产，但渔猎经济尤占突出地位。史书上描述为“饭稻羹鱼，果隋蠃蛤”“越人得髯蛇以为上肴”。

秦始皇征服岭南后，在岭南设置南海、桂林、象郡三郡，广西沿海地区属于象郡辖地。到秦末，原秦南海郡尉赵佗趁乱割据岭南称王，兼并了桂林郡、象郡，骆越地区成为南越政权的一部分。汉武帝元鼎六年（公元前 111 年），南越国灭亡，汉武帝在南越国范围内建立了儋耳、珠崖、南海、苍梧、郁林、合浦、交趾、九真、日南九郡，与广西沿海相关的是合浦、九真、交趾郡。汉武帝在政治上实行“且以其故俗治”，经济上实行“无赋税”的政策，在一定程度上缓和了汉越矛盾。东汉初年，任延为九真太守，在九真教人铸田器，教人开垦荒田，耕地逐年扩大，百姓供给充足。锡光在西汉平帝年间到东汉初年任交趾太守，也积极传播中原文化，“教民导夷，断以礼迟钝，化声侔于（任）延”。在历任官吏的大力推动下，广西沿海地区的文明加速了进程。

位于合浦县郊的汉代窑址

随着南迁汉人的不断涌入，其所带来的先进生产技术和文化，进一步加速了广西沿海经济文化发展。汉代合浦的蚕桑丝绸业已经相当发达，采珠业成为经济支柱，合浦成为中国珍珠的生产基地，许多人因经营珍珠而发财致富。如西汉成帝阳朔元年（公元前 24 年），京兆尹王章被大将军王凤诬陷而死，其妻被放逐合浦，以采集和经营珍珠为生，八九年间“致产数万”。自汉武帝元鼎六年（公元前 111 年）起，从日南、徐闻、合浦等港口出航的“海上丝绸之路”的开辟也是当时广西沿海经济发展的产物。随着经济的发展，人口也逐步增长。西汉元鼎六年（公元前 111 年），合浦郡境内总户口数为 15 398 户，人口为 78 980 人。东汉建武十九年（公元 43 年），合浦郡总户口数增至 23 122 户，总人口为 86 617 人。

2．“交州八郡”与广西沿海开发

东汉末年，中原动乱，苍梧广信人士燮趁机据有交州，自命为交趾太守，封其几个兄弟担任合浦、九真和南海三郡太守。东吴黄武五年（226年），东吴派交趾太守吕岱率部消灭士氏势力，全面控制包括今广西沿海在内的岭南地区。孙权将交州拆分为交、广二州，将交趾以南三郡（交趾、九真、日南）归交州管辖，合浦以北的郁林、苍梧、南海、高凉四郡归广州管辖。同时，还先后增设了临贺、桂林、始安、始兴、高凉、高兴、宁浦、珠崖八郡。东吴末帝孙皓时，又在交州新设新昌、武平、九德三郡。这样，终吴之世，广州领有苍梧、郁林、南海、高兴、宁浦、南凉、桂林七郡；交州领有交趾、合浦、珠崖、九真、日南、新昌、九德、武平八郡，结束了东汉以来“大交州七郡”状态，开创了“广州七郡”“交州八郡”的新格局。岭南地区的郡县分布更趋合理，“地旷人稀”的旧貌得到改变，与中原的政治、经济和文化联系进一步密切，广西沿海地区得到了进一步开发。

经过东吴长达70年（210—280年）的治理与开发，广西沿海地区的社会经济持续得到发展，合浦等地与徐闻、龙编一起成为南海贸易的重要港口。孙权在位时，曾派宣化从事朱应，中郎康泰通使大秦、天竺等国，“其所经及传闻，则有百数十国”，所到之国有不少商人随同来到交趾等地做生意，如大秦（罗马）商人秦论于黄武五年（226年）取道交趾到达建业时受到孙权的礼待。与此同时，随着广州的兴起及海上交通线的改道，合浦的商业贸易受到了一定影响。东吴时对合浦之珠“珠禁甚严”，到东晋太康二年（281年），晋武帝司马炎下诏非采上珠时听任商旅往来如归，合浦南珠贸易兴盛一时，水陆交通更为繁荣。

三国两晋南北朝时期，中原社会动荡，但岭南地区相对稳定，大量中原人为逃避战乱，纷纷迁入岭南地区，同时带来了先进的生产技术，进一步加快了岭南地区的封建化进程。据民国《钦县志》载，合浦一带“自汉末至五代，中原避乱之人，多家于此”。据统计，汉末至三国百余年间迁居岭南的人口总数大致为778 474人，约占东汉岭南人口总数的60%，广西沿海是重要的迁入地之一。随着人口的剧增，广西沿海开发步伐进一步加快，郡县大量增设，俚僚大姓贵族开始在此称雄。如自南朝、隋至唐初，宁氏家族曾称雄于以钦州为主的周边地区。

3．唐宋广西沿海成为中国南方的重要出海口

唐朝设岭南道管理今广东、广西两省区，后又分岭南道为岭南东、西道，岭南西道包括今天的广西、海南岛和雷州半岛的一部分，广西沿海属岭南西道三管中的容管（容管治所在容州即今容县，所辖区域包括今玉林地区、钦州地区即广西沿海地区、梧州地区所属的岑溪以及广东的个别县）。广西沿海对外交通不断得到发展，如贞观十二年（638 年），宁师京寻访刘方故道，“行达交趾，开拓夷獠，置瀼州”，使钦州与邕州相通，从钦州修通直达瀼州的道路，直达交趾，开辟了广西沿海从陆上通往越南北部的道路。此外，从合浦、钦州通往越南的海上通道仍非常繁荣，一批佛教僧侣来到此地的港口等候，随同商船远航到东南亚及南洋、印度洋各国去取经。如洛阳商人智弘“跨衡岭入桂……至合浦升舶……复向交州”，“益州（今四川）僧人义郎，与同州僧人智岸及弟弟义玄，由长安南下，跨五岭，到钦州乌雷，同附商舶，挂白丈，陵万波，越舸扶南”。

五代十国时，广西沿海先属楚，后属南汉。南汉大宝三年（960 年），南汉王刘鋹在海门镇（今廉州镇）置媚川都专营采珠。

宋朝时，北方社会动荡，南方相对稳定，更多的中原人移居广西沿海。宋代周去非在《岭外代答》中记载：“钦民有五种，一曰土人，自昔骆越之种类也，居于村落……二曰北人，语言平易而杂南音，本西北流民，自五代之乱，占籍于钦州者也占籍钦州地。三曰俚人，史称俚僚也……四曰射耕人，射地而耕也，子孙尽闽语。五曰蜒人，以舟为室，浮海为生，语似福广，杂以广东西音。”据《大清一统志》记载：“合浦有四民，一曰客户居城郭，解汉音，业商贾；一曰东人，杂居乡村，解闽语，业耕种；一曰俚人，深居远村，不解汉语，惟耕垦为活；一曰疍户，舟居穴处，亦能汉音，以采海为生，性俭仆词讼简希。”以上所提到的土人、北人、俚人、射耕人、蜒人、东人等，都是当时在广西沿海居住的不同族群。

随着民族文化交流的频繁，对外贸易得到空前繁荣，廉州和钦州成为中国西南地区对外贸易的主要港口，宋朝在廉州设沿海巡检司，宋代钦州博易场是西南地区三大博易场之一。

元朝时期，由于安南国王派兵骚扰中国边境，至元二十三年（1286 年）二月，元世祖下诏“命湖广行省造征交趾海船三百，期以八月会钦廉”，大批战船集中在钦廉沿海，元军主力由廉州沿海出发，从海道直攻交趾，打败交趾水军。元朝置市舶提举司对广西沿海港口进行管理，吸引了大批中原商人到此贸易。

明朝初年，广西沿海地区是明政府与东南亚各国进行经济文化往来的通道之一，当时安南、占城“使者皆带行商”，“北直廉州，循海北岸”。明洪武五年（1372年），设钦州府沿海巡检司，“南望龙门，守其要害”。永乐五年（1407年），明政府在钦州西南360里（180千米）贴浪都新安州设置市舶提举司。永乐十四年（1416年），明成祖“增设廉属驿站”，后又设广东钦州之防城、陶佛二水驿等，增设“交趾云屯市舶提举司，接西南诸国朝贡”，交趾等国使者向明皇朝进贡，多取云屯海道经廉州转达京师。明政府在廉州18次进行大规模采珠，钦州、廉州一带的陶瓷、珠宝等土特产常见于舶互市中。不过，明初的市舶制度对前来朝贡贸易的国家的贡期、贡舶、贡道和人数有严格的规定，在一定程度上限制了广西沿海地区对外通道的发展。随着明政府实行“洋禁”“海禁”政策，广西沿海地区的官方贸易贡舶基本消失。

4. 移民的涌入与广西海洋文化特色的形成

明中后期至清朝中期，由于倭寇的骚扰及朝廷实行的海禁政策，广西沿海地区的官方对外贸易基本断绝，但民间对外贸易一直在进行着。此时，由于广东、福建等省人口不断增多，一批汉人因从事垦田、经商、手工业等进入了当时人烟稀少并与越南接壤的广西沿海地区，他们人数较多，一经立足便迅速发展，人口不断增加。如明崇祯年间（1628—1674年），钦州还是“土著七分，寄籍三分”，但到清“乾嘉以后，外籍迁钦，五倍于土著”。根据所操的方言来划分，这个时期进入广西沿海的汉人主要有：福佬人（讲闽南话）、广府人（讲广州话）、客家人（讲客家话）、平话人（讲平话，亦称横县话），还有一个特殊的群体——疍民。特别是自广东而来的商人、农民溯西江而上，沿南流江到合浦或沿海岸来到钦州等地，他们主要是操粤语的广府人和操客家语系的客家人。随着大量外来人口的涌入，移民村落大批涌现，圩镇大量出现，城镇初步成型。广西沿海先后出现了众多民族和居民群体交错杂居的局面，移民文化与土著文化相结合，构成广西海洋文化特色。

潮起潮落，峰回路转。清朝后半叶，腐败的封建朝廷实行闭关锁国政策，广西沿海社会经济的发展受到了极大限制，但以坚船利炮为载体的西方工业文明所向披靡，开拓海外商品贸易市场的潮流浩浩荡荡。第一次鸦片战争后，广西沿海地区逐渐成为我国西南、中南地区对外开放的重要门户，蜂拥而至的西方文化开始在此传播开来，其中北海成为外来文化传入的前沿地区。

1. 北海开埠

1876 年 9 月 13 日，英国以“马嘉里事件”为借口，强迫中国政府签订了《烟台条约》。根据条约规定，北海被辟为对外通商口岸。1877 年 3 月 18 日，英国在北海设领事馆，英人李华达出任北海关（洋关）税务司。4 月 1 日，第一艘英轮抵达北海装货，北海正式开埠通商。随后，法国、德国、奥地利、日本、美国等国相继在北海设立租界、领事馆、商行、教会、医院和学校等，西方诸国凭借手中掌握的海关、港务和航运大权，操纵北海的经济命脉，北海关成为殖民主义者推销洋货和

北海海关大楼旧址

掠夺原料的工具。为了进一步控制北海附近的良港，北海关对北海港区域范围作了规定："自乌石港以北起沿雷州半岛经安铺折回，而西经北海、廉州、钦州，至中越两国交界点上。"北海港区域除了北海港埠以外，还包括北海以西的西场、大观港、龙门港、鱼冲港、防城港、安铺港等广西沿海港口。通过北海关，西方诸国控制了广西沿海地区。

2．广西近代海洋文明的出现

随着北海开埠，对外贸易迅速发展，推动了交通建设的发展及交通工具变革，近代的新式行业如金融、贸易、工矿企业等在广西沿海地区逐渐萌发，据民国《合浦县志》记载："……在闭关时代交通尚简，海通以来情势变迁今非昔比。合浦—邕宁北路已划界线，廉北汽车亦谋进行，至航路有海轮，通信有邮电，文报有电传，凡世界交通事业偏远之区亦若具焉……"广西沿海地区逐步由被动地开埠走向了主动开放，形成了以北海为中心港口，以沿海沿江的一些便于上货卸货的小城镇为主要中转地，以水路运输为主、公路运输为辅的近代对外交往新格局。至1937年抗日战争爆发前，有11个国家的外轮公司在北海开辟了13条以北海港为中途站或终点站的通往中国沿海及南海各国港口的定期和不定期的航线。据《广东经济年鉴（1940年）》记载,1933年，北海的土货出口（转口）总值达628万元，曾一度跃至全国沿海商埠第10位，北海成为滇桂黔和粤西海外贸易的便捷通道。

随着对外贸易的发展，广西沿海地区出现了一批商业店铺，民族资本家也开始出现。如光绪十八年（1892年）以后，北海已有广州商人经营的进出口商行40间，高州商人经营的商号8间，汕头商人经营的商号3间，贵州商人经营的土货店1间，阳江商人经营的皮货店1间，玉林、博白等地商人经营的鱼、盐栏有百户之多。钦州随后出现了"义聚源""戴安记"等百家商号，东兴出现了从事进出口贸易的新和安商号和钟裕源商号等。到20世纪初，北海"店铺不下千间，而大中商场约四五十家"，港式发式、服装，西式餐点开始流行，新式学校出现，马路开始铺设，洋楼逐步耸立，出现了民信局、蒸汽轮船、电灯、报纸，市区人口达10万人左右，初步具备了近代化城市的雏形，对周边地区产生了辐射作用：20世纪30年代，钦州、防城等地钱庄、商店、酒楼林立，城市街道建设开始进行，主要街道呈现出1931年前后北海海珠路的骑楼式建筑格局，近代城镇雏形基本出现，广西沿海各地逐步开启了从传统向现代化的过渡。1937年7月，随着抗日战争全面爆发，广西沿海地区近代化进程被迫中断。

伟人夙愿 梦想成真

世界潮流浩浩荡荡，顺之则昌逆之则亡。广西的潜力在北部湾，优势在北部湾，希望在北部湾，未来也在北部湾！早在90多年前，中国近代民主主义革命先行者孙中山先生就高瞻远瞩地在《建国方略》中规划要把钦州港建设成为“南方第二大港”。近年来，广西充分利用自身区位优势，积极走向海洋、经略海洋，明确提出广西北部湾经济区优先发展战略，优化海洋经济战略布局，打造西南、中南地区开放发展新的战略支点，着力建设海洋强区。广西北部湾经济区风生水起、千帆竞发，广西北部湾港（含防城港、钦州港、北海港）作为中国南方的枢纽大港正在兴起，一代伟人孙中山先生的百年夙愿正逐渐从梦想走进现实。2013年9月，李克强总理在参观中国—东盟博览会展馆时强调“铺就面向东盟的海上丝绸之路，打造带动腹地发展的战略支点”。广西北部湾港口迎来更新一轮的发展机遇。

1. 钦州市——孙中山南方大港之梦的实现

钦州市位于广西北部湾经济区的中心位置，背靠大西南，面向东南亚，是华南经济圈、西南经济圈与东盟经济圈的接合部，是面向东盟合作重要的区域合作“枢纽”和我国通向东盟距离最近的出海通道之一。钦州港距钦州市约30千米，港池深，航道宽，避风条件好，纳潮量大，含沙量小，是天然深水良港。

孙中山建国方略

20多年前，这里还是一片沉睡千年、满目荒芜的海滩，一个地处闭塞、偏向一隅的小渔村；20多年后，这里已发展为初具特色的现代化临海工业开发区，一座生机勃勃、令人瞩目的滨海工业新城。

这，缘于一个伟大的预言，缘于一个近百年的奋斗目标。

拥有海港，是世世代代钦州人的梦想，也是一代伟人孙中山的夙愿。1924年，孙中山先生在其《建国方略》中，将钦州港规划为中国“南方第二大港”。

钦州港全景

这一设想，让钦州人充满了信心与憧憬。

1992 年 5 月，中共中央、国务院作出“充分发挥广西作为西南地区出海通道作用”的战略决策，原钦州地委、行署抓住机遇作出开发建设钦州港的重大决策。

当时，由于项目尚未列入国家计划，钦州城区举行万人捐款集资建设钦州港活动，全市人民捐资献物，勒紧裤带，自力更生，筹资建港，不到两年时间，全市就筹集到 6000 多万元建港资金。1992 年 8 月，钦州港在一片欢呼声中破土动工。历经 14 个月的努力，钦州在近 30 多千米连绵起伏的山头上辟出了一条进港一级公路，在一片荒芜的海滩上建成了两个万吨级码头泊位并实现了简易投产，结束了钦州“有海无港”的历史。

钦州港的开发建设，不仅使钦州迅速实现了由一个农业大市向临海工业城市的转变，而且创造了中国港口建设史的惊人奇迹，使钦州加入到建设和经营港口的沿海城市行列。

直到 20 世纪 90 年代中后期，钦州还是一个农业大市，工业在经济中所占比例小，第三产业不发达，财源结构单一。1996 年，全市国内生产总值 112.32 亿元，其中农业占 46.53%，工业占 26.47%，第三产业占 27%，三者之比为 1：0.57：0.58；在当年全市的 4.93 亿财政收入中，农业占 18.13%，工业占 49.34%，第三产业占 20.56%，三者之比为 1：2.72：1.13。甚至到 2003 年，钦州市还没有一个亿元工业企业。“钦州的希望在港口，出路在港口。”1993 年，钦州市提出“以港兴市、以市促港、项目支撑、开放带动、建设临海工业城市”的发展战略，依靠钦州人民自筹资金建设两个万吨级起步码头，结束了有海无港的历史。1999 年，广西壮族自治区把钦州港定为临海工业港。随着国家西部大开发战略的实施，中国—东盟“一轴两翼”区域经济合作新格局的构建，广西北部湾经济区的开放开发上升为国家发展战略，钦州获得了更多的发展机遇。2008 年 5 月 29 日，国务院批准设立钦州港保税港区，2010 年 12 月 23 日，钦州保税港区一期顺利通过验收，成为我国第九个封关运作的保税港区。港口经济迅速拉动钦州城市经济的发展，全市规模以上工业占全部工业的比重由 1998 年的 28% 调整到 2010 年的 81.1%，三次产业结构调整由 1978 年的 62.9：19.1：18 调整到 2010 年的 26.2：40.8：33。工业增加值占地区生产总值的比重跃升至 34.7%，工业主导型经济发展格局基本形成，实现了经济发展方式由农业为主向以工业为主的转变。

在广西北部湾经济区开放开发中，钦州港迅速发展，向亿吨大港目标迈进，并与 80 多个国家和地区的重要港口建立了业务关系，成为中国西南、中南地区生产要素连接世界大市场的重要通道。2011 年底，钦州港 30 万吨级航道工程将竣工，这是目前广西首条 30

钦州保税港区码头

矗立在钦州港的孙中山铜像

万吨级航道，也是我国为数不多的最大深水航道之一。这条长 38 千米、底宽 320 米的海上“高速路”通航后，为世界巨轮进出钦州港提供了快捷通道。2012 年钦州港港口货物吞吐量完成 5622 万吨，同比增长 19.3%，集装箱 47.4 万标准箱，同比增长 17.9%。其中集装箱吞吐量继续位居广西北部湾沿海港口首位。目前，钦州港日渐丰盈的综合大港身姿，使其在中国经济版图上的重要性越来越突出，也为钦州港的建设乃至钦州经济插上了腾飞的翅膀。

实现了建港夙愿，当要在港口竖起一座最能体现钦州人的追求与奋斗精神、反映钦州历史文化、凝聚人气的人物铜像时，钦州人民选择了孙中山这位与钦州结下不解之缘的中国革命先行者。孙中山先生铜像矗立在钦州港仙岛公园的龟岛上，1996 年建成，是目前全球最大的孙中山先生铜像，铜像高 13.88 米，重 30 余吨，基座为 15.8 米高的花岗石结构，基座四周由每幅长 11.36 米、高 3.6 米的汉白玉浮雕构成，分别为《方略篇》《风云篇》《决策篇》《共建篇》。铜像取孙中山先生 30 多岁意气风发时的形象，手执文明棍，脚下是跳跃的波浪、翱翔的海鸥和茂密的红树林，先生静立在龟岛上遥望着钦州港的蒸蒸日上。

当前，钦州亿吨大港正在建设，临港产业集群正加速形成，以炼油、化工、原油储备等为主体的沿海石化产业集群初具规模，保税港区业务迅速发展，已成为我国第五个沿海整车进口口岸；广西首个千亿产业园区加快建设；中马产业园正式开园……站在全新的历史起点上，一个经济快速发展、社会和谐稳定、民族团结和睦、人民安居乐业、生态环境优美的新钦州正在迅速崛起。

中石油钦州千万吨炼油厂

2. 北海市——“海上丝绸之路”始发港的复兴

北海市位于北部湾的东北岸，南、北、西三面环海，东与广东接壤，东南与海南省隔海相望，素有“北部湾明珠”之称。全市总面积3337平方千米。海岸线长达500多千米，周围海域水深、避风、回淤小，多有天然屏障。北海是中国西部唯一具备空港、海港、高速公路和铁路的城市，是享誉海内外的旅游休闲度假胜地，是“海上丝绸之路”最早的始发港、中国近现代最早通商口岸、中国首批进一步对外开放的14个沿海城市之一。

早在2000多年前的汉代，北海属下的合浦就是“海上丝绸之路”的重要始发港。这条见诸史乘的最早对外海上贸易航线，从北部湾畔的合浦等地出发，沿中南半岛海岸，经南洋抵达印度洋，进入中亚，与闻名遐迩的陆上“丝绸之路”殊途同归。《汉书》记载的这条海上航线，并非一般的民间往来，而是一条由“黄门”宦官和译长率领、私商应募参与的官路。北海在两汉时代就成为对外开放的前沿地带，成为传播中华文明和中外经济文化交流的重要门户。

作为最早的“海上丝绸之路”始发港，在北海市合浦县城廉州镇周边，至今仍保存着近万座汉墓。在历年来的抢救性发掘中，出土了大量珍贵文物，数量众多的舶来品，如琥珀、水晶、玛瑙、玻璃制品、黄金饰品等。这些有着封土坟丘和厚葬礼制的汉墓，虽然主人身份难以考证，但专家们普遍认为应属于郡守、县令、官吏、豪商，甚至还有王公贵族等上流人物。正如范文澜先生在《中国通史》所说：“可以想见西汉时期的合浦已是一座商贸发达、水陆运输畅达、人烟稠密的江海港口城市。”

19世纪，清王朝在帝国主义的坚船利炮逼迫下打开了闭关锁国的大门。在1876年签订的《中英烟台条约》中，北海与芜湖、温州、宜昌一起被辟为通商口岸，英国、法国、德国、日本等相继在这里设立领事馆、洋关、教堂，开办洋行、医院、学校，北海成为列强人侵劫掠资源的落脚点以及扩张大西南的通道。在“欧风东渐”的过程中，北海作为得风气之先的沿海城市，其接纳西方工业文明之早令人啧啧惊叹：光绪十一年（1885年），北海即设立了官办的电报局；光绪二十四年（1898年），英国、法国教会在北海开办义学和女子学校，开设英、法文课程；光绪二十六年（1900年），北海的英国教会用上了电灯；同年，借助从英国进口的设备，北海有了木材机械加工；光绪三十四年（1908年），人们就能在北海的英国领事馆里观赏到电影默片；1909年，北海出现了中外合办的电灯公司；1918年，飞机的踪影现身北海；到了1929年，北海开通了与广州的航空邮路……当地至今还保留着众多西洋建筑以及有着中西合璧风格的老街。

回顾历史上北海的开放，几度崛起，又几度衰落。“海上丝绸之路”始发港繁富的历史遗存，基本限于两汉时期，这个“外洋各国夷商，无不梯次出航海，源源而来”的“海疆第一繁庶之地”，晋代以后就盛况不再；19世纪下半叶开埠的北海迎来商贾如云的兴旺景象，短短数十年间“洋楼矗起，巍然并峙”，诞生了“开埠第一城”“百年西洋街”，但贸易中心的地位很快就烟消云散。

新中国成立后，北海在行政区划归属上“三进三出”：1949年被列为广东省辖市，1952年划归广西，1955年划回广东，1965年又划归广西；级别问题上“三上三下”：先为地级市，1952年降为县级市，1958年降为人民公社，1959年又改为镇，1964年恢复为县，1965年后成为广西的县级市，1982年经国务院批准为旅游对外开放城市，1983年恢复地级市；经历了“三次战争”：抗法援越、抗美援越、对越自卫反击战。1983年，北海市城区人口只有10万左右，工业总产值1.4亿元，是一座偏僻落后、鲜为人知的渔村式小城。

1992年，借邓小平南巡谈话的东风，以建设大西南出海通道相号召，1992—1993年间，北海成为中国区域经济发展的投资热点地区，吸引了全国各省及海外投资者前来投资开发。在一年内涌入的资金上百亿元，批租土地70平方千米，市区人口由20多万剧增至40多万，城区面积由17平方千米迅速扩展到30多平方千米。1992年，全市国民生产总值达31.55亿元，提前8年实现了翻两番，城市基础建设加速建设，形成了较为完备的陆海空立体交通网络，迅速完成了城市建设的最初原始积累。

目前，北海港全港共有53个泊位，其中万吨级以上泊位8个，5000吨级以上泊位16个，4个万吨级以上泊位中，两个为万吨级泊位，1个为2万吨级泊位，1个为3.5万吨级泊位，吞吐能力可达4000万吨。码头岸线总长为810米，各种交通运输工具和运输船舶不断更新和增加，港航设施不断完善，港口的整体功能日益增强。北海拥有铁路、高速公

北海北岸风光

路、海港、空港，已建立起便捷的海陆空立体交通网络，北海港与世界 98 个国家和地区的 218 个港口有海运往来业务。2012 年港口货物吞吐量达 1757.43 万吨，集装箱吞吐量完成 80 200 标准箱，外贸货物吞吐量完成 768.55 万吨，北海港口总吞吐能力达到了 2932 万吨。一个亿吨大港正在崛起。

北海亚热带特色浓郁，气候温暖湿润，空气清新，有“中国最大天然氧吧”之称，具有“滨海类、风光类、人文类、古迹类”四大旅游资源和“海水、海滩、海岛、海鲜、海洋珍品、海底珊瑚、海洋运动、海上森林、海上航线、海洋文化”十大海洋旅游特色，珍珠、红树林、珊瑚礁、美人鱼、白海豚、涠洲岛火山地质地貌、海蚀景观与合浦古汉墓群堪称北海的名片。旅游资源总量之大、类型之多、品质之高、功能之全、组合之优、集中度之高，在中国沿海城市中极为罕见。特别是国家 4A 级王牌景区银滩，以独特的沙滩、优美的环境，使北海的声名鹊起。2003 年以来，北海市以银滩国家旅游度假区的中区改造、外沙海鲜岛建设为主体，以涠洲岛建设及星岛湖、红树林开发为南北两翼，推进滨海旅游城市建设，成功举办了四届北海国际珍珠节、第十七届世界模特小姐大赛中国赛区总决赛、“欢乐夜银滩”、首届中国国际海滩旅游文化节以及首届环球比基尼小姐大赛等系列活动，构筑了一道“亮丽银滩、绚丽夜景、活力城市”的美景。

当前，北海已经站到了新的历史起点上，正以“海上丝绸之路”申遗为契机，从源头上审视北海的开放历程，发掘历史文化资源，重塑北海的文化形象，寻根探本，以史为鉴，扬起开放风帆，推进实施《广西北部湾经济区发展规划》，发挥作为大西南地区出海通道和中国与东盟“桥头堡”的作用，主动融入区域一体化，增强与周边城市的合作共赢意识，共筑增长一极。

3．防城港市——从海上胡志明小道到现代港口城市

在祖国西南沿海，镶嵌着一颗璀璨的明珠。

沿着 10 余千米长的北部湾大道一直向南，右边是西湾，远远望去，塔吊林立，巨轮滚滚，那是设计年吞吐量 10 亿吨的港口。左边是熙熙攘攘的城区，椰树婆娑，海风习习，不少人在海边跑步健身。

这里风光旖旎，碧海蓝天，每年数万只白鹭在海滩产卵、孵化、组建新家。

这里山海相连，港城相依。优越的自然地理条件，让这里成为投资的热土。中央把总

投资超过 1700 亿元的钢铁、核电两大项目同时放在这里，世人瞩目。

生态环境优越和谐，产业集聚效应凸显，人民生活安宁幸福——这里是生机勃勃的广西防城港。

防城港市成立于 1993 年，依港而建，因港得名，先建港，后建市。二十载春华秋实，防城港市从当初一个蹒跚学步的婴儿，成长为一位风华正茂、飒爽英姿的青年。1968 年，为了援越抗美，周恩来总理报经毛泽东主席批准，在防城县渔沥岛开辟了海上隐蔽运输航线的主要起运港，被称为“海上胡志明小道”。1972 年 11 月，周恩来总理作出重要批示，“防城港应立即隐蔽扩建，限期完成”；次年 2 月，周总理又指示“三年改变港口面貌”，防城由此建港。1984 年 5 月，北海市与防城港作为一个整体一起被国务院批准为全国首批沿海开放城市之一。1993 年 5 月 23 日，国务院批准设立地级防城港市，下辖上思县、东兴市、港口区、防城区。素有“古今征战第一线”的防城港市由此走上了发展快车道。弹指一挥间，防城港、防城港市已分别走过了 45 年和 20 年的光辉岁月。

建市以来，勤劳的防城港人民创造出了辉煌业绩，主要经济指标增速连年刷新，稳居广西前列。从 1993 年到 2012 年，全市生产总值增长 13.8 倍，最近 10 年年均增长 16.6%；财政收入增长近 17.8 倍，最近 10 年年均增长 26.4%；全部工业总产值增长 78.4 倍，最近 10 年年均增长 25%；全社会固定资产投资增长 64.3 倍，最近 10 年年均增长 42.6%；全市港口吞吐量增长 13.2 倍，最近 10 年年均增长 22.6%；外贸进出口总额增长 280.8 倍，近 10 年年均增长 30.4%；农民人均纯收入增长近 9 倍，近 10 年年均增长 13.3%，稳居全区第一；城镇居民人均可支配收入增长 5 倍。尤其是“十一五”时期经济社会发展 23 项指标实现翻番，多项经济指标在全广西名列前茅，人均生产总值、人均财政收入、农民人均纯收入位居广西第一。

防城港钢铁基地项目获国家批准开工，东兴国家重点开发开放试验区建设实施方案获国务院批准并正式启动实施，港口货物吞吐量突破亿吨大关，南宁到防城港的广西第一条高铁通车试运行，防城港第一所高等院校建成，一批超百亿元项目加快推进……一系列工作取得里程碑意义的重大突破，诠释了防城港这座年轻的滨海新城，以长袖善舞的崭新姿态，向世人展示了一幅奋勇争先、率先发展的壮美图景。20 年，防城港从容走过了波澜壮阔的峥嵘岁月，放眼今日之港城大地，到处都回荡着科学发展的“最强音”，到处都震撼着跨越追赶的“加速度”。据中国社科院 2010 年、2011 年连续两年发布的蓝皮书，防城港市综合竞争力提升速度高居过去 5 年全国 294 个地级以上城市第一名，2010 年综合增长竞争

防城港码头远眺

力跃升至第 7 名。据中国社科院今年发布的《中国城镇化质量报告》，防城港市城镇化质量在广西 14 个市中排名第一，居全国 286 个城市的第 126 位。先后荣获“中国十大最关爱民生城市”“中国十佳和谐可持续发展城市”等称号。

随着国务院批准实施《广西北部湾经济区发展规划》、出台《关于进一步促进广西经济社会发展的若干意见》和中国—东盟自由贸易区的全面升级，防城港正全力融入区域经济大格局中，迎来新的大开发大发展的春天。展望未来，防城港市将紧紧围绕把广西建成西南、中南地区开放发展的新的战略支点的要求，按照“在广西率先发展、在沿海后来居上，进入沿海开放城市第一集团”的目标，加快实施全面建成小康社会“三步走”战略，全力打造国际通道枢纽、临港工业基地、国家“边境特区”、海洋文化名市、人均广西第一、美丽边海之城，建成宜居宜业宜游的幸福和谐港城。

美丽港城新的发展蓝图清晰可见；美丽港城新一轮的腾跃发展蓄势待发。

2008年1月16日，国务院正式批准实施《广西北部湾经济区发展规划》。2009年3月26日，广西壮族自治区人民政府正式批准“广西北部湾港”的名称，以整合广西原有的防城港、钦州港和北海港。2009年12月20日，国家交通部正式下发文件启用“广西北部湾港”名称。2010年3月17日，广西壮族自治区人民政府正式批准实施《广西北部湾港总体规划》。2013年7月，李克强总理提出：“把北部湾经济区建设好、发展好，不只对西南地区，而且对中南地区，甚至对全国都具有战略意义，广西要成为西南、中南地区开放发展的新的战略支点。”

1. 广西北部湾经济区

2006年3月22日，广西北部湾经济区规划建设管理委员会成立。广西北部湾经济区地处中国沿海西南端，主要包括南宁市、北海市、钦州市、防城港市所辖区域范围，同时，包括玉林市、崇左市的交通和物流。区域土地面积4.25万平方千米，海域总面积近13万平方千米。

广西北部湾经济区沿海、沿边、沿江，地处华南经济圈、西南经济圈与东盟经济圈的接合部，是我国唯一与东盟既有陆地接壤又有海上通道的地区，是中国与东盟双向开放、双向交流的重要桥梁和门户。广西北部湾经济区成立后，广西积极争取将其提升为国家战略。2006年7月，以“共建中国—东盟新增长极”为主题的首届环北部湾经济合作论坛在南宁举行。时任广西壮族自治区党委书记刘奇葆首次提出了“泛北部湾”概念，倡议促进中国—东盟“一轴两翼”区域经济合作新格局。2006年8月，时任中共中央总书记胡锦涛在听取广西工作汇报时，突出强调广西北部湾地区发展应形成“新的一极”。随着泛北部湾经济合作论坛、“一轴两翼”构想的出台，使广西北部湾这片宁静的海洋备受关注。

2008年1月16日，《广西北部湾经济区发展规划》正式获得国务院批准实施，广西北部湾经济区建设上升为国家战略。中央政府赋予其功能定位为立足北部湾、服务“三南”（西南、华南和中南）、沟通东中西、面向东南亚，充分发挥连接多区域的重要通道、交流桥梁和合作平台作用，以开放合作促开发建设，努力建成中国—东盟开放合作的物流基地、商贸基地、加工制造基地和信息交流中心。

2. 中国—东盟自由贸易区的桥头堡

2000 年 11 月，时任中国国务院总理朱镕基提出建立中国—东盟自贸区的设想，得到东盟各国领导人的积极响应。2002 年 11 月，中国与东盟签署《中国—东盟全面经济合作框架协议》，决定在 2010 年建成中国—东盟自贸区，并正式启动自贸区建设进程。2010 年 1 月 1 日中国—东盟自由贸易区正式建成。这是一个惠及 19 亿人口、国民生产总值达 6 万亿美元、贸易额达 4.5 万亿美元的自由贸易区，是中国对外商谈的第一个自贸区，是目前世界人口最多的自贸区，也是发展中国家间最大的自贸区。中国—东盟自贸区的建设，大大促进了广西与东盟国家的经贸合作，东盟已经连续十年成为广西最大的经济贸易伙伴，成为广西第一大出口市场和第一大进口货源地。中国—东盟自由贸易区的建设进一步凸显了广西北部湾经济区的国际大通道、桥梁和平台作用。广西北部湾经济区依托中国—东盟博览会这一中国与东盟政治经济文化交流合作的平台，在我国各省市与东盟的经贸合作中占据着“近水楼台先得月”的有利地位。

3. 打造西南、中南地区开放发展新的战略支点

2013 年 7 月，李克强总理在广西考察调研时指出：“把北部湾经济区建设好、发展好，不只对西南地区，而且对中南地区，甚至对全国都具有战略意义，广西要成为西南、中南地区开放发展的新的战略支点。”李克强总理还殷殷寄语：“该到广西腾跃的时候了！”这是党中央、国务院对广西经济社会发展的重要定位，是广西立足当前、着眼长远，推动经济社会更好更快发展的重要目标，是广西深化改革、扩大开放，加快全面建成小康社会的重要任务。

2008 年初，国务院批复实施《广西北部湾经济区发展规划 2006—2020 年》时，对广西北部湾经济区的定位为“三基地一中心”（即中国—东盟开放合作的物流基地、商贸基地、加工制造基地和信息交流中心）。2009 年底，国务院出台《关于进一步促进广西经济社会发展的若干意见》（国发〔2009〕42 号），以“两区一带”（北部湾经济区、西江经济带和

桂西资源富集区）促进区域统筹协调发展，强化广西北部湾经济区的龙头带动作用，同时以西江经济带和桂西资源富集区为支撑，实现各区域之间优势互补、互利共赢、协调发展。

李克强总理此次提出“广西要成为西南、中南地区开放发展的新的战略支点”，其科学内涵至少应该包括：充分利用广西沿海沿边沿江的优势，把西南、中南与广西的开放发展统筹起来，尤其是把广西沿海与西南、中南紧密层省市（桂、云、黔、湘、川、渝）以至外围层省区（藏、疆、甘、鄂）统筹起来，使之成为一个有机的“发展体”，成为能承载撬动“发展体”开放发展的支点，再用合作杠杆、开放杠杆、市场杠杆、资源杠杆、政策杠杆撬动“发展体”联动开放发展。毫无疑问，打造西南、中南地区开放发展的新的战略支点，是当前和今后广西加快发展的又一个重大机遇，必将引发广西发展的“核裂变”，促进稳增长强后劲，实现腾跃；必将使广西突出的资源和区位优势得到更充分发挥，为扩大以东盟为重点的开放合作创造有利条件；必将使广西在西南、中南的区域合作发展中地位大为提升，影响力、集聚力和辐射力大为增强。

中国海洋文化

耕稼盐渔　骆越初现
采海为生　渔业繁盛
特色海产　丰饶珍奇
天然盐仓　盐路遥遥
山海相依　渔乡村落
敬天厚海　生态海洋
剖蚌求珠　南珠生产

第三章

生生不息

——沧桑厚重的农渔盐业文化

往事越千年，大海涛声依旧。

钦江、南流江、北仑河……默默无语，带着丰富的内陆营养汇入大海，造就了广西北部湾这片宁静、富饶而又神奇的海洋，孕育了灿烂的海洋文化，写下了骆越人的艰辛与辉煌。这里的人民爱海、崇海、敬海，既有“仰潮水上下，垦食骆田”“饭稻羹鱼，果隋蠃蛤”“割蚌求珠”及“野煎盐，广人煮海其口无限”的艰辛，也有“水行而山处，以船为车，以楫为马，往若飘风，去则难从”的潇洒与飘逸。广西沿海各族人民创造的海洋农渔盐业文化沧桑厚重，丰富着中华民族的海洋文化，穿越时空，生生不息。

南流江三角洲平原

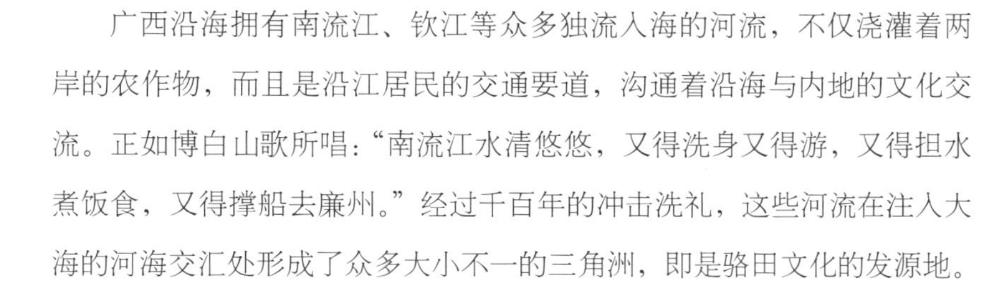

广西沿海拥有南流江、钦江等众多独流入海的河流，不仅浇灌着两岸的农作物，而且是沿江居民的交通要道，沟通着沿海与内地的文化交流。正如博白山歌所唱：“南流江水清悠悠，又得洗身又得游，又得担水煮饭食，又得撑船去廉州。”经过千百年的冲击洗礼，这些河流在注入大海的河海交汇处形成了众多大小不一的三角洲，即是骆田文化的发源地。

1．古骆越人“仰潮水上下而耕”

北魏地理学家郦道元在《水经注》中写道：“交趾昔未有郡县之时，土地有雒田。其田随潮水上下，民垦食其田，因名曰雒民。”在古代“雒”通“骆”，意即麓。“交趾”泛指今广西沿海到越南北部一带。元代农学家王桢在《农书》中载：“骆田在宋元时期多见于江东、淮东和两广地区。”

清道光版《廉州府志》已记录有钦江流域拥有面积不小的骆田。可见，早在秦汉以前，生活在广西沿海的骆越人就已利用海水潮涨潮落带来的肥沃土壤进行农业生产了。

骆田又称为沙田、潮田，分水上和陆上两种。

陆上骆田是在滨海地区地势平坦的滩地上随海潮涨落自然流灌的水田。流灌深浅因季节、月份和潮汐时间长短而不同。涨潮时，田中水深可达水稻株高的一半以上，甚至淹没稻株。退潮后则土面干涸，留下一层薄薄的有机质为田地施肥。这种田通常只种一季水稻，以耐盐、耐浸性特强的水稻品种为主。

水上骆田是先用木桩搭成架子，然后将水草和泥土置于架子上面，种上庄稼，是一种浮在水面上的水田。木架浮在水面上，随潮水的涨退而上下，使庄稼不会淹没于水中。因为海水的密度比河水的密度大，在海河交汇处，形成河水在上、海水在下的上下水层，上层河水可以保证架田上庄稼的生长繁殖。这种种植方法，不占耕地，旱涝保收，是广西沿海人们充分利用资源、扩充耕地的一种办法。

2. 骆田与广西沿海稻种文化的形成

“饭稻羹鱼，果隋蠃蛤”——古代广西沿海人民很早就懂得利用河海交汇处潮水涨退带来的肥沃土壤，耕作“骆田”，从事农业生产，繁衍生息。考古发掘发现，合浦望牛岭西汉1号墓出土的悬山顶干栏式铜仓和母猪岭24号墓出土的“B”型陶仓装的也是稻谷。随着沿海的开发、外来移民的增多，先进生产技术及优质农作物品种得到引进。北宋时期，从越南引进的占城稻引起了当地粮食生产的第一次革命。占城稻又称旱禾或占禾，属于早籼稻，原产越南中南部，北宋初年传入我国。它具有耐旱耐涝、适应性强即“不择地而生”、生长期短（自种至收仅五十余日）的特性，可以在广西沿海早晚两熟。占城稻引进后，成为籼稻的主要品牌，当地稻种由旱谷为主变为以水稻为主，广西沿海的粮食产量大增。到明朝时，据明嘉靖《钦州志》记载：钦州当地的水稻品种有26个，其中籼、粳稻11个，糯稻15个；清乾隆《授时通考》载合浦县稻米品种10个、钦州16个。可见当时水稻品种之繁多。清嘉庆五年（1800年），北海一带引进耐旱稻，品种有“海南子”“黑粒”“混菱”“咸稳”“水底沟”“涠洲白壳大糯”和“黑壳大糯”等，这些品种耐旱耐瘦、耐咸酸，是沿海较早种植的原始品种。

因骆田是靠天吃饭，遇到洪水及台风时，很可能颗粒无收。自宋代开始，广西沿海的钦州湾沿岸就开始围垦造田，如茅尾海沿岸的康熙岭一带，原属茫茫海滩，自宋代起周边居民开始围垦。到明朝，更多的堤围和涵闸在广西沿海得到修筑，围垦造田逐步增多。这种筑堤围海的田称作“围田”，也叫“基围田”。道光《廉州府志》载“海匡潮田……合浦西南皆滨大海，地斥卤，多咸潮。筑基围数十丈至百余丈。候春水发随潮入田布种”。每个围田都开设有“水闸”，也叫“水门”，其功能是排水灌水。在“围田”里栽种耐盐、耐浸性特强的单季水稻稻种，如毛禾、咸黏稻等。在水利设施还不发达的时代，每当秋冬季节，为了避免“围田”因久旱而变成酸田，在秋收后，农民往往把海水灌入“围田”内泡田，待第二年春夏季雨水充足时，打开水门排掉咸水，灌入淡水泡田。经过反复排灌，待田土的咸酸性漂淡后，撒下石灰或蚝壳灰，开始耘田插秧，种植毛禾（因谷上有根毛刺，又称谷枪而得名）。每年农历四月初八前后，农民开始浸谷种，撒秧。毛禾秧苗必须疏播育壮，其秧龄一般是 40 ～ 50 天，在农历端午节前后可插。初期用浅水养育禾苗，让它分蘖，到农历七月下旬或八月初，即大潮来临前，必须灌入大量淡水，然后用白胶泥将水门闸板封严，以防海水渗透进田内。九十月毛禾谷成熟时，打开水门把水排干，以便于日后收割，这叫开围。开围时，人们往往会在田里捕到鱼虾及禾虫等。

因毛禾谷粒有毛刺，在碾好谷粒后，人们会先用石碾把毛刺碾碎，再用风车或谷筛把毛刺和谷粒分开，晒干后收藏。毛禾谷是大红谷，磨出的是大红米，可煮粥及酿酒。

从 1958 年起，广西沿海各地都修建了水库和干渠，把淡水引灌到沿海田地，围田便改为淡田，水稻种植也由单季稻改为双季稻。经过多年的标准化海堤建设，现在的钦江三角洲和南流三角洲平原等处的农耕文化已融入了更多的内地耕作文化，造就了其独有的农业文化特色，农作物品种发生了很大变化。水田集中的地方，形成了“水稻—水稻—冬薯（或蔬菜、绿肥）”“花生—水稻—慈菇（莲藕）”的栽培格局，而旱田、沙田集中的地方则主要种植薯类、豆类、玉米、花生、甘蔗等。

3．杂粮——广西沿海稻作文化的补充

由于骆田大多属于咸田，只能种植毛禾等产量偏低的稻种，产量不高。明清以后，随着部分美洲作物的引进，块根类的杂粮作物便成为广西沿海稻作的重要补充。其中芋头、番薯及木薯在该地得到广泛栽培，有“薯粮”之称。玉米、薏苡、小米也成为当地的重要杂粮。

广西沿海气候湿润而温暖，阳光充足，四季都适宜栽种番薯。特别是种在海边咸沙土的番薯，其味道比种在其他土壤中的要好。今天，这些海边咸沙土出产的番薯，因其味道独特，身价不断攀升。如东兴市的“红姑娘”红薯，皮红肉白，香甜可口，畅销区内外。每年6月，东兴市河洲村都会举行“红姑娘”红薯节，番薯作为一种海洋文化形态，成为一种文化景观。

在广西沿海，人们除进行农作物栽培外，还充分利用滩涂及湿地养殖鸡、鸭、鹅等，这里所养殖的禽类肉质鲜嫩，甜美可口，蛋产量高，市场竞争力强。合浦鹅成为广西壮族自治区优良品种，是南方优良肥肝鹅之一。钦州海鸭蛋也成为绿色农业品牌产品之一。

4．古骆越人的海洋渔猎

广西沿海是中国古代海洋渔猎业较发达的区域之一，广西海洋文化的早期主要是以捕鱼和猎取其他海上生物为主的渔猎文化，广西滨海贝丘遗址的发现就是明证。在长期渔猎生活中，人们掌握了许多海洋渔猎技能，唐代刘恂的《岭表录异》记载南海一带有“蚝即牡蛎也，……每潮来，诸蚝皆开房”等报潮现象。《南越笔记》记载“黄花鱼唯大澳有之……渔者必伺暮取之，听其声稚，则知未出大澳也。声老则知将出大澳也。声老者黄花鱼啸子之候也……及黄皮蚬、鲚、青鳞，亦皆听取声”，当时包括广西在内的岭南渔民不仅能靠声音来判断黄花鱼群是否存在，而且能根据声音的“稚”“老”来确定鱼群的动向进行捕捞，甚至还能利用其他鱼类的声音进行作业。

5．古骆越人的海盐文化

生活在广西沿海的古骆越人很早就掌握了煮海成盐的生产技术。当古骆越人在海滩礁石上寻找可供食用的海产品时，不经意发现礁石坑凹处有一些薄片状白色结晶物体，他们试着用来蘸食或烹调食物，发现居然鲜美无比，吃后身轻腑畅，活力充沛。于是认定这是人间宝物，每每出海都要捡回贮藏慢慢享用。通过长期不断的观察和试验，先民们发现，当把海水放到石坑暴晒一段时间，即可收获到这种白色结晶体——盐巴。随着需要量的增加，日晒盐已很难满足人们生活的需要，于是他们就用海水直接煎煮来获得盐。

靠山吃山，靠海吃海，一方水土养育一方人。广西海洋渔业生产及发展的历史悠久，历朝历代均有商贾云集，人们在采海为生的劳作过程中，充分发挥聪明才智，促进了海洋渔业的兴盛，形成了丰富多彩的渔业文化景观。

1. 广西海洋渔业生产及发展

关于广西海洋渔业生产情况，汉代文献已有记载，据《史记·货殖列传》记载："楚越之地，地广人稀，饭稻羹鱼，或火耕而水耨，果隋蠃蛤……"《汉书·地理志》载有："粤之苍梧、郁林、合浦、交趾、九真、南海、日南等处近海，多犀牛、象、毒瑁、珠玑、银、铜、果、布等物，中国往商贾者多取富焉。"隋唐时，钦州沿海已有专业渔民，主要从事浅海捕捞。宋人周去非把钦州疍民划分为三种类型："一为渔疍，善举网垂纶；二为珠疍，善没海取珠；三为木疍，善伐山取材。"到明代，"疍户，舟居穴处，仅同水族，亦解汉音，以采海为生"。

明清时期，国家对海洋渔业进行管理。据明嘉靖《钦州志》记载，嘉靖十一年（1532 年），钦州有渔民 11 户，140 人，捕鱼劳力 99 人。当地建有河泊所管理渔业。政府还在合浦、钦州开征鱼课。明代钦州上贡朝廷的土贡中即有鱼类加工品，如"鱼缥鱼油鱼缥翎毛"。康熙二十六年（1687 年），政府在廉州开始征收鱼课，雍正十二年（1735 年）起，在廉州征收疍户鱼课。清咸丰年（1851—1861 年）前后，广东西部沿海的雷州、高州、琼州渔民海捕活动不断向西转移，推动了钦廉海洋捕捞的兴盛。廉州府属乾体、安宁、梁村等地已广泛使用拖风、锁罾、粪箕、流簾等渔具进行生产，由官府划分地段，收取鱼米，纳入官府管理。

明洪武元年（1368 年），北海为廉州珠场八寨之一的古里寨辖地，是珠船寄旋避风之地。清朝乾隆后，由于到涠洲、北海捕鱼的广东渔民逐渐增多，北海便成为渔、商聚居之地。光绪二年（1876年），北海被开放为通商口岸。此后十余年间，海洋渔业成为其主要实业，北海的渔船常到安南洋面的附近海域作业。从业人员2500余人，渔船400条，船的载重量多为6～12吨，每船平均捕鱼1.25万～1.5万千克，总产量654吨。每船平均投资600元，产量高的年份，扣去生产费用，年可获利150元左右。所捕获的鱼除小部分运往香港外，大部分就近加工后运往钦州，再运入广西。到19世纪末，北海的渔船大舶板至少有500～600艘，缯棚约有50架。仅高德一带就有数千人以捕鱼为业，泊碇渔船有百余艘。在涠洲附近海面，每年9—12月捕鱼季节，常有千艘渔船离岛出海，主要捕获物为墨鱼，腌制后运往广东或广西销售。据记载，1905年，北海的红坎、地角等21处村落有村民860户、4000余人，此外尚有列棚而居的外沙疍户600～700人。

在钦州，濒海居民一般都从事海上渔业。如孟冲、大榄、阳江坪、黄屋屯、长墩等地，特别是茅尾海入海口处沿岸的居民，用竖网、张网、鲚鱼袂（等网）、塞网、塞箔等捕鱼，此外还有搔碰螺、捉蟹子、照螃蟹、撑跳白、挖跳鱼、叉鞋挞鱼等小渔业。钦州龙门岛到企沙沿海的居民以渔业为生，在每年三四月的捕鱼淡季，各家多晒蚝豉，男人在艇钳蚝、下钓拉网，妇女则往石墩敲小蚝。八九月间，各家乘艇出海捕虾，所捕之虾用沸水煮熟、晒干，称为“大红”，在年底运往各市销售。渔民用船满载鱼虾从茅尾海沿茅岭江运往上游各乡村，一斤鱼换一斤红薯。钦州市场上常年都有生蚝、石岩、鲈、鲨、蒲、鲔、鳝等上市，大部分从龙门运来。此外，钦州三娘湾的拖风渔业也很兴盛。

民国年间，以北海及雷州半岛为根据地、靠泊于涠洲的对船拖网渔业，是当时广东唯一的远洋渔业，渔产量几乎占全省的一半，渔获物以红鱼、绸鱼、曹白、腊鱼、鸡笼鲳、黄花鱼、大鳖、鱿鱼、乌贼为大宗，合浦县属有18处渔业港湾。钦州龙门岛渔民多为小规模渔业，有棚罟、索罟、虾艇、小船和钓等多种渔业。防城以企沙、红沙漓两处渔业较盛，江坪、白龙尾、澳洲坪、竹山口等地次之。夜莺岛周围渔产也比较丰富，以马鲛、石斑、蜡、珍珠贝、黑蝶贝较多。抗战爆发后，沿海渔区先后沦陷，生产力受到严重摧残。

2．广西沿海传统的渔具及渔船

明末清初，合浦乾体等处濒海居民以插箔为生，常用渔具主要有罾、缯、箔、笼、涂跳。光绪末年，钦廉一带渔具有网、捞箕、钓、铁标、蹭棚五类。网分头、二号渔船所用

部分传统渔具

两种规格；网头长12丈、阔7丈、网眼1.4寸，网尾长4丈、阔1丈、网眼0.3寸者为头号渔船所用；网头长9丈、阔4丈、网眼2.2寸，网尾长2丈，阔0.5丈、网眼0.3寸者为二号渔船所用。钓渔具中的大钓以麻绳为纶，可钓百余斤之鱼。铁标，叉巨鱼之用，标头系以麻绳。缯棚，棚高1.6丈，装有绞盘，缯长3丈，阔3.2丈，重30斤，鱼多时，每缯可取鱼千余斤。捞箕，大小不一，用以捞网内之鱼，大者可载鱼一二百斤，由二三人合力操作。各种网具多用茹茛或油柑皮熬成胶水染渍，使之耐用。

渔船方面，由于清明两朝实行海禁，对造船控制很严，只准民间造单桅船。光绪年间，北海的地角与高德之间有“舶板”在海滩上建造下水。清末民初，据《北海杂录》所载，北海当地有装有收网车盘的头号密尾渔船（相传广东硇州传入）、大开尾船、海南艇和两头尖浅海船4种。钦州、廉州、防城三地都有船体宽、帆面大、航速快、拖力强且操作灵活，但不耐风浪的三角艇。常见的渔船为北海大拖、越南大拖、企沙滑尾拖、海南澹州船、北海虾艇、北海大中小三式三角艇、犀牛脚钓船、北海小钓艇、龙门大小跳白船、犀牛脚钓船、北海小钓艇、龙门大小跳白船、犀牛脚水井塞网船、高德红船、西场亚娘鞋船，也有大小竹排。网渔具有头号、二号拖网、罟棚、捞箕、有饵单钓和用以标取大型鱼类的铁标。

3．渔场、渔汛及宜渔港湾的开发

明代以前，广西沿海的北海、涠洲、斜阳已成为渔村或渔船给养补给地。清咸丰年前后，廉州府境有白龙、斜阳、三叉、高德、鳖港、榕根、英罗等 8 个渔场，钦州的龙门、大观、南港、牙山、渔洲、蓬罗、贴浪白龙尾及东兴几处渔场相继得到开发。到清代，北部湾渔场已成为拖风船活动的四大渔场之一。

清末，广西沿海的宜渔港湾有西场、大观、龙门、渔冲、防城白龙尾、竹山、孔子、白龙、盘龙、石头埠、对达、安铺、旧庙、长洪面、沙脚面、兰潭面、港门面等近 20 处。

明清至民国初年，广西沿海的渔船，除就近采捕外，一般常在西南向到纲门、沥尾，南至涠洲、斜阳，东至江红、企水，西至洲墩、鱼冲、白龙尾等海域作业。出渔期自二三月至七八月，每月往返一次，但以上界域内的海鱼收获不甚多。由于越南洋面的老鼠山、青鳞山、狗头山、婆湾、东京山等处出鱼较多，渔船多往这些地区采捕，水程一二日不等，出渔期为八九月至次年二三月，每月往返一次。光绪末年，因越方牌费愈收愈高、强配洋盐、咸鱼税大幅度提高等原因，渔民大多停业。

北海电白寮港的渔船

钦州市龙门港

20 世纪 50—60 年代，广西大批渔船到海南西部的昌化、感恩、莺歌海等渔场生产。1957 年，根据《中越渔业协定》，北海有 436 艘大中型渔船领取出国捕鱼许可证，凭证可到越方指定的海域捕鱼和指定的港口避风、补给。1959 年夏，北海渔船开辟了河静外海、红弱岛渔场。从此，北部湾西部成为北海最主要的拖网渔场。

20 世纪 70 年代后，由于渔船动力化，传统渔场已不能满足渔业生产发展的需要，广西渔船向北部湾以外的南海北部大陆架和南沙海域进军。部分大型拖网船前往粤西的硇洲至珠江口的万山一带、汕尾至南澳的粤东渔场，也有前往海南岛东部的铜鼓、七洲至上下九十。80 年代中期，开辟了湾口南部直至南沙海域。从 1982 年起，受北部湾资源变化的影响，同时考虑涉外关系，禁止渔船进入限航区生产，传统渔场减少。

目前，广西拥有 21 个渔港，其中经国家农业部审批确定并公布的等级以上重点渔港有 14 个。北部湾渔场是全国四大渔场之一，渔场面积近 14 万平方千米，分为三大部分：湾北渔场，从广西沿岸至北纬 20°30″ 的海域，其中又分为涠洲岛以北禁渔区和涠洲岛以南的近海渔场。湾中渔场，主要是以夜莺岛为中心的渔场。渔场位于几个水团交汇的区域，浮游生物丰富，饵料充足，海底平坦，底质为沙泥，平均水深只有 38 米，适于底拖网作业，是优良的底拖渔场。北部湾南部外海渔场，范围包括北部湾湾口以南 80 ~ 200 米水深的南海大陆架，是一个新开辟的渔场，大部分为经济价值高的鱼类。此外，广西的主要作业渔场还有南海深外海渔场和南沙渔场。

防城港市企沙渔港

由于渔场区域的不断扩大以及渔汛季节的明朗化，从20世纪60年代开始，北部湾基本上形成了两个汛期和一个伏季的区域性渔场。每年正月至四月为春汛期，作业区域主要在海南岛西部的昌化、海头、感恩、莺歌海渔场，统称昌化渔汛。目前，按时间划分，北部湾的渔汛有春汛、暑海和秋汛三种。春汛一般捕捞一年以上索饵产卵的鱼类；暑海的拖网作业以捕稚鱼和幼鱼为主；秋汛主要捕捞当年生和多年生的成鱼，是捕捞旺季，产量可占全年的50%～60%。

4．中越北部湾渔业合作协定

2000年12月25日，中国和越南在北京签署《中华人民共和国和越南社会主义共和国关于两国在北部湾领海、专属经济区和大陆架的划界协定》及《中华人民共和国政府和越南社会主义共和国政府北部湾渔业合作协定》。

中越两国在北部湾既相邻又相向。历史上，两国从未划分过北部湾。20世纪60年代以前，双方只按各自宣布的领海宽度管辖，湾内的资源共用共享，一直相安无事。20世纪70年代初以来，随着现代海洋法制度的发展，中越两国划分北部湾领海、专属经济区和大陆架的问题呈现出来。根据《联合国海洋法公约》的规定，两国在北部湾海域的专属经济区和大陆架全部重叠，必须通过划界加以解决。经过几代人的努力，根据国际法和国际实践，考虑到北部湾的实际情况，2000年12月25日，中越两国在北京签署了北部湾划界协定：根据协定，中越北部湾的领海、专属经济区和大陆架的分界线共由21个坐标点相续连接而成，北自中越界河北仑河的入海口，南至北部湾的南口，全长约500千米。双方所得海域面积大体相当，实现了双方均满意的公平划界结果；根据渔业协定，双方划定了面积较大（3万多平方千米）的两国渔船都可进入的跨界共同渔区，时限为15年；另在共同渔区以北，又划出为期4年的跨界过渡性安排水域，允许两国渔船进入作业。同时，协定还明文规定，双方本着互利精神，在共同渔区内进行长期渔业合作。双方同意设立北部湾渔业联合委员会具体落实有关合作事宜。以上考虑是尽可能少地影响我国渔民在北部湾的传统捕鱼方式；同时，也在我国逐步按新海洋法制度进行渔业管理的大背景下，为我国渔业产业的调整、渔民的转产转业争取较宽裕的时间。

北部湾划界协定确定了中越在北部湾的领海、专属经济区和大陆架的分界线，两国取得了划归双方海域面积大体相当的公平结果，同时也通过缔结渔业合作协定实现了划界后北部湾渔业资源的合理分配和养护。这是中国海上边界划分的首次实践，为中国今后与其他邻国划分海上边界线积累了经验，并为我国国内探讨建立一套更为行之有效的海洋管理体制提供了契机。

5．广西的近海养殖

广西浅海滩涂广阔，水质肥沃，生物品种繁多。1958 年 11 月，合浦专署水产局在白龙珠池进行人工殖珠试验成功，这是广西沿海从单纯捕捞走向人工养殖工厂化的开始。目前，广西近海养殖品种主要有贝类、甲壳类、鱼类、藻类等。贝类养殖主要有文蛤、近江牡蛎、大獭蛤、泥蚶、江珧、马氏珠母贝、扇贝、鲍鱼等；甲壳类中的虾蟹养殖主要有南美白对虾、斑节对虾、日本对虾、长毛对虾及锯缘青蟹、三疣梭子蟹等；鱼类养殖主要有中华乌塘鳢、大弹涂鱼、石斑鱼、鲈鱼、军曹鱼、真鲷、红鳍笛鲷、美国红鱼等。其中以南美白对虾、近江牡蛎、文蛤等品种养殖面积较广。滩涂养殖具有较高经济价值的品种有文蛤、泥蚶、毛蚶、牡蛎、贻贝、瓜螺等贝类和方格星虫、沙蚕、窄蛏（竹蛏）、海胆、三疣梭子蟹、锯缘青蟹、对虾等。海水养殖面积、产量从 1980 年的 2066 公顷、1000 吨，发展到 1995 年的 4.10 万公顷、17.43 万吨。2005 年海水养殖面积达 67 320 亩，产量 73 395 吨，养殖产量首次超过捕捞产量，实现了以养殖为主的历史性转变。2010 年广西海洋渔业经济总产值 212 亿元，占广西渔业经济的 60%。

广西近海养殖模式多样化，有播养、插养、浮筏式吊养、多品种混养、轮养、梯级养殖、围网养殖、网箱养殖、围栏养殖、桩式养殖、礁体养殖、笼养、缸瓦罐养殖、陆上高位池养殖、工厂化养殖及深浅海的延绳养殖、沉箱养殖等。科技含量越来越高，养殖技术不断创新。使海洋渔业走上了以养殖为主的产业化、规模化、集约化可持续发展的轨道。先后建立了对虾、珍珠、大蚝、文蛤、网箱养鱼、鲍鱼六大基地。

6．广西独特的渔业生产技术

海洋捕捞的主要作业方式

广西海洋捕捞的主要作业方式有拖网、围网、刺网、钓和定置等方式。

拖网作业以渔船拖曳方式进行，是海洋捕捞最重要的作业方式。最有特色的是北海的飞螺（日月贝）拖网。

围网渔具有索罟网、灯光围网、百袋网等。索罟网中又有赤鱼索罟网和青鳞索罟网。20世纪90年代后，通过采用扩大光诱能力和瞄准捕捞技术，围网渔业获得发展。在涠洲岛，有一种结构类似刺网的围网作业，称“百袋网”，常在底质复杂、多礁石的沿岸水域作业，主要捕捞喜栖礁区的鱼类。下网前，先选择一个多孔的礁石加以人工修筑作围网中心，称为“鱼屋”。涨潮时，喜栖礁石的鱼类被“鱼屋”的优越环境所吸引，纷纷集于“鱼屋”周围。这时，渔民便用主网把“鱼屋”外侧半包围起来，待潮水退后，下水移动主网，缩小包围圈，并用石块、竹竿打水驱赶鱼类让其躲进“鱼屋”，取副网将“鱼屋”围起来，用石块压定网衣下部，拿小抄网潜水将“鱼屋”及落入副网中的鱼捕捉。

刺网作业是通过刺或缠住鱼、虾、蟹等捕捞对象的。作业方式有流刺、拖刺、浮刺、围刺、定刺、旋刺等，其数量以流刺网最多，以龙利刺网、高脚刺网、虾刺网等效果较好。20世纪80年代后，除蟹刺网、鲳鱼刺网有不同程度的发展外，其余作业逐渐被淘汰。

钓具作业属传统作业方式之一，钓具分为手钓、延绳钓等。20世纪70—80年代，由于机船拖虾作业的发展，钓具作业渔场和资源受到破坏，逐渐被浅海拖网作业取代。近年来，子母延绳钓因用于捕捞金线鱼重获新生。门鳝延绳钓一般选择在底质为稀泥或泥堆、泥沟的海区进行，饵料以新鲜青鳞鱼最佳，其次是鱿鱼或其他新鲜鱼肉。石地延绳钓主要在散礁区的石头面上，主捕礁区鱼类。

浅杂海渔业的主要作业方式

浅杂海渔业是广西沿海渔民普遍采用的渔业生产方式，作业方式主要有绞缯、拉网、鱼箔、塞网、掂罾、耥箩等。所用渔具有鱼箔、塞网、鳖渔网、赏网等。

绞缯：作业时用两根竹或木竖起搭成梯状棚架，棚上安一个“十”字形木绞盘用于缯网起落，绞缯处有四根竹，每竹缚一缯角。放缯时，竹与缯一齐沉入水中，待鱼群游集到缯内时，捕捞者通过绞盘把缯带出水面，取鱼。随着灯光捕鱼的兴起，这种方式发展为“四角缯”，即以一艘母船和四艘作业艇、两艘灯艇为一作业单位，白天寻找鱼群，傍晚放灯艇诱鱼，等鱼群趋光密集后，作业艇便在灯艇下游抛锚，沉网于海底，灯艇徐徐放出锚缆，顺流而下，鱼随灯光而游，至网中央，灯艇停住，待鱼群稳定后，作业人员拉脱网角的“活结”，将网角、网边拉出水面，然后收网取鱼。

拉网：有大小两种，一般选择在海滩平缓、水位低的浅海进行捕捞。捕鱼时，渔民首

京族拉大网

先架竹排在海边做半圆形放网，然后由岸上的两组人同时将网慢慢拉起，把鱼捕获。每当拉网时，同村的渔民们不分男女老少，全都聚集在海边等待放网，齐心协力将大网从海水中拖曳上岸。不论收获多少，参与者都会分到一份。

鱼箔：即插箔，是一种原始而古老的渔法。明末清初合浦沿海已广泛使用。清代宋起凤的《稗说·美人鱼》写道"南海近洋岛中，人置陂池，引潮水注内，候潮退，于沙间尝得美人鱼"。其方法是在海边近水浅滩处，以竹木围成"V"字形扎于海岸边。宽大、如臂伸向海岸的前半部叫"篱沟"；狭窄、竹篾密织的后半部叫"箔漏"。当潮水涨时，鱼钻进箔内，就如同捕猎中的陷阱，只能进不能出。渔民只需划着竹筏或小舟进入鱼箔，用鱼罩或撒网就可捕捉鱼虾。

塞网：又名闸网，分疏网和密网两种。一般网长1500米，高约3米。通常在退潮时进行。渔民分组分头在海滩上"号桩"（根据地势和网长确定塞网地点、范围）"插桩""挂网""挑沙土"（堵塞网脚）等，等潮水涨到相对稳定时，便把网放下围成半圆形，如同一面墙挡住了鱼群的退路，使鱼误撞上渔网而被捕获，在退潮时开始捕鱼。

掂罾：将两根木条或竹棍，弯成弓状，两弓弧向下成十字状交叉并扎牢；再把罾网的四角，分别系于弓的四足，足撑网张；然后将一条一米多长的粗木棒做罾柄，系在两弓交叉的地方，便成完整的罾。作业时，把罾平放在鱼虾活动频繁的地方，静等鱼虾进罾。每过两三分钟，掂起一次罾。若发现有鱼在罾，则一手提着罾，一手用捞缴捞鱼进袋。

耥箩：在两根竹或木条的下端装上用实木做成的滑行脚板，上端并近，套进一根横木。横木下两木（或竹）如八字作斜张开状，把网袋装进其间，网口紧贴地面。作业时，渔人躬身站在后面，以肩顶着横木，两手扶着网袋两边的木条或竹竿，用力把箩推进，鱼虾便从网口进入袋底。半小时左右起网一次。

掂罾

京族高跷捕鱼

近海滩涂的耕海方式

杂海作业是指退潮后，渔民利用简单工具在近海滩涂上从事的耕海活动，主要有捕小南虾、挖沙虫、挖泥虫、耙螺、笼捕章鱼和墨鱼、踩鲎、摸蚝、打蚝蛎、搔哑螺、捉蟹子、照螃蟹、撑跳白、挖跳鱼、叉鞋挞鱼、小筏钩鱼等。所用渔具有螺网、沙虫锹、墨鱼笼、南虾罾、鱼钓、刺网、围网、孤网、蚝俐刨、蟹耙、鱼叉、铲、锄等。由于这些方式灵活、成本小，一直以来都是渔民主要的生产方式和经济来源。

捕“小南虾”：广西沿海盛产一种叫小南虾的虾类，沿海居民喜欢用来做虾酱。东兴沥尾的京族渔民捕获小南虾的方法很独特：他们在小腿上绑好竹棍或木棍做的高跷，手持叉型渔网，在海滩来回走动捕虾。这样既不会弄湿裤子，也不会因动作较大而惊动虾群，还扩大了捕捞区域，提高了产量。

挖沙虫：沙虫又称方格星虫，主要生活在沙泥底质的海域，涨潮时钻出，退潮时潜入洞中，在泥沙表面留下小洞。沙虫洞口小而圆且四周有黑沙，以洞口为中心点有四至六条不等的螺旋交叉纹。一般在海水刚退时、纹路较清晰的洞口有沙虫的概率较大。渔民发现沙虫洞后，会轻快地走近，在距离洞口 5 厘米处，将沙虫锹以 70° 角猛插进沙土约 20 厘米深，迅速将土挑起，便会在锹端的沙土里找到一条沙虫。一般农历十二月和一月沙虫最少，七月和八月最多。挖沙虫的劳动强度不大，但需要耐心和仔细。

耙螺：广西沿海滩涂盛产味鲜肉美的各种贝类，当地人统称之为“螺”。耙螺时，把竹篓绑在腰间，双手用力压住木耙在沙滩上拖着向后退，在往返来回中，耙齿把贝类拉出来，人们走一段就回头捡一次螺。东兴沥尾的京族人耙螺很有特色。当地盛产文蛤（俗称车螺），人们根据其生活特性，先在沙滩上布一张长 300 米、高 20 厘米的网，每隔 2 米用竹条木棍缠绕固定，插入沙土里，网从岸边延伸到海里，与海平面垂直。涨潮时车螺顺水上来，待潮水回落后，车螺沿海岸从东向西横向爬行时会被网拦住。人们用螺耙沿着网向海水方向翻动沙土即可。

笼捕章鱼和墨鱼：每当退潮之际，渔民便带上用竹做的墨鱼笼和特制瓷杯出海去装捕墨鱼和章鱼。墨鱼笼呈长扁方形，约长 1 米、高 20 厘米，在一侧开有一个倒喇叭型的口，墨鱼从这个倒喇叭型口钻进去后，就无法再出来。用于装捕章鱼的特制瓷杯约有拳头大小，肚大口小，章鱼喜欢钻进去寄居。

踩鲎：踩鲎是北海沙田渔家训练看海眼力的一种方式。看海是渔家的重要“看家”本领。不但要善于从观察海水变幻中了解天气变化、海潮流向，还要善于从中看鱼群所在。一般

耙螺的渔妇

在海滩耙螺的人们

在每年的七八月间，当海水涨到最高潮位，海面相对平静时，人们就来到海边训练看海。训练看海要选择踩鲎，因为鲎喜欢成双结对，随着潮水的上涨来到浪脚，在浪底的沙滩上爬行觅食。此时，公鲎爬在母鲎的背上，由母鲎背着爬行。鲎爬行时，腹部的软肋也随之摆动，形成了一圈又一圈的水晕。有经验的渔家往往根据水晕的大小、出现的频率来判断鲎情，然后跳进海里，扎进浪底，把鲎托出海面，验证之后，又把鲎扔进海里。如果判断不太准确，就要沿着浪脚踩水而行，追寻水晕前进，直至踩到鲎为止。有经验的渔民，很少到浪脚中去踩鲎，他们只是沿着海岸浪脚看水晕，看准了就叫后生跳下去踩捕。

7. 广西海鲜加工保存工艺

广西海产品种类繁多，在品质上以浅海出产的海产品口感最好，鲜度最优。广西海产品的传统制作方法以鲜、腌、晒、烘、煎汁为主，有冰鲜、急冻和腌制品、干制品、海味品、调味品等六个品类近 50 多个品种，有鱼露、虾露、蟹露、虾蛄酱、鱼松、鱼皮胶、调味粉、油浸马鲛、甲壳粉、鱼板胶、西施粉、海蜇皮、人造鱼翅等多个加工品种，特级蚝油、生晒蚝豉、一级虾米（仁）和甲级鱿鱼等品种被评为广西优质产品。目前海鲜的主要类型有生猛海鲜（活海鲜）、冷冻海鲜、干海鲜、盐渍海鲜等。

鲎

生猛海鲜

最大特色是“生猛”，即鲜活，它售价相对较高。所以，渔民只要在海上捕捞到具经济价值的活海产品，都采用各种技术进行保活，以获最大经济收益。目前，广西产量较大、价值较高的生猛海鲜主要有大蚝(牡蛎)、青蟹、对虾、石斑鱼、鲷鱼、鲈鱼、红鱼、鱿鱼、墨鱼、章鱼、贝类等。在保活技术方面，广泛采用6种方法：用开放式循环水、海水喷淋和增氧机加氧保活；无水低温保活，即将水产品用缓慢梯度降温法把温度降到0℃左右，同时在包装辅助材料中添加氧气，使水产品进入冬眠状态，保活时间可达50小时，广泛应用于虾蟹类保活；加氧保活，即在塑料袋中先加入1/4的海水，把活海产品放入袋内，排出空气后充氧密封，袋中水与氧气的体积比为1 ∶ 3，这广泛用于活鱼类、活虾的生猛销售；湿润保活（天然保鲜)，即海产品出水后，不用淡水浸洗，一定时间内不会死亡，长时间保活则用海水、盐水、海泥、海沙等保持生物体湿润，此法主要针对牡蛎、沙虫、泥丁等；扎结保活，此法针对青蟹和部分贝类，即用海水浸泡透的菅草（茳芏）扎绑螃螯足，降低其活动性与攻击性；部分贻贝类，只要把装贻贝的透气网袋扎结，不让其两个贝壳打开，保持住贝内的海水，则贻贝在1 ～ 2天内不会死亡。

冷冻海鲜

此方法一般为渔船长时间海上捕捞作业及各种大量海产品加工、贮藏使用。其保鲜量大，保鲜时间长，便于贮藏与运输，成本低，销售不受时间限制。但是海鲜冷冻温度掌握不好，时间过长，海鲜的口感及鲜味有较大下降。

干海鲜

干海鲜是最传统的保鲜海鲜。保鲜加工过程受天气或烘干设备的影响，但也正是因为干海鲜在加工过程得到太阳暴晒或烘烤，海鲜的鲜、香味得到保存，经烹饪后风味再现，深受大众喜爱，成为送礼佳品。干海鲜分淡干品和盐干品，淡干品又分生干品和煮干品。生干品，即把新鲜海产未经盐渍，仅经剖腹、去内脏等工序后进行干燥而成，如鱿鱼干、墨鱼干等。煮干品，即把鲜海产品加少量食盐，蒸煮后干燥而成。盐干品，是鲜鱼沿脊骨剖开后，经盐渍10 ～ 24小时后再洗涤干燥而成。数量较大的淡干品主要有：鱿鱼干、墨鱼干、章鱼干、虾米、带子、沙虫干、贝肉干、蚝豉（牡蛎干)、鳝肚、鱼翅、蟹肉干、干海参、珍珠等，盐干品主要有红鱼干、鲷鱼干、鲈鱼干、鲨鱼干等。由于它们的品质和知名度高，成为广西海鲜中的珍品。

盐渍海鲜

盐渍海鲜是风味独特的传统保鲜海鲜。主要针对鱼类，即用盐腌作为加工和保藏的主要手段，口味咸是盐渍海鲜的特征。制取咸味适中、质佳可口的盐渍海鲜的制作技巧为：一是原料的鲜度，这是首要条件。原料鲜度好，盐渍过程就能在腐败之前开始，这样腌出的海鲜品质、口味就好。二是鲜鱼盐渍的用盐量，实践证明，盐渍时最高用盐量为原料重量的 32% ~ 35%，成品含盐量控制在 10% ~ 14%。盐渍海鲜以酶香咸鱼为最著名。目前这类海鲜数量较大的是盐渍马鲛鱼、酶香曹白鱼、酶香左口鱼、酶香红鱼等。

8. 广西海洋手工艺品的制作

早在先秦时期，广西沿海就出现有鱼骨及贝壳制成的装饰品。唐宋时，由螺磨制而成的饮器已在广西沿海一带普遍出现。在 20 世纪 80 年代以前，由海螺壳、贝壳、鲎壳做成的勺子、饮(酒)水器等生活用品广泛应用于沿海居民的家庭中。到现代，贝壳、植物干枝、甲壳类以及其他有观赏价值的海产工艺品已是琳琅满目。目前，广西的海洋工艺品主要是用珍珠、贝壳、珊瑚、石头等做成的工艺品，其中有被誉为广西三雕的北海贝雕、东兴石

渔民晒制的北部湾海鲜

雕、合浦角雕。钦州坭兴陶是号称“中国一绝”的广西传统民间工艺品。

北海贝雕技艺

北海贝雕制作工艺可追溯到汉代。它以北部湾珍稀贝壳、海螺为主要原料，巧用贝壳的天然色泽和纹理、形状，经选料、剪取、打磨、抛光、堆砌、粘贴等工序精心雕琢成平贴、半浮雕、镶嵌、立体等多种形式和规格的工艺美术品。题材有人物、花鸟及山水三大类。产品有贝雕屏风、贝雕电子钟、贝雕花、贝雕羽毛画、浮雕贝雕画、立体贝雕画六大类近 1600 多个品种。2010 年被列入广西非物质文化遗产名录。

合浦角雕

合浦牛角雕是一种古老的工艺。它采用天然优质的牛角为原料，利用角质硬中带软，弯而不折，薄则透明，细则柔韧等特点，进行精巧的造型设计。然后采取圆雕、浮雕、镂空、镶嵌等传统雕刻技法，因材施艺，精雕细刻，经反复抛光后，生产出一件件气韵灵动、栩栩如生、富有地方文化特色的牛角雕工艺美术品。20 世纪 90 年代初，牛角雕工艺品“群虾”，作为广西标志性产品之一，被选送陈列在北京人民大会堂的广西厅。2000 年后，合浦牛角雕经历了由兴旺走向衰落的滑坡阶段，现得到传承发展。

北海贝雕

合浦角雕

钦州坭兴陶

钦州坭兴陶传统民间工艺，至今已有1300多年历史，与江苏宜兴紫砂陶、四川荣昌陶、云南建水陶同被誉为“中国四大名陶”。坭兴陶学名紫泥陶，取钦江两岸的紫红朱泥，把西岸硬质土做骨与东岸软质土为肉相配，经淘洗、选练、拉坯成型、雕刻、烧制、打磨而成陶品。陶品透气而不透水，无毒、无味，质优环保，具有特殊的使用价值。其最为神奇的是“窑变”，泥坯不用施釉，在一千多度高温的窑内，还原成窑变陶，经打磨抛光后，呈现古铜、墨绿、紫红、天斑等诸多色泽，质地细腻光润，色彩斑斓绚丽，具有很高的观赏功能和收藏价值。坭兴陶艺先后40多次获国际和国家级金、银奖，其历代作品珍藏于20多个国家和地区博物馆。1915年，在巴拿马国际博览会上首获金奖。2006年获联合国教科文组织所认证的“世界杰出手工艺品徽章”，2008年被列入第二批国家级非物质文化遗产名录。坭兴陶产品主要以广西沿海的风俗民情为创作体裁，“铜鼓功夫茶具”“海石花缸”“海豚杯”等都是其特色产品。

钦州坭兴陶产品中各种造型的海洋动物

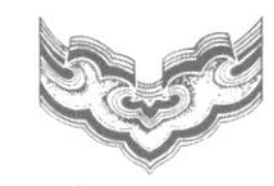

一批批鲜活的海鲜经过包装后在南宁和桂林等地登上飞机，飞往北京、上海、广州、武汉、长沙、成都、昆明等城市，再从武汉、成都等地转运往新疆、西藏。这些产自广西沿海的生猛海鲜落地后便被瓜分一空，广西海鲜在全国各地已经越来越受到广大消费者的青睐。随着海洋渔业资源的开发、养殖技术的发达和交通的发展，古人一生难得吃几回的海味佳肴如今正成为各地寻常百姓的家常菜。

1．钦州四大海产——对虾、青蟹、大蚝、石斑鱼

对虾

传统对虾主要指长毛对虾，又称红尾虾或大明虾，还有墨吉对虾、日本对虾等，引进产品有斑节对虾、南美白对虾等。目前钦州对虾养殖有6666.67公顷，年产对虾3万多吨。对虾肉味清香鲜美，肉质嫩滑可口，含有丰富的镁，对心脏活动具有重要的调节作用；虾的通乳作用较强，并且富含磷、钙，对小儿、孕妇尤有补益功效，是对身体虚弱以及病后需要调养的人的极好食物。

蟹

广西海蟹品种有花蟹、红蟹、青蟹、梭子蟹、石蟹等，常见的是花蟹和青蟹。青蟹，学名锯缘青蟹，是钦州四大海产之一。在钦州沿海咸

钦州海产之一——对虾

钦州海产之一——青蟹

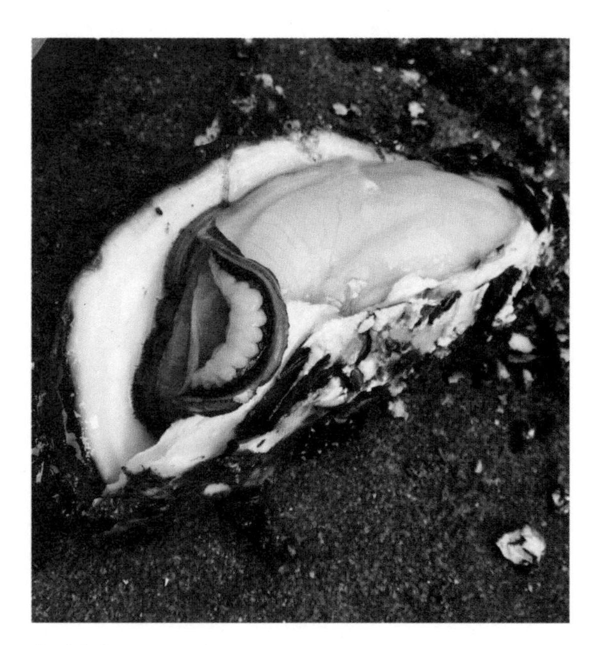

钦州海产之一——牡蛎

钦州海产之一——石斑鱼

淡水交汇的河流入海口区出产的青蟹，其体色、味道都优于其他地区，素以个大、体肥、肉嫩、色泽鲜美而名扬粤港澳，有“蟹中之王”的美誉。蟹的肥瘦受季节影响较大，春节前后的冬蟹“膏满壳，子满脐”。清明后，蟹产卵后最瘦，钦州当地有“三月黄瓜，四月瘦蟹”的说法。

牡蛎

牡蛎又称蚝蛎，广西沿海盛产牡蛎。牡蛎含有各种维生素、矿物质及人体所需的各种氨基酸，是一种高蛋白低脂肪的海洋食品，有“海底人参”“海中牛奶”之美称。广西沿海的钦州湾一带出产的大蚝（称近江牡蛎）以体大、肉嫩、味正著称于世。大蚝是钦州四大名产之一。

石斑鱼

石斑鱼属鲳科、石斑鱼属，是暖水性近海底层名贵鱼类。中国的石斑鱼共有 31 种，南海有 30 种，广西沿海的石斑鱼常见品种虎头斑、芝麻斑、青斑、黄斑、红斑、老鼠斑、宝石斑、赤点斑等。石斑鱼肉中的蛋白质含量高于一般鱼类，肉质细嫩、醇厚、鲜味绵长。

2. 钦州湾大鲈鱼

海鲈鱼，学名日本真鲈，中国沿海均有分布，喜栖息于河口，也可上溯江河淡水区。鲈鱼富含蛋白质、维生素、钙、镁、锌、硒等营养元素；具有补肝肾、益脾胃、化痰止咳之效，对肝肾不足的人有很好的补益作用，还可治胎动不安、产生少乳等症，是健身补血、健脾益气和益体安康的佳品。钦州湾沿岸海域是河水和海水咸淡水交汇的地方，大风江、茅岭江、金鼓江、钦江、南流江、防城江等独流入海的河流，融入北部湾，河海相通，潮汐有期，滩涂宽阔，河湾众多，水温适宜。此外，沿岸的龙门岛、红沙湾等地也适合鲈鱼的生长。钦州湾大鲈鱼生存在海水和淡水之间，以它特有的肉质细嫩、蛋白丰富、美味可口而闻名远近。

3. 北海鱿鱼

鱿鱼属软体动物类，头足纲的一科，是乌贼的一种，常成群游弋于深约20米的海洋中。鱿鱼主要渔场在中国海南北部湾、福建南部、台湾、广东、河北渤海湾和广西近海等地。鱿鱼富含钙、磷、铁、蛋白质和人体所需的氨基酸，还含有大量的牛黄酸，利于骨骼发育和造血，能有效治疗贫血，可抑制血液中的胆固醇含量，缓解疲劳，恢复视力，改善肝脏功能；鱿鱼所含多肽和硒有抗病毒、抗射线作用。北海鱿鱼产于北部湾近海，无污染，肉质肥厚鲜甜，其干制品鱿鱼干色泽比较明亮，呈淡黄色光泽，与一般的鱿鱼相比，风味更为独特。

民以食为天，食以盐为先，盐是百味之首。广西沿海因为海洋的馈赠，自古就盛产食盐，人们煮水为盐，作为特产与内陆互通有无，形成了独特的盐业文化。

十万大山千年古商道，又称粤桂古商道，是一条从广西沿海通往西部内地最便捷的通道，它见证了广西古代盐业贸易的沧桑历程。它建于汉代，石头铺就，全长20千米，是古代十万大山北部的上思、宁明等县与沿海城埠通商运盐的必经之路。当时，十万大山以南的防城靠海，有大量的食盐，上思盛产水稻，两边的人以盐米交易，上思、宁明等地商人挑着山货、大米，千辛万苦地翻过十万大山，到防城、东兴去交易，挑回食盐、鱼、布匹等生活用品。在十万大山主脉间各隘口，留下多条古盐道。至今，防城港市防城区扶隆乡的扶隆隘还留存有一条布满青苔的石板路，有1000多级台阶，印记自汉代以来西南沿海与内陆商贾通商的艰辛历程。

1. 广西古代私盐贸易

盐业不仅是国家重要经济收入来源，同时也是沿海民众增加收入的重要路子。由于历朝历代政府都对食盐征收重税，导致官盐价高私盐价低，私盐遂有市场，制售私盐有利可图，并且成为一部分人主要的谋生手段。在沿海地区，从清初的小民随处淋煎，即小额走私，到清中后期的船运大额私盐都有出现。史书中还有人工挑盐从钦州走到邕宁，从廉州走陆路到郁林州，从防城、东兴走十万山古商道到上思、宁明等地的记录。这是带有走私性质的运盐。其实，从上思到防城，从邕宁到钦州，从博白到合浦，内地人挑着山货到沿海换盐，沿海人挑着盐到内地换回粮食和山货，这样的景象从清朝至民国一直延续着，担盐佬们和货郎们硬是用脚踩出了独具特色的民间私盐贸易古道。正如邕宁民谣唱：“难呀难！鸡啼喔喔走长滩（今钦州市钦北区长滩镇）。难呀难！膊头担担上雷岩。难又难！行过半路草鞋烂。难难难！带只饭包某够餐。”担盐佬担盐之难，老百姓生活之艰辛，可想而知。

2．广西的盐政、盐税、盐路和盐场

古代廉州，“海岸皆沙土”“斥卤之地尤多”，十分有利于发展盐业，汉武帝（公元前110年）时，已在此地设盐务官实行专营管理。南齐年间，合浦一带煮海水制盐较为普遍，朝廷便设盐田郡，管理盐民，征收盐税。唐朝乾元六年（758年），专门设置了岭南巡院来管理盐务。

合浦港是古代广西漕盐集散之地，合浦成为重要的盐政基地。宋元丰三年（1080年），在廉州海岸建立了白石场和石康盐署，是全国四大盐仓之一，每年要生产海盐75万千克供给朝廷调拨。宋绍兴年间（1131—1149年），廉州府每年定额向朝廷进盐150万千克，盐务所得用于买马，每年可购马匹1500头。宋绍兴八年（1138年），朝廷又规定产盐实行九分法，即上贡朝廷九成，产盐的州只能留一成。绍兴七年（1137年），时属廉州府辖的钦州新开了白皮盐场。绍兴三十年（1160年），廉州府“每岁纳盐货”已达3000吨。

元代广海盐课提举司所辖盐场以广西石康为中心，仍沿袭宋代盐场公布及运销格局。但食盐由政府专卖，按户派销，发展为扰民苛政之一，海盐产量大幅下降。

明初，在全国实行“配户当差”的“招户制度”。滨海从事盐业的，定为灶籍，即灶户。一旦被编入灶户，必须“世守其业”，代代相传。明政府规定“灶丁按册办盐”，即要完成规定产盐数量，“日办三斤，夜办四两”，称为“日课”，即每个灶丁一昼夜要完成三斤四两生产任务。明中叶，随着商品经济发展，灶户盐课可以折色交纳，先后实行过盐课折米和折银交纳制度。灶户只要交足盐课米或银，其生产可以不受政府干预，获得一定经营自主权，还可以从事农业或工商业。

明清两朝，廉州府是广西最大的海盐产地，辖白沙、白石头、西盐白皮三盐场，共有灶丁1200人，产盐行销广西及湖南、江西南部各地。盐运线是各地把所产盐先运到石康盐仓，溯南流江至北流，沿北流江进入浔江，沿浔江至梧州，利用梧州水运至广西各地。

明朝设海北盐课提举司，管理海盐漕运。清代以后，朝廷除设有专门的常规机构之外，还规定了专门的盐运线路和储备盐仓。

清康熙十九年（1680年），朝廷将白沙、白皮、白石三个盐场合并成立了白石场盐场。辖区包括今北海、钦州、防城港三市的海盐生产区。康熙五十六年（1717年），朝廷又将白石场辖区分为白石东场（合浦）、白石西场（钦州、防城）两个盐场。乾隆三十九年（1774年），两盐场的产量达2865吨，基本上恢复到宋代的产量。但此时广西人口剧增，海盐需

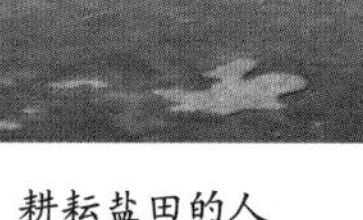

耕耘盐田的人

钦廉地区的盐田

求剧增。专卖制度愈加严厉，海盐成了朝廷重点控制的特供产品。康熙二十二年（1683年）九月，清廷下令："以高州、廉州盐田已恢复，准南宁、太平、思恩三府食廉盐。"这是"廉盐"专称的来由。雍正二十一年（1733年），鉴于高州、廉州两地私盐充斥，当地知府无法监管，朝廷批准"添设两广运使司运判官一员"。司运判官驻合浦，级别高于县官。乾隆十年（1745年），朝廷专门制定了两广盐法八条。乾隆十八年（1753年），朝廷在合浦设立了白石场盐署。民国初年，合浦、钦州、防城的所有盐场统一归合浦白石场署管理。乾隆五十四年（1789年），成立了盐埠公局，规定各盐场所产的盐，由盐埠公局统一支配，同时对海盐销售的区域、范围、包装数量都作了严格规定。

新中国成立后，设立国营盐业公司统一管理食盐的生产销售，统一征收盐税。1978年，广西有盐场12处，即合浦北暮、榄子根、竹林、合浦场、北海大冠沙、北海场、钦州犀牛脚、钦州场、防城企沙2处、江平场2处。盐业本少利厚，为国家积累了大量资金。2002年4月，中盐广西盐业有限公司成立，在北海、钦州、防城、博白设有面积1.13万平方米、共有9个钢塑温室的食盐加工厂，利用太阳能对原盐进行干燥、脱水和加碘，再经食盐配送中心供应到批发企业。中盐广西食盐在北海市设有配送中心，广西盐业系统区域性食盐流通终端连锁销售网络已经建成。

3．广西的海盐生产技术

制盐技术是盐业文化的主要内容。广西沿海的制盐有悠久历史。自唐代以来，广西沿海的盐业生产经历了三次重大技术革新，即唐代以前用海水煎煮得盐、唐代后的制卤煮盐、现代的晒卤成盐即滩涂晒制结晶法。

第一次技术革新就是从捡盐巴到直接用海水煮盐的变革。

第二次重大技术革新是从用海水直接煮盐到制卤煮盐。制卤煮盐又分为晒沙沥卤煮盐法和烧灰煮盐法。晒沙煮盐法在唐代刘恂的《岭表录异》中有较详细记载："野煎盐，广人煮海其口无限……但将人力收聚咸地沙，掘地为坑，坑口稀布竹木，铺蓬簟于其上，堆沙，潮来投沙，咸卤淋在坑内。伺候潮退，以火炬照之，气冲火灭，则取卤汁，田竹盘煎之，顷刻而就。竹盘者，以篾细织，竹镬表里，以牡蛎灰泥之。"这里详细描述了制卤煮盐的生产过程：人们先在浅海滩涂或港汊修筑低矮简易的海堤，将堤围内滩涂平整成沙田，犁耙疏松，铺上 3 ~ 5 厘米厚的沙子，在潮涨时引入海水浅晒，晒干后引入海水再晒，连续几次，使沙子中的盐分含量积累增多，傍晚时将咸沙耙起收集，然后在海边挖一个土坑，把竹条和木条架设在坑口上，再把草席铺在上面。把收集到的咸沙放在草席上，当涨潮时，含有盐分的卤水便会通过咸池沙和草席过滤到坑内。退潮后，点火在坑口测试，如果坑内的卤气把火冲灭了，说明坑里卤水的浓度已达到可以煎炼的程度，可以把卤水取出；如果火依然燃烧，则说明坑里卤水的浓度还不够，还不适宜取出。取出后的卤汁放在竹盘里煎炼成盐。可见，当时人们已经掌握了卤水浓缩技术和测试卤水浓度的方法。

另外，清人屈大均所著的《广东新语》里还记载有用鸡蛋、饭粒、小鱼段作比重计测量盐度的记录。广西沿海有用"鸡骨稍"的枝条折成小段，放到卤水中判断卤水的浓度是否合适的方法。

用竹盘煮盐。用竹盘煮盐体现了沿海先民们的智慧。为了让易燃的竹盘能煎盐，首先，他们需把牡蛎壳加热煅烧制成氧化钙即石灰（沿海地区一种因地制宜的烧制石灰方法），把灰与水按比例调成糊涂于竹盘内外，加热，让其与空气中的二氧化碳发生化学反应，生成坚固的碳酸钙。至此，竹盘就可以用来煎煮盐了。它与铁盘相比，有制造简便、价格低廉的优点。竹盘煎盐技术历经唐、宋、元、明、清直至民国初期，代代相传而不衰。

用铁锅煮盐。一些经济条件好的盐户使用铁锅来煮盐。南宋时期，以单锅或两锅煎煮为主。到明清时，采用连锅长灶煎煮。一般由 8 ~ 12 个大铁锅串连而成，前边有灶门烧火，灶尾有大烟囱，近灶门火口的铁锅称头锅，连在一起为二锅，依序推算，最后的一个称为尾锅。先给每个铁锅加满卤水，从灶门口烧火，头锅二锅近火口热量大，蒸发快，卤水浓缩少了之后从三锅赶卤水到头锅、二锅，再从四锅赶过三锅，依次赶卤，到尾锅才重新加进卤水。经反复赶卤、加卤，从头锅逐次到二锅、三锅直到尾锅结晶成盐。

"禾头盐"的制作。自明代起，广西沿海开始有基围田。每年稻谷收割后，为了防止围田盐碱化，须纳进海水养田。经过冬天长时间风吹日晒，围田里残余的稻梗不断吸纳咸水，结下一串串盐花。人们把稻梗割下，晒干后烧成灰放到箩筐里，在箩筐下面放上一个集卤缸，淋上咸水，使灰中的盐分随水溶解，滴落到下面的集卤缸中。反复多次，当集卤缸里的卤水达到一定浓度后，便将所得灰水澄清，进行煎煮。这样制得的盐称为“禾头盐”，颜色略黄，还带有碱水的香味，用来拌米粥食用，别有一番风味。

以上工艺制造出来的盐习惯上称为熟盐。20 世纪 60 年代以后，以生盐化水再沥干加工熟盐得到发展。随着国家对食用盐要求精细化、卫生化和小包装化，熟盐逐渐被洗涤盐、精制盐和再制盐所代替，熟盐加工已不存在。

从制卤煮盐到晒卤成盐是海盐生产的第三次重大技术革新。

纳潮是日晒法生产食盐的第一道工序。盐工结合当地的天文气候、潮汐情况，总结出一套纳潮经验：每年三四月和八九月，是潮位最低的月份。盐工趁低潮期提前多纳海水，并尽可能地利用场内、场外一切可以储水的设备储水，在纳足海水的基础上加深低级蒸发池卤水。干旱天气纳潮头，雨后纳潮尾、纳底潮，是纳咸避淡的纳潮方法。

第二道工序是制卤，人们将围内滩涂分成若干个格子滩田，格子田间用田塍分隔卤水，并有一定的落差。潮涨时纳进海水，从高到低，利用落差和格子按步走水制卤。海水一般经过 8 ~ 15 步格子田（即 8 ~ 15 日）晒制蒸发浓缩。以八步田为例：八步田依次称为一田、二田、三田、四田、五田、六田、七田、水池头，其中一田到六田称为下幅田，七田和水池头称为上幅田。卤水由纳潮站中引入第一幅田，经过一段时间蒸发后，放入二田中，此时浓度大约在 1.5 波美度以上，经过二田蒸发后，卤水浓度达 2 波美度左右。依次类推，每步田里的卤水浓度依次升高，经过水池头蒸发的卤水浓度大约可达 7 波美度。每幅蒸发池里的卤水都必须按照“按步卡放”的规程操作，即各池段卤水，在一定深度的基础上，由上而下，逐步过池。盐田的各步蒸发池，一般是按一定的落差，步步卡放。每步池的卤水，必须过清水脚，然后塞好池闸，接着上一步的卤水卡过本步池。这样就能够做到咸淡分清，不因互相混淆而降低原有卤水的浓度，做到每过一个池，都增加一定浓度。而且一放一干之间，都有一段短期晾池板的机会，减少青苔杂草的生长，避免池底腐烂。经过八幅田蒸发过的卤水，无须再继续卡放，则须通过提水提到调节池达到一定浓度后，用扬水工具把水抽进结晶池里继续晒制蒸发结晶，结晶快慢视池底的材质而定，一般 2 ~ 3 天便可收盐。

海风吹拂着岸边的村庄，大海是我的故乡。生生不息、沧桑厚重的海洋农渔盐业文化，尤其是原生态的海洋文化需要通过渔村这块天地代代相传，人们需要通过渔村这个窗口来感悟海洋文化。广西沿海现有35个渔业乡镇，130个渔业村。在长期耕牧大海的过程中，造就了不少风情独特的渔村，如防城港市企沙簕山古渔村、京族三岛渔村，北海外沙和地角的疍家渔村，合浦乾江村，钦州三娘湾渔村和大环渔村，还有近30年来快速发展起来的北海侨港新村等。

1．簕山古渔村

簕山古渔村位于防城港市港口区企沙半岛东南面，地处钦州湾西岸，距离防城港市中心约25千米，是广西现存较完整的古渔村之一。

簕山村名起源于村内古簕树。古村堡始建于明末清初，出于防范海盗、据险自保的需要，依八卦之玄理建筑成方形，一圈围墙，高丈许，东西南北四个大门，四个岗楼，踞高扼守。现仅存东门岗楼，村内四条

簕山古渔村现存的明清建筑

街巷，青砖古墙，曲折回旋。该村面向西南大海，海面宽阔一望无际。村庄与海近在咫尺，村后却是一片古树参天的滨海原生态森林，其中有上千年的银叶榕、古榕树、车辕树等品种繁多的奇树。渔村是祖国大陆迎接西南季风的最前沿大门户，拥有潮浪带1千米以上。每年5月下旬开始，随着西南季风生成，渔村岸边，怒吼咆哮拍岸而起，冲过树梢，飚向苍穹，甚至高达20米以上，磅礴气势，让人叹为观止。村民自发的祈求平安的祭海活动，使海洋文化与宗教相结合。

村庄现存较完整的渔村古建筑群，与独特的渔家风情、茂盛的原始森林、形状美观的天然怪石奇景互相映衬，是广西北部湾沿海渔村历史发展变迁的一个缩影，对研究古渔村历史文化具有重要的参考价值。

2．合浦乾江传统民居与老街

合浦县廉州镇乾江社区位于县城南郊约8千米处，距北海市区约20千米。乾江面积不大，却存有明清时期的海防军事遗址群、古庙宇、近现代民居建筑及商业老街等古迹十多处，分布面积达2平方千米。

乾江旧称乾体，历史上，乾江是廉州府城安全防卫的屏障，是北部湾重要的军事基地。明清时期的乾体营、乾体营游击、乾体营水师、八字山炮台、乾体炮台均设于此，兵员多时接近1400人。清代乾体设有炮台和众多烽火台，光绪年间为抗击法军从北海入侵，增设了红泥城、白泥城军事堡垒以备战。

由于乾江原是濒临南流江入海口的三汊港，随着北海港逐渐取代三汊港成为官方对外贸易的商港，乾江的地理优势进一步突出。在水路上，它作为河口中转港，上可通江进入廉州，下可达海到北海；在陆路上它是廉州府城至北海官道的结节点。因此，它成为清代廉州府城与北海港之间的中转枢纽及北海港集散货物、补充给养的辅助港。直到新中国成立初，乾江还保持交通商贸中转枢纽的特殊地位。以乾江水运码头和天后宫为原点，延伸扩展出近现代商业老街。老街以清代岭南传统风格为主，多为中式典型商铺，间杂部分带有西洋风格的骑楼式建筑，“字山草堂”为老街大宅院建筑的代表。

乾江人注重维系传统文化，村中留存有文武庙、关帝庙、天后宫等古庙宇。乾江人热衷于办学施教，向来尊师重学，走出一批秀才、举人、大学生、教授……成为远近闻名的“举人村”“教授村”。乾江的南流江口饮食文化独具特色，咸淡水海鲜和狗肉享有盛誉。随着乾江历史文化乡村保护工程的实施，将会使更多的目光聚焦于此。

3．北海侨港新村

侨港新村位于银海区南海岸南边岭海湾，东起银滩中路，西接银滩西区，北至金海岸大道，南临北部湾，是广西唯一以安置归侨为主的镇级行政区域，占地约 1.1 平方千米，陆地面积 0.7 平方千米，内有侨港半岛渔业码头约 40 万平方米，常住人口约 2 万人。

1979 年初，由于越南排华，一批华侨返回广西沿海。1979 年 6 月，广西壮族自治区人民政府批准成立归侨安置点——北海市侨港人民公社（现侨港镇）。1999 年，中国政府拨款 2908 万元人民币，联合国难民署资助 785 万美元，建起 52 幢 1000 多套居民楼，总建筑面积 93 739 平方米，并相继配套建设了学校 2 间，医院 1 家，渔港、船厂、渔业生产公司以及供水、供电、道路等生产生活配套设施，被联合国难民署官员赞誉为“世界难民安置的光辉典范”。“华侨渔业公社”先更名为“新港镇”，后又更名为“侨港镇”。近年来，侨港镇从“渔”“侨”二字做文章，一跃成为北海市重要的渔业生产基地、水产加工基地和广西最大的海产品深加工基地，实现了由渔业建镇到渔业兴镇的跨越。侨港镇还注重挖掘、利用海、滩、岛、湖、山、林自然风光和人文景观，打造北海银滩国家级旅游度假区，使侨港镇成为极具情调的滨海城镇。

4．钦州三娘湾渔村

三娘湾，得名于三娘湾村西头海岸边三柱并排挺立的 10 多米高的花岗岩石，人称“三婆石”（三娘石）。钦州三娘湾渔村位于钦州市钦南区犀牛脚镇东面约 5 千米处海湾边，东与北海隔海相望，南临北部湾海域，西与防城港相邻，距钦州市 40 千米，南宁市 120 千米，北海市 91 千米，防城港市 61 千米，越南芒街 100 千米。三娘湾旅游风景区由三娘石、三娘湾风情渔村、海滨浴场、伏波庙、乌雷岭、威德寺、观潮阁、生态游泳池、三娘树、海豚岛、沙滩奇石等景观组成。景区内绿树成荫、草木竞秀，自然气息浓郁；金色沙滩，质地柔软，是天然的海滨浴场；奇石林立，千姿百态，惟妙惟肖，令人叹为观止。此外，堪称世界一绝、号称“海上大熊猫”的中华白海豚的栖息地就在此地，目前三娘湾渔村已开发为国家级 4A 级旅游景区。

5．京族三岛渔村

京族三岛渔村是指位于东兴市江平镇海边的巫头、沥尾（万尾）、山心这三个京族聚居的渔村。它们原来属于号称“京族三岛”的三个小岛，20 世纪 70 年代因围海造田，巫头、沥尾形成了一个大半岛。三岛面临北部湾，背倚十万大山，与越南仅一水之隔，是由海水冲积而成的沙岛。由尾北望山心，西望巫头，颇似一个“品”字形。京族三岛的京族系 15 世纪末、16 世纪初从越南涂山迁徙来的。过去，京族人的生产方式比较单一，生活比较贫困。改革开放以来，特别是中越边贸恢复以来，京族人民在捕鱼和种田之余，积极参与边境贸易，生活有了很大改善，从前的茅草屋变成了鳞次栉比的小别墅，生活水平在全国各少数民族中名列前茅。

钦州市三娘湾景区

广西沿海人民在长期的海洋生产和生活中，不只是向海洋索取，利用和开发海洋资源，而且也在不断地善待海洋，理性地利用海洋资源，保护海洋生态环境，探索与海洋和谐共处之道。一批海洋生态自然保护区正在逐步建立，形成了一种海洋自然保护的文化。

1. 北仑河口海洋自然保护区

北仑河口自然保护区位于我国大陆海岸线的最西南端、广西防城港市西南沿海地带，东起防城区江山乡白龙半岛，西至东兴市罗浮江与北仑河汇集处的滩涂和部分海域。1985 年，防城县人民政府批准建立保护区，1990 年晋升为自治区级海洋自然保护区，2000 年 4 月，国务院批准其晋升为国家级自然保护区。2001 年 7 月，该保护区加入中国人与生物圈组织。2004 年 6 月加入中国生物多样性基金会，被联合国环境署批准为中国首个、全球三大 GEF 红树林国际示范区之一。2008 年 2 月列入国

北仑河口的红树林

际重要湿地名录。

保护区海岸线总长 105 千米，拥有河口海岸、开阔海岸和海域海岸等地貌类型，主要保护北仑河口和珍珠港的红树林以及海洋自然生态系统，总面积 11 927 公顷。保护区拥有典型的三大生态系（红树林生态系、海草床生态系、滨海过渡带生态系），红树林面积 1274 公顷，内有红树植物种类 15 种（其中真红树 10 种、半红树 5 种）。

保护区内不仅生物多样性极为丰富，而且是国内罕见的、保存较为完整的海洋向陆地过渡的典型滨海过渡带生态系统。

2. 红树林保护区

广西沿海红树林主要分布在英罗、丹兜海、铁山港、钦州湾、北仑河口、珍珠湾、防城港等地，总面积 8374.9 公顷，占全国的 40% 左右，生态类型较多，主要有岩滩红树林、岛群红树林、沙生红树林、潮滩红树林等。品种上，以白骨壤、桐花树、红海榄、秋茄和木榄为主。

广西山口国家级红树林生态自然保护区

该保护区位于北部湾东侧，广西合浦县沙田半岛东西两侧，东侧是英罗港，西侧是丹兜海。保护区于 1990 年 9 月经国务院批准设立，成为我国首批 5 个国家级海洋自然保护区之一，主要保护对象是红树林自然生态系。1993 年加入中国人与生物圈（MAB）计划，1994 年被列为中国重要保护湿地，2000 年 1 月加入联合国教科文组织世界生物圈，2002 年被列入国际重要湿地名录。保护区已成为联合国教科文组织世界生物圈成员和国际重要湿地双料保护区。

保护区海岸线总长50千米，总面积8000公顷，红树林面积730公顷。保护区内有红树植物15种、其他常见高等植物19种、浮游植物96种、底栖硅藻158种、鱼类82种、贝类90种、虾蟹61种、鸟类132种、昆虫258种、其他动物16种，主要红树植物种类有白骨壤、桐花树、秋茄、木榄、红海榄、海漆、榄李、老鼠勒，生物多样性极为丰富。

保护区内大陆海岸和天然红树林发育良好、结构独特典型、连片较大、原生种群保存完整，是我国大陆海岸红树林典型代表，连片的红海榄纯林和高大通直的木榄在我国尤为罕见，也是广西红树林种质保护核心区和我国红海榄的基因库。保护区附近海域还有大面积的海草和盐沼，是国家一级保护动物"美人鱼"儒艮、白海豚、文昌鱼和中国鲎等珍稀海洋动物出没之处，是我国海水珍珠"南珠"合浦珠母贝繁殖区和人工养殖的重要基地，该保护区在中国大陆沿海红树林中具有不可替代的重要性。

山口红树林自然保护区也是极有潜力的旅游景区。退潮后的红树林景色蔚为壮观，构成一片无边无际的原始森林。涨潮时，海水淹没树干，只有树冠隐约露出水面，若泛舟游览于碧水绿叶间，时有群鹤惊起，别有一番情趣。

广西茅尾海红树林自然保护区

该保护区位于广西沿海的钦州湾，东部与北海市合浦县的西场镇交界，西与防城港市的茅岭镇接壤，南向北部湾，北依钦南区、钦州港区。2005年1月经广西区政府批准为自治区级自然保护区。

保护区内分布有全国面积最大、最典型的岛群红树林和特有的岩生红树林，面积2784公顷，其中1892.7公顷为处于原生状态的天然红树林（占保护区内红树林面积的100%），由康熙岭片、坚心围片、七十二泾片和大风江片四大片组成。现有红树植物11科16种、半红树植物3科3种、红树林伴生植物3科4种，占全国红树林种类43.2%，占广西红树林植物的69.65%。保护区有近江牡蛎、鲈鱼、青蟹、石斑鱼、对虾等众多水特产品。保护区内还生长着动物444种，其中候鸟48种，有33种为中澳、中日保护候鸟及其栖息环境协定的保护鸟类。

该保护区的红树林均分布在钦州湾的三条独流入海河流——钦江、茅岭江、大风江的入海河口，其净化作用对保护入海河口、港湾和海岸滩涂湿地生态系统及越冬鸟类的重要栖息地，对保护自然环境和自然资源、维护生物多样性，保护渔业的稳产、高产，保护茅尾海这片我国乃至全球最重要的近江牡蛎分布地、种质资源保留地、采苗区、养殖区的水质及生态环境有至关重要的作用。

3．珍稀海洋动物保护区

山口国家一级保护动物儒艮保护区

儒艮，别名海牛、美人鱼、南海牛等，属于“濒临灭绝的海洋珍稀动物”，是中国目前仅有的两种一级保护海洋类哺乳动物之一。新生儒艮体长 1 ～ 1.5 米，重约 20 千克。成年最大儒艮长约3.3米，重400千克以上。身体呈纺锤形，头骨厚大，前肢呈鳍头，后肢退化，尾鳍宛如新月，用肺呼吸，每隔 10 多分钟就要浮上水面用鼻子换气。它们以浅海海沟中的海藻、海草等为食，喜欢群体活动，行动缓慢，活动范围相对固定，并有靠近浅海水域栖息的习惯，无自卫能力。雌儒艮平均三年产一仔，因其哺乳时用前肢拥抱幼仔，头部和胸部露出水面，犹如人在水中游泳，故有“美人鱼”之称。儒艮主要分布于印度洋、西太平洋热带及亚热带的大陆沿岸水域及岛屿间。

广西合浦儒艮国家级自然保护区位于北海市合浦县东南部海域，东起合浦县山口镇英罗港，西至沙田镇，1986 年 4 月设立自治区级儒艮自然保护区，1992 年 10 月升级为国家级自然保护区，是目前中国唯一的儒艮国家级自然保护区。保护区海岸线全长 43 千米，总面积 35 000 公顷，其中核心区 13 200 公顷、实验区 11 000 公顷、缓冲区 10 800 公顷。海域海洋环境质量好，水深较浅，海草床宽阔，有潮间浅滩、潮流深槽、潮流沙脊和海底平原，适合儒艮摄食及藏身，是儒艮的理想活动家园。保护区的主要职能为：保护儒艮的主要食料——茜草、龟蓬草等海生植物；保护以儒艮和中华白海豚为主的珍稀海生动物及其栖息环境，维护生物多样性；开展对儒艮和中华白海豚等珍稀海生动物种群及其生活习性、活动规律、栖息环境等的调查研究及救护工作，加强儒艮、中华白海豚及其栖息地保护和恢复等。保护区的建立，对生态环境保护和生态景观建设有重要作用。

北海海底世界内的儒艮（美人鱼）标本

营盘马氏珍珠贝自然保护区

马氏珍珠贝又称合浦珠母贝，是生产世界驰名的南珠的母贝。马氏珍珠贝在我国主要于广西、广东、海南等地沿海，广西主要分布于北海营盘附近海域及防城珍珠港，尤以营盘的白龙至西村长约 30 多千米的海区盛产的珠贝最著名。古代的七大珠池就有 6 个珠池位于该区域。

三娘湾中华白海豚自然保护区

白海豚，国家一级保护动物，被誉为“海上大熊猫”。钦州三娘湾水质优良，海产资源丰富，成为中华白海豚的理想栖息地，被誉为“中华白海豚之乡”。为了保护海豚，营造人与自然和谐相处的良好环境，2004 年，广西壮族自治区畜牧水产局在三娘湾建立了白海豚自然保护区。

广西防城港市万鹤山鹭鸟自然保护区

该保护区位于防城港市东兴市江平镇巫头村，面积约 50 公顷，是集动物保护与观赏于一体的滨海景区，也是广西北部湾畔著名的三座万鹭山之一。万鹤山主要由沙丘和原始山林两部分组成。沙丘的沙子质地细腻柔润，富有光泽，颜色洁白，在阳光下闪闪发光，远远望去，犹如终年不化的积雪。山林靠近海边，京岛附近的海域海水温暖，鱼虾多，是鹤、鹭理想的生存场所，每年到这里安家落户的白鹭约有四五万只。群鹤（鹭）早出林，晚归巢，因此早上和傍晚是观赏的最佳时机。该保护区属于民间生态保护，是村民陈子成老人一家几代人经过 50 多年的悉心照料、保护而形成的鹭鸟栖息地。

防城港市港口区光坡镇红沙村的白鹭

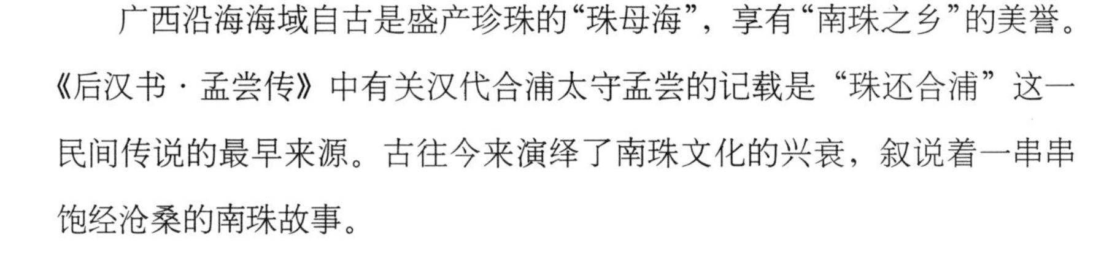

广西沿海海域自古是盛产珍珠的“珠母海”，享有“南珠之乡”的美誉。《后汉书·孟尝传》中有关汉代合浦太守孟尝的记载是“珠还合浦”这一民间传说的最早来源。古往今来演绎了南珠文化的兴衰，叙说着一串串饱经沧桑的南珠故事。

1．南珠之美及其实用价值

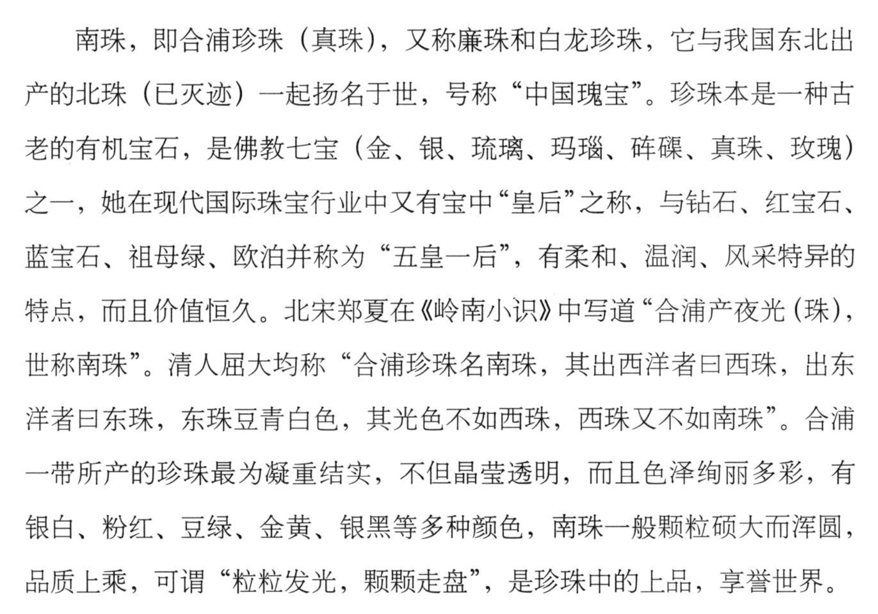

南珠，即合浦珍珠（真珠），又称廉珠和白龙珍珠，它与我国东北出产的北珠（已灭迹）一起扬名于世，号称“中国瑰宝”。珍珠本是一种古老的有机宝石，是佛教七宝（金、银、琉璃、玛瑙、砗磲、真珠、玫瑰）之一，她在现代国际珠宝行业中又有宝中“皇后”之称，与钻石、红宝石、蓝宝石、祖母绿、欧泊并称为“五皇一后”，有柔和、温润、风采特异的特点，而且价值恒久。北宋郑夏在《岭南小识》中写道“合浦产夜光（珠），世称南珠”。清人屈大均称“合浦珍珠名南珠，其出西洋者曰西珠，出东洋者曰东珠，东珠豆青白色，其光色不如西珠，西珠又不如南珠”。合浦一带所产的珍珠最为凝重结实，不但晶莹透明，而且色泽绚丽多彩，有银白、粉红、豆绿、金黄、银黑等多种颜色，南珠一般颗粒硕大而浑圆，品质上乘，可谓“粒粒发光，颗颗走盘”，是珍珠中的上品，享誉世界。

合浦珍珠大者如鸟卵、龙眼核般不在少数。古代划分南珠有一套按重量分类的名称：大粒的高档珠，一颗重七分的称为“七珍”，一颗重达八分的称“八宝”。而一般的珠，八百颗重一两，称为“八百子”；一千颗重一两，称“正千”。而现代评定南珠的等级，一般以圆球形或者半球形、直径在1厘米以上、洁白油腻、光滑闪耀之珠为一等品，近年来，粉红、银色的珍珠也备受人们喜爱。当前，直径在8毫米以上的珍珠，每克身价远高于黄金，国内海水珍珠1～4级统货在1990年为12 000元／千克，且价格呈上升趋势，目前，低级珠要价竟为16 000元／千克。

由马氏珍珠贝孕育出的南珠成为广西沿海地区最具特色的海产品，主要体现为独特的装饰价值、美容价值和药用价值。

装饰价值：南珠之美，在于它细腻凝重、瑰丽多彩、晶莹圆润、光

美丽的南珠

泽经久不变。作为首饰佩戴更显出其清新高雅、神韵独具的高贵品质。珍珠，历来是文人墨客笔下美好事物的代称，如用“珠翠闪烁而炟耀”描述舞女之靓丽，用“剖明月之珠胎”比喻珍珠在蚌壳中如妇人怀妊，用“明月之珠出于江海，藏于蚌中”对珍珠进行赞美。自古以来，珍珠不但作为珍贵饰品、贡品、国宝，被称为珠宝皇后，还演变为身份、财富和地位的象征。在古代，南珠一直是皇室贵族的专用之物。从考古发掘资料来看，明代定陵的墓主万历皇帝及皇后所戴的凤冠、玉带等冕服都用八分珠制作。据说英国女王王冠上的那颗巨大的珍珠也是合浦珍珠。

美容价值：珍珠美容保健功能表现在润肤生肌，清斑减皱，延缓衰老方面。早在4000年前，古埃及的贵妇们就用珍珠调和牛奶涂抹于皮肤美容。我国传统医学中珍珠的保健功效更多。在唐朝，人们演戏化妆时使用海水珍珠粉涂面部，日久天长，演员的颜面显得特别细腻、白嫩。宋代《开宝本章》中描述珍珠能“镇心定惊，清肝除翳，收敛生肌，用以涂面，令人润泽好颜面；涂手足，去此肤逆胪”；明代李时珍《本草纲目》说：“珍珠安神定魄、养颜、点目去翳、塞耳去聋、去腐生肌、催生死胎”，“珍珠粉涂面，令人润泽好色”。清代“慈禧太后驻颜方”中，慈禧太后服用合浦珍珠，以保护肤色。

药用价值：中医认为，珍珠粉性寒，味甘、咸，入心、肝经，具有平肝、镇心、安神、止血、生肌、解毒、清热益阴、化痰之功效，对轻度甲亢、咽喉炎、扁桃体炎、妇科炎症有明显疗效。相传在古代，沿海渔民和珠民出海作业时，都随身带珍珠粉等药物备用。现在广西沿海地区民间流行着婴儿初乳时以天然南珠粉同哺，不但可以安神定惊，明目解毒，而且成长过程中极少生疔长疮，皮肤白嫩耐晒的说法。现代医学证明，珍珠含有碳酸钙、氧化钙、磷酸钙、硒、锗、碘、磷、锶、镁等多种元素和十几种氨基酸，对金黄色葡萄球菌有明显的杀菌作用，对治疗烧伤、烫伤等有较好疗效。珍珠是许多中药处方中必不可少的名贵药材，常见的中成药有珍珠丸、喉症丸、六神丸、赛金化毒散、八宝眼药、珍视明滴眼液等。

2．合浦七大古珠池

珠池，是古代对今广西沿海东南海中采珠区域的特定称谓。据史籍记载，合浦古珠池计有：断望、平江、杨梅、青婴、乌泥、乐民、手巾、白沙、玳瑁、海猪沙、汤猪沙、白虎沙、响沙和珠砂池等十多个珠池。珠池的分布海域形成了3000多千米海岸线的珍珠物产圈。但由于其中的七大珠池盛产的珍珠质量好、产量多，民间有“七大古珠池”之说。明崇祯十年版《廉州府志》卷六“珠池”记载七大珠池为：乌泥池（至海猪沙一里）；海猪沙（至平江池五里）；平江池（至独榄沙洲八里）；独榄沙洲（至杨梅池五十里）；杨梅池（至青婴池十五里）；青婴池（至断望池五十里）；断望池（至乌泥池总计一百八十三里）。同时在该

古籍上记载的古珠池的位置

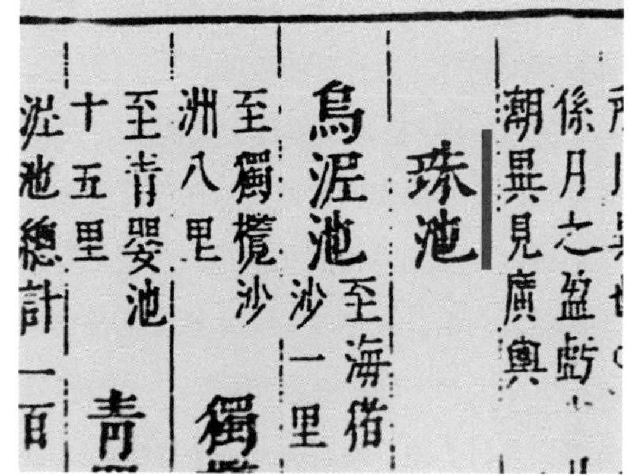

係月之盈虧
潮異見廣輿
珠池
烏泥池至海猪沙一里
獨
至獨欖沙洲八里
至青嬰池十五里
青
泥池總計一百

史书上关于南珠珠池的记载

府志的“图经志”中的“廉州总图”上标画出“平江、乌泥、杨梅、青婴、断望”五个著名珠池的地点。七大珠池所产珍珠的品质因池而有不同，人们认为“出断望者上，次竹林、次杨梅、次平山、至乌泥为下，然皆美于洋珠”。

七大珠池得天独厚，孕育南珠的马氏珍珠贝，属热带、亚热带暖海性贝类，其饵料以硅藻类为主，兼食其他藻类、小型浮游动物和有机碎屑等，是一种外海性附着贝类。它需要特定的生存环境才能生长良好，对海水温度、海水比重、海底质层、海水质量、气候条件等均有严格的要求。一般而言，近海的珍珠贝类喜欢栖生于风平浪静的隐蔽海湾，古合浦海域东、东南、西面各有雷州半岛、海南岛及印支半岛，它们如天然屏障挡住了南海巨浪；北面有云开大山余脉又减缓了冬季寒流侵袭，气候较为暖和。这一带的海水温度常年保持在 18 ~ 30℃，海水比重在 1.0006 ~ 1.0240 之间，水质清澈，且富含浮游生物，潮差为 4 ~ 5 米，最为适合珍珠贝的成长。

3．南珠的兴衰史

我国是世界上采捞珍珠和利用珍珠最早的国家，《尚书·禹贡》有“珠贡，惟土五色”的记载。南珠至今已有 2000 多年历史。周朝时期，合浦珍珠即“珠玑”已属贡品。汉代，合浦采珠业相当兴盛，产生了“珠还合浦”的故事。泰始年间（265—274 年），吴王孙皓实行珠禁，并在南康、营盘、福成设立珠官县，在官内只准官方收取珍珠，不准民间贸易。太康二年（281 年），晋武帝司马炎同意陶璜奏章，下诏“外采上珠之时听商旅往来如旧，从而调动百姓采珠和商人易珠的积极性”。到唐朝天宝元年（742 年）至广德二年（764 年）间，封建统治者逼迫珠民进贡珍珠，致使合浦珍珠采捕无度，珍珠资源受到严重破坏，南珠产业又开始萧条。

合浦采珠业最盛于明代，但这也是对珠源破坏及珠民受压迫最严重的一个时期。明洪武二十九年至万历四十一年（1396—1613 年），朝廷在合浦沿海 18 次大规模采珠，其中明朝弘治十二年，明孝宗朱祐樘下诏采珠，得珠 1400 千克。这也是合浦采珠史上采得珍珠最多的一次。明朝正德九年至十三年（1514—1518 年），明武宗朱厚照又先后两次下诏采珠。嘉靖五年（1525 年）又复采珠。由于过度采珠，嘉靖四十年（1561 年），乐民珠池“珠蚌夜飞迁交趾界”，合浦珍珠资源受到极大破坏。之后，合浦珍珠产量渐微。由于明朝采珠量大，南珠产量也大，南珠加工业得到很大发展，嘉靖年间在合浦建成白龙珍珠城，专门用来加工合浦珍珠，生产金、银、玉器镶嵌珍珠的饰物。珍珠饰品沿“海上丝绸之路”远销世界。

合浦采珠业衰落于清朝、民国。由于明朝统治者疯狂掠夺采珠，清代合浦采珠业渐趋衰落。自清顺治元年（1644 年）至康熙三十四年（1696 年）的 53 年间，朝廷下诏试采珍珠，因所得无几，只得罢采。清末，合浦沿海采珠量极少，珠商不再经常到合浦收购珍珠。廉州珍珠加工首饰铺维持有 20 多家。民国时期，合浦采珠业一落千丈，1944 年的采珠季节，只有几艘珠船采珠，廉州加工珍珠的首饰铺大都转向金银首饰加工。

4．珍珠采捞的仪式及方法

珍珠虽是宝物，但海底采珠却十分艰险。据杨孚《异物志》记载：“合浦民善游，采珠儿年十余岁，使教入水。官禁民采珠，巧盗者蹲水底，刮蚌，得好珠，吞而出。”明代采珠业空前繁盛，采珠方法多种多样：一是系长绳于腰，携篮入海拾蚌，二是以小绳系腰潜水取蚌，三是用锡制弯管进入水中呼吸以采——还有铁拨拨蚌法、兜囊取珠法、用小舟拉网采捞等。以上方法都极其危险，不慎则“没水多葬鱼腹中或绞绳上仅手足存”。

为了保证采珠活动的顺利，从晋朝时，珠民出海前，必须到涠洲岛的石室“致祭”，举行祭奠祈祷神灵保佑的仪式。各大珠池岸边一般都建有相应的寺庙，史志记载在明代洪武二十九年初次诏采时，官府专门重建了古杨梅庙，并创立平江庙、西海庙。而在白龙城则建有宁海寺和天妃庙，在武刀寨有东、西二庙，在冠头岭下有镇海庙等。珠民们每次出海采珠前，必须到庙“招集嬴（螺）夫割五大牲以祷”才能出海，但有时，在海上已采珠捞贝入船，若“云头一霎风雷起”，便认为触怒了神灵，要“依旧连筐献海人”将满筐珠贝倒回海中以保平安。

5．巧夺天工的珍珠工艺

通常情况下，珍珠都需经工艺加工才能成为各式姿态纷呈的装饰品或工艺品。粒粒珍珠经筛选分类后，颗粒圆正均匀者一般穿线成串使用；而稍带瑕疵者则作镶嵌之用。连串珍珠必须打孔（也称穿孔）。目前，按其最终成品，分为贯通两端的两（通）孔珠，或只钻到接近中心部位的单孔珠。在珠稀物贵的时候，不但圆珠、长圆珠、各种散珠、米珠都有打孔，而且梨形珠或半圆形珠也打上并列的鼻眼孔。从古代起，给珍珠穿孔即是南珠故乡北海的一项传统手工技术，须由专人操作，其看似简单，实则不易，不论是华贵的精圆铛珠，还是细小如粟的米珠，若是选择打孔位置不当或出现偏差、崩口，都会损害珍珠质量、降低它的价值。现代的珍珠打孔，虽用电动打孔机，但仍需加工者具备相当熟练的技术与丰富的经验。

用南珠制作装饰工艺品的历史源远流长，从史料记载可知，珍珠是古代宫廷御用或权贵专有之物，其制作工艺上很精巧，花样层出不穷，光彩夺目、精巧瑰丽，有“珠联璧合”的赞誉。

在我国古代，用珍珠制成的奇工异物甚多。珠履，即缀有珍珠的鞋子。《史记·春申君列传》记载“春申君客三千余人，其上客皆蹑珠履”。明代遗留至清代的皇宫府库中“……更有宫人绣履七八箱，嵌珠如椒，皆万历年间物也”。《汉书·霍光传》记载：“太后（昭帝上官皇太后）被珠襦，盛服坐武帐中。”《汉书·董贤传》又载汉帝宠爱董贤时赐以“珠襦玉柙”。珠襦，按晋灼的注解为“贯珠以为襦”，是一种用珍珠串成的短上衣。类似的有北齐武成帝高湛耗费巨资为胡后制作的珍珠裙袴。南北朝时齐后主用大量的珍珠造七宝车；五代十国时南汉刘陟造玉堂珠殿，后主刘鋹用珍珠结马鞍为戏龙形状的“珠龙九五鞍”。“珠箔银屏迤逦开”是唐代白居易《长恨歌》中的诗句，珠箔就是用珍珠穿成的或缀饰有珍珠的帘子。此外，还有珍珠扇、珍珠玉夹篦、珍珠鞶囊夹袋等。镶嵌着明珠的窗棂称“珠栊”，古琴上有明珠装饰称为“珠柱”。

清代，慈禧太后对南珠甚为钟爱，浑身上下挂满珍珠饰品。她的冠冕由珠宝缀成，冕角挂珠花、悬珠络；颈项挂长串珍珠链；肩上有光亮耀眼的鱼网状披肩，由3500粒均大如鸟卵的同色精圆珠串成；身着金丝串珠绣袍和串珠绣褂，共用大、中、小珍珠6000粒，手戴珠镯，脚穿四周镶大珍珠的珠鞋。下葬时，棺内铺有金丝镶珠宝锦褥，所用珍珠从八分至米珠大小不等共12 000粒；其上铺撒一层一钱重圆珠2400粒；珠层上又铺绣佛串珠褥，用五分珠1320粒；太后身上所盖的是由二分重珍珠6000粒串成的网珠被。另外，还有用800粒珍珠装饰的珠镜，陪葬的一枝红珊瑚树上嵌着八分至三分珠共3700粒。

以上所列珍珠艺术品，件件皆精美绝伦。

在现代社会，南珠更多的是制作与女士们贴身相伴的首饰，北海制作的珍珠项链、耳坠、手链、胸花、别扣、戒指、挂坠、手镯、表带以及珍珠领带夹、发夹等，简练大方，极富时代美感。

6. 广西南珠产业的发展

南珠产业是广西沿海地区产业化最早、最具特色的产业。南珠是深受人们欢迎的宝物。但珠源和产量成为南珠产业发展的制约因素。

在古代，世界各地对珍珠的形成产生过多种神秘或朦胧的想法。我国古代，有说"珠者，阴之阳也"，有说"蚌之阴精"，也有说"螺蚌之病，病蚌成珠"，还有说蚌腹"影月成胎"，南海鲛人滴泪成珍珠等。根据古印度、古罗马的传说，夜空中的露水滴落于贝体上而成珍珠，或者是月亮的露珠、泉水的结晶而为珍珠。从16世纪以来，各国经过对珍珠形成原因的不断探究，产生了核成因说和珍珠囊学说两大理论。珍珠囊学说关于外套膜受外来刺激形成珍珠囊分泌珍珠的原理，推动了珍珠人工养殖的生产与发展。但真正意义上的人工养殖海水珍珠技术，最先是在1893年由日本的3位研究者取得成功的，随后日本珍珠在国际上开始大行其道，珍珠也从阳春白雪走向大众社会。但19世纪上半叶，中国的人工养殖珍珠一直是空白。

广西沿海的南珠养殖历史悠久。早在唐朝时，在合浦就有人将贝壳磨成佛像插入珠蚌，三年后取出，这是最早的"佛像珍珠"。明朝时，珠民将网回的幼小天然珠贝放在沿岸筑池

北海营盘南珠养殖基地大门

北海南珠宫

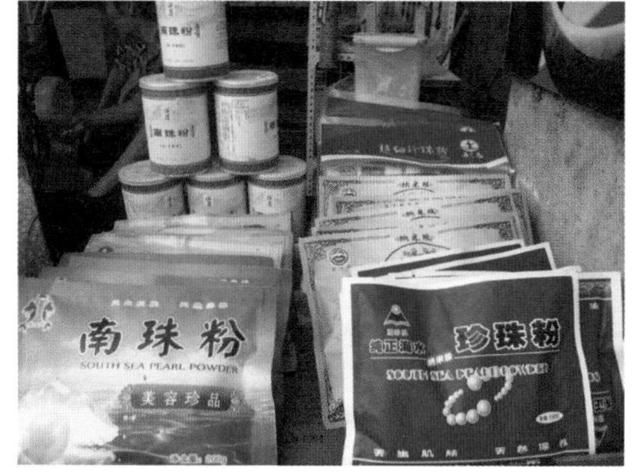

珍珠制品

饲养，后经不断实践，总结出一套育苗养贝的经验。清朝乾隆年间，沿海疍民以核插入蚌蛤中得假珍珠，其光耀与真珍珠无异，可惜这偶或成功的人工养殖珍珠技术未能得到重视与研究。但这为我国 1958 年后的海水养殖南珠事业奠定了基础。新中国成立后，党和国家对南珠极为关注，1957 年 11 月，周恩来总理指示“要把合浦珍珠搞上去”，改几千年的自然采珠为人工养殖。1958 年 3 月，我国第一个人工养殖海水珍珠基地在合浦营盘建立，同年，中国人工插核育珠的创始人陈敬仪在合浦珍珠场进行马氏珍珠贝人工插核育珠试验成功。1959 年，我国第一颗海水珍珠养殖成功。1961 年，在北部湾畔建成了我国第一个人工珍珠养殖场。1965 年，马氏珍珠贝人工育苗获得成功，结束了合浦乃至全国海水珍珠纯天然采集的历史，开创了珍珠养殖生产进入全人工培育的新纪元。随后，珍珠养殖逐步推广海区深水和池塘静水育珠技术。育珠方式有浮子延绳吊养、浮筏吊养、桩式平养。最先进方式是浮子延绳吊养。从育贝、养贝、插核、育珠、收获、珍珠收购、加工、产品销售等全过程建立一整套成熟的技术操作规程和管理方法，生产步入专业化、系列化、产业化。1981 年，养殖出“中国珍珠王”。1982 年正式成立了广西珍珠公司，并相继在防城港、钦州、合浦等地建立了三个珍珠养殖场地。养殖面积从 1981 年的 7.33 公顷增加到 1990 年的 140 公顷，产量从 14.5 千克增到 600 多千克。20 世纪 90 年代初，原广西珍珠集团用人工方法培育出黑色珍珠；1995 年北海珍源海洋生物有限公司培育出有玫瑰红、翡翠绿、海水蓝、紫色等多种颜色的海水彩色珍珠，彩珠率达到 100%。1996 年，建成全国最大的海水珍珠交易中心——中国珍珠城，有力地推动了南珠产业的发展。

近年来，珍珠养殖业、珍珠加工业、珍珠销售业迅速发展，形成相对独立和完整的人工育苗、珠贝养殖、珠核制造、珍珠育成收获、珍珠加工、贝肉利用、贝壳工艺、产品销售等一条龙生产体系，产生了珍珠饰品、药品、护肤品、保健品、饮品、贝雕品等系列产品，珍珠饰品畅销世界。经历几十年的发展，南珠产业链不断拉长，经济效益与社会效益不断加强，已成为广西正在蓬勃发展的一个具有深厚文化底蕴、颇具规模化的、具有广西特色的重要海洋产业。

7. 南珠文化遗存

白龙珍珠城遗址

该遗址位于北海市铁山港区营盘镇白龙海湾约 500 米的东北海岸上，是明朝皇帝专设采珠太监驻守珠池、监采珍珠的“珍珠城”的遗址。

从正统（1436—1449 年）初年起，明朝在廉州专门设内宦监守珠池，除了派太监镇守白龙城之外，还设有“永安珠池公馆”。白龙城原来周长 1100 多米，高 6 米，有东、西、

白龙珍珠城遗址

南三门并城楼。内设有采珠太监公馆、珠场司巡检及盐场大使衙门。该城池在明代晚期罢弃之后逐渐倾坏。根据现代考古发掘，城址平面呈长方形，坐北向南，南北长 321 米，东西宽 233 米，面积约 7500 平方米。城内官署已无遗址，城墙在抗日战争期间和 1958 年曾遭到拆毁，现仅存有南门城垣和东南段残高 2.6 米的土夯城墙心。城墙基宽 7.6 米，以大石为基脚，青砖砌壁，墙心一层黄土一层珍珠贝壳层叠夯筑。城址之外，遍野是当年采珠剖蚌遗留的古代珠贝堆积层，厚达 3 米多。西南海滩上，遗存有明代的《黄爷去思碑》及一只残缺的驮碑石龟，这是当年监采太监亡故后就地安葬的墓碑。另外，此地还有《李爷德政碑》及宣德年间（1426—1435 年）《天妃庙记》石碑各一方，现已在原地建碑亭，再补入《宁海寺记》残碑集中保护。1982 年，珍珠城遗址列为广西壮族自治区文物保护单位。

白龙珍珠城内残存的珍珠贝壳

白龙珍珠城遗址

位于合浦廉州中学内的海角亭（左为海角亭外的大门，右为海角亭）

海角亭

海角亭位于合浦县廉州镇廉州中学内。始建于北宋咸平至皇祐年（998—1054年）间，经元、明、清三代重建，现为广西壮族自治区文物保护单位。海角亭最初是为纪念东汉合浦郡太守孟尝“合浦珠还”的史迹而建的。北宋时，苏轼从海南岛迁调廉州，登临海角亭题书“万里瞻天”之后，此亭成为纪念汉孟尝、宋苏轼二贤的地方。海角亭对联为“海角虽偏，山辉川媚；亭名可久，汉孟宋苏”，所指即为历史悠久、内涵厚重的南珠文化。海角亭向来是我国古代海角天涯地理概念的象征，保存了一批元、明、清时期的古碑文，堪称北部湾古碑林，集合了古代南珠文化之精粹。该亭历史上得到地方官多次重建葺新。千年来，海角亭彰显的南珠文化精髓，是所谓“驱去流俗之悲，涵养孤忠之气”“别垢磨光，扬清激浊，忠心报国”“忠孝美于至性”的精神。所以，施世骥任廉州知府时择海角亭南之地创立还珠书院。还珠书院后演变为海门书院及廉州中学堂，成为北部湾地区近代民主革命思潮的发源地，使古老的南珠文化重获青春。

8. 南珠文化与北海城市文化形象

南珠文化是北海地域文化的特色，是海洋文化的具体化。1984年5月，北海市被列为中国第二批对外开放的14个沿海城市，南珠文化对城市的建设和发展起到了有力的推动作用。北海市充分发挥南珠的文化资源优势，以南珠文化为导向，以珍珠为平台，尽显北海育珠、养珠、采珠、制珠、赏珠的南珠文化神韵，在把具有鲜明南珠特征的海洋文化建设成为影响广泛、品位较高、主导北海旅游文化发展的龙头品牌方面做了大量的工作。1990 年前后建成的北海城市主坐标中心广场——北部湾广场就是以南珠魂雕塑群及水池、碑林组成了中心标志性建筑，初显北海南珠文化和地方特色。被誉为“亚洲第一钢塑”的银滩音乐喷泉，整座建筑以大海、珍珠、潮水为背景。1991—2004 年间，北海市共举办了四届国际珍珠节，以“珠”为媒，以“珠”传情，以“珠”引商，一大批国内外知名珍珠、珠宝生产、加工企业到北海参展。《中国南珠》《南国珠城——北海》等著作的出版，电视系列片《南珠春秋》的拍摄，北海珍珠产业发展论坛高峰会的举办、南珠宫的建成等，使南珠文化品牌得到进一步体现。随着南珠产业的不断发展，南珠文化已经成为北海市一张亮丽的名片。2010 年 11 月 9 日国务院正式批复同意将北海市列为国家历史文化名城。

北海市北部湾广场南珠魂雕塑群

中国海洋文化

骆越遗风　千年遗存
以楫为家　疍家风俗
勤劳英勇　沿海客家
跨境民族　京族民俗
人间佳肴　渔家饮食
滨海盛会　体育节庆

第四章

岭表海俗

——博大精深的民俗文化

广西沿海民族众多，十里不同风，百里不同俗。广西海洋民俗是广西文化的重要组成部分，同时也是中国海洋文化的重要内容。

广西沿海地区是中国海洋民俗文化的重要发源地之一。广西沿海人民在长期的海洋捕捞、浅海采集、滩涂利用、海水养殖等生产活动中形成了古朴、粗犷的生产、生活、礼仪、游艺等习俗。好歌善铜鼓的远古骆越文化、“以舟为宅、捕鱼为业”的疍家文化、保留着中原风俗特征并带有海洋特色的客家文化、以哈节为标志的京族文化等是广西海洋民俗文化的重要组成部分。祭珠神、送顺风、酬神还愿等成为广西沿海渔民独特的生产习俗。广西海洋特色饮食文化别具特色，民间体育文化项目众多，传统节庆文化特色鲜明。

正在喷索仔的疍家人

广西沿海最早的土著居民是骆越先民——属百越中的一支，骆越先民虽然在以后的发展中逐步与其他民族融合在一起，但广西沿海各地仍可看到一些远古骆越文化的遗存。

1．歌圩文化

好歌、善歌是古骆越的文化特征。现广西沿海的京族哈歌、疍家“咸水歌”、海歌、客家山歌、壮族和瑶族“三月三”歌圩，都是好歌、善歌的体现。

2．龙水文化

对龙与水的崇拜是骆越民族原始信仰文化的重要特征。广西沿海各处立有龙母庙。今钦州犀牛脚镇和龙门镇、北海外沙、防城港江平镇等地尚有龙母庙、龙王庙或水口大王庙。

3．干栏文化

干栏文化是骆越民族居住习俗的重要特征之一。从“疍家棚”和“疍家船”所使用木质材料和船上、棚内的围栏结构看，有骆越“干栏式”建筑的遗风；京族的传统住房“栏栅屋”也是“干栏式”建筑演化而来的。

4．铜鼓文化

古骆越地区是铜鼓文化的重要发祥地之一。史称骆越多铜鼓，以铜鼓作地名，廉州有铜鼓塘，钦州有铜鼓村，灵山有铜鼓岭，皆以掘得铜鼓而名，此外，铜鼓井、铜鼓江、铜鼓湾、铜鼓麓等地名也见于民间。明清版本的地方志中也常有出土古铜或铜鼓的记载，据统计，广西现馆藏铜鼓900多面，民间珍藏也十分丰富。新中国成立以来，仅今钦州市辖区内挖到的铜鼓就有54面，北海市文博机构藏有四面当地出土的汉代铜鼓。灵山县出土了铜鼓38面，现灵山县博物馆藏铜鼓22面，铜鼓面以钱纹、鸟纹为主的称“灵山型”，鼓面以云雷纹为主的称“北流型”。现存浦北博物馆中最具特色的是“变形羽人纹铜鼓”和“坠形纹铜鼓”。

以楫为家 疍家风俗

疍家，又称蜑（蛋）家、疍人、疍户或蜒户，“以艇为家”，是我国福建、广东、广西沿海一带在水上生活的一个族群。疍家的出现据说已有两千多年了。

1．疍家来源

自宋至明清，广西沿海生活着一群以“舟楫为家，捕鱼为业”的居民群落，因所居住的渔船外形像蛋壳，被称为“疍家”。新中国成立后，统称为“疍家”。

关于疍家的来源，有不同的说法。有人认为疍家是秦朝南征岭南、灭百越后，不愿归属为秦国子民的骆越人（雒越）的后代，因长期以捕鱼、船运为业，代代相传，形成了特有的水上生活习俗。有人认为疍民“为卢循遗种”，即东晋末年卢循发动农民起义失败后失散的部下后裔，他们中一部分乘船漂泊成为水上人家。还有人说疍家是郑成功部下的后代。此外，还有人认为疍民是三苗的遗种、疍家是汉代马援南征交趾所留下的戍边遗民等。其实，早在宋朝时，疍家已是专指粤闽沿海水上居民族群的一个专门称谓。清人许瑞棠在《珠官胜览》载，他们“以舟楫为宅，捕鱼为业，辨水色而知有龙。昔时有称为龙户齐民，则曰为疍家。土人不与结婚，不许陆居。洪武初，编户立里长，属河泊所，岁收鱼课，今北海多此族。”

2．疍家分布

清代末年，广西沿海居住着1万多名疍家，分为：蚝疍、渔疍和珠疍。蚝疍约4000多人，居住于合浦西场镇至钦州犀牛脚沿海，主要以采蚝为主。渔疍居住于北海涠洲岛、合浦党江镇沿海、钦州犀牛脚至大番坡、防城企沙一带，约6000人，大部分以捕鱼为生。珠疍居住于北海东南沿海，主要以采珠为生。钦州疍家主要分布于沿海的犀牛脚镇至龙门一带沿海，宋代周去非在《岭外代答》中称钦州疍民为“蜑蛮”：“钦之蜑有三：一为鱼蜑，善举网垂纶；二为蚝蜑，善没海取蚝；三为木蜑，善伐山取材。”龙门港疍民始见于明代，俗称“海獭”人。清朝后，收编疍民入户，委派疍长，将水性较好的疍民编入国家水师，于钦州设龙门营水汛和务雷营水汛，至今龙门港部分渔民属疍民后裔。今钦南区大番坡镇深坪村公所还有一个称为“疍家埠”的自然村，据说因历史上疍民在此泊船找柴而得名。新中国建国前后，北海市区外沙内港沿岸海关东西海岸边、高德、地角、白虎头一带有大批的疍家棚，居住的多为渔疍。20 世纪 50—80 年代，钦江畔马屋一带有不少“水户”人家，本地人称之为“水上居民”，大概也是疍民。防城港企沙疍家多数原是侨居越南的华侨，1978 年，因为越南排华而到企沙安家。

新中国成立前，疍家人过着悲惨的生活，他们不准上岸居住，不准读书应试，不得与陆上汉族通婚，负担着沉重的课税。新中国成立后，疍民们不但在政治上获得了平等地位，而且作为发展海洋产业的主力，经济生活方面也得到了极大改观，昔日的疍家棚已全部变成了砖瓦房，甚至小洋楼，他们大多已成为当地的致富一族。

3．疍民生产生活习俗

婚俗

过去，沿海疍民不与陆上人通婚。疍家婚礼一般在船上举行，男方用小艇将女方接到男方船上，以大罗伞遮荫。疍家的婚事习俗大致要经过九个程序：托媒、订婚、择日、担日

疍家婚礼的接新娘仪式

疍家婚礼的酒宴

子、置嫁妆、哭嫁、迎新准备、迎亲、回门。其仪式有送日子单、搭棚、抽礼、采花、坐夜盒、叹家姐、拜饭、接亲、男女方脱学、上红、拜堂、摆酒十一道礼仪。

欢乐的疍家女

疍家信仰

疍民笃信鬼神。主要信奉“三婆”和观世音菩萨等，还信仰“华光”“北帝”诸神。疍民往往用木头雕刻先祖的神像，供奉在疍家棚里或小船上。

正在织网的疍家妇女

疍家节令

疍民节日主要有祭祀节日和日常节日。正月十六是龙母诞日，举行盛大游神祭祀活动。三月二十三是三婆婆（天妃）诞期要祭祀。正月十五元宵节、七月十四中元节，疍家多用金猪祭神祈福；端午节是疍家最隆重的喜庆节日，高潮是赛龙舟，疍民深信龙舟赛能免时疫和获得渔业丰顺，有“龙船鼓响疫鬼退”之说。

正在绞大绳的疍家人

疍民服饰

“疍家服”由宽裤腰、宽裤筒和圆领式的马蹄袖上衫及布纽扣组成，以蓝色为基调。上衣领、袖、衣边绣花边，普遍着宽短的裤子及于足踝之上。妇女喜留长发，年轻姑娘把头发结成五绞辫，休闲时就让长辫摇晃垂及腰际，以防落水时提辫救护。已婚妇女在头项上盘髻，劳动时习惯在头上包一块方格花纹的夹层方布，一角突出前额，一角垂于脑后，疍家俗称猪嘴，方巾的两角交结于下颏。疍民一年四季头戴既可遮阳又可挡雨的海笠，俗称“疍家帽”。海笠用竹篾做成，直径约 40 厘米，帽檐下垂约 5 厘米，帽顶呈六角形，做工精细，外涂光油漆，坚实亮丽。疍民偏爱玉器和金银首饰。

疍家饮食

具有疍家风味的疍家菜以海鲜为主。俗语说“疍家酒席全是鱼，疍家无腥不成饭”。

疍民起居

疍家世居水上，漂泊不定，“以楫为家，以舟为室”。主要居住在“疍家船”和“疍家棚”。《北海杂录》载：“外沙，渔人舟子，列棚而群居。”曾有诗形容：“世世舟为宅，年年竹作篾。浮沉波浪里，生活海天涯。蛇祭全家富，龙居办穴乖。还携蚝与木，知尔是同侪。”

经济条件较好的疍民在海岸边搭“疍家棚”居住。以前在北海的外沙、高德、旧游泳场一带海岸多见疍家棚。棚内布局分为正厅和卧室。厅、室很小，开有小窗，以便通风透亮。平时，棚户以老弱者留守，逢年过节或遇婚丧大事，合家才聚宿棚户。其棚楼板一日数次刷抹，保持洁净。棚内无凳无椅，待客、用餐、坐卧均在棚楼板上蹲着。棚前安有小木梯

位于北海外沙的旧疍家棚

供人上下。疍民若在陆地建房子，也常将旧船板埋在新建住宅的地下，认为这样仍以舟为宅，不得罪神灵，确保家人的吉利。

疍家禁忌

疍民农历正月初一禁食肉，均素食，吃汤圆，取团圆、甜蜜之意。不能打扫，不倒水。忌“龙头”（船头）坐人。忌在船上死人或生小孩，如发生此事，须上岸歇工一个月，同时要买公鸡上船挂红。忌产妇及其丈夫过船艇，或碰到自己的船艇、捕鱼工具。女人出嫁时的哭叫“叹”，哭丧时才叫“哭”。死人不准埋在岸上，只能随一块砖头往海里扔。说话忌讲翻、沉、慢、逆等语，吃鱼时，吃完一面，若要把鱼“翻”过来吃另一面，只能说“顺转这条鱼”。筷子不能搁在碗上，碗碟等食具不准覆置，坐姿不能两脚悬空，认为这些会导致舟船搁浅、翻沉、不靠岸等。“翻个头”叫“转个头”，“搁”叫“放”，“破”叫“旧”，“退”叫“进”……忌说猫，认为捕捉的鱼会被猫吃光。

位于北海外沙的疍家棚酒楼

广西沿海客家“始于五代”。两宋时期，一批客家人向广西的贵港、玉林、陆川、博白及合浦迁移。明清时期，福建和粤东移民迁入桂南的博白、陆川、郁林及粤西钦州、廉州、防城。逐步形成了今广西沿海客家的分布格局。

1. 广西沿海客家的分布

广西沿海三市现有客家133.36万人。主要分布在北海市的福城镇、涠洲岛和斜阳岛、高德、西塘、三合口等乡镇，合浦县公馆、白沙、曲樟、闸口、常乐等乡镇；钦州市钦南区黄屋屯、久隆、康熙岭、沙埠等镇，钦北区大直、平吉、那蒙、青塘、贵台等镇；浦北县张黄、泉水、白石水、大成、龙门、福旺、石冲等乡镇；灵山县旧州、石塘、佛子、陆屋、平山、三海、沙坪、新墟等乡镇；防城港市港口区、防城区及东兴市各乡镇，特别是大菉和那良两镇；上思县平福、在妙两乡镇。

2. 广西沿海客家的文化特征

广西沿海客家，秉承了中原及广东、福建、江西等省客家的文化特征，又适应沿海环境变化，创造了新的文化。

族群聚居　北海客家的主要姓氏有80多个，以姓氏集中聚居形成客家村落。在张、李、范、彭、朱、廖、刘等人口逾万的姓氏中，居住村落连绵十多里。维持着血缘关系的是宗庙祖祠。

勤耕创业　广西沿海客家以耕植立足，既种且养，耕织自足。

半农半渔　客家人来到沿海，从“耕山”逐渐转变为“耘海”。如涠洲岛上80%的居民半农半渔，一部分人拥有大船，远海捕捞。

工商拓展　客家人迁到滨海后，部分人从事工商业。南流江流域商贸发达，出现了一批经济强县，如合浦、博白、陆川。

敬祖重祀　客家对祖宗的拜祭十分挚诚。祭祀，永远是客家人生活中的盛典。男女结婚、兄弟结拜一定要到祠堂见证。

尚读重教　广西沿海客家重视文化教育事业，视读书为荣。学业有

客家人的祠堂（防城港市禤家祠）

成者都会得到族人的尊敬，凡遇大红喜事，出仕的读书人往往被请来坐上座，家有在读学子的往往带小孩登门求教。合浦客家在近代就办了一批客家学堂。

公正经营　沿海客家在长期的生存实践中，创造了一种独特的经营方式，即对所有集体的或宗族的财产，以公开竞争的方式确定拥有者或经营者，由此形成“开标”习俗。在合浦的客家聚居地，几乎共有财产的处置都以开标方式进行。

秉公争胜　沿海客家人争强好胜，有胜不骄、败不馁的精神。

勇敢善战　沿海客家秉性刚强，团结互助、富有正义感。清代以来，广西沿海地区的重大事件如中法战争、太平天国运动、钦廉起义、北伐战争、抗日战争，客家军都以英勇善战而扬名。刘永福、冯子材、陈铭枢、陈济棠、香翰屏、林翼中等都是杰出代表。

3．客家民俗风情

围屋民居建筑

择地而居，卜吉而筑。沿海客家人均择吉而居。建房时，力求符合风水格局，精心选择一组“光天下临，地德上载，藏神合朔，神迎鬼避”的吉祥时间；动土“行砖脚”或“开沟”时，用红纸包两块红砖放在墙角，吉时到，敬神鸣炮，说颂词；入宅习惯取子、丑吉时，捧着灯火，挑着米、谷、发饐、鸡鸭，背着两拊斗箕，以求大吉大利。

“海佬”新居，风采各异。涠洲岛客家岛民，原住“茅寮”“竹寮”“蔗寮”，经艰苦打拼，积累财富，新建民居，高大、豪华，成为客家人勤劳与智慧的物质载体。

因地筑围，形制各殊。为了抵御外来侵扰，广西沿海客家沿袭闽、粤客家筑围屋、土楼而居的传统，在沿海建客家围屋（自称城肚、围城）。围城城墙厚度大、高度高，围墙内侧一般留有高空通道，墙体遍布射击孔，围墙有高大的城门，转角处均建有角楼，具有很强的防御功能。围城内以宗祠为核心建筑，布置有住房、晒场、仓库、水井、厕所，储存有粮食、燃料等。围城前面有些开凿有半月形池塘。如遭到围困，可以固守几个月。现存典型的围城有：合浦县曲木土围屋、樟木山围屋、社边坡石城、林翼中故居、防城港市防城区大彔那厚村围屋。

婚育习俗

广西沿海客家婚俗，基本上是在古代“六礼”的基础上稍加变化。旧礼，青年男女无父母之允许，不可自行决定婚事，婚前不可私自见面。男子到了谈婚论嫁的年龄，父母便托媒人带礼到合适的女方家提亲。若女方家愿意，即将女子八字交给媒人。男方家请算命先生合男女生辰八字。八字相合后，双方互派人到“看屋场”和人。当双方基本满意后，双方父母见面商谈婚嫁事宜。男方择日将礼钱礼金送至女方家，称为“过礼”。同时请先生择良辰吉日，报予女家，为“请期”。最后举行迎亲大典。

按习俗，女子要“哭嫁”。出嫁前三日，女子要与家人尤其是母亲相拥而泣，母亲教女儿“三从四德”等妇德；女儿则感激父母的养育之恩等。出嫁当日，须请有福、命好、家里“四眼齐全”（夫妻双全、有子有女）的妇女帮助新娘梳妆打扮。出门前，由家人陪同，携带三牲祭品到祖公厅祭拜辞别。

客家妇女怀孕，俗称“搭大肚”“搭子”，家中所有杂物不能随意移位，怕触动“胎神位”引起流产或小孩破相。妇女产子称为“轻身”“添丁”，产后第三天备猪头三牲祭拜祖先。坐月子期间，要在大门口挂“青叶”等，告知外人。产妇每日三餐进食姜酒鸡，以滋补身体。亲朋好友送鸡送蛋以相祝。满月时摆满月酒，添丁之家需备三牲祭祖，设宴招待亲朋，娘家备齐婴儿用品如背带、抱褛、婴儿衣衫、鞋帽等送来。小儿满周岁，有做“对岁”习俗。当天，要给小孩吃“鸡比”（鸡大腿）。

合浦县曲樟镇客家陈氏围屋（全景及大门）

生活习俗

年夜祭祖。农历新年从除夕持续至正月十五，最隆重的活动是祭祖。除夕一大早，家家户户杀鸡宰鸭做扣肉、贴对联、做大笼馇等，到祠堂摆上供桌，点香燃烛，感谢祖先一年来对子孙的护佑与赐福。祭毕，三牲带回，大笼馇留在祠中，至初二或初五。

元宵游神。正月初八，各街区在社前杀猪祭祀，至福德祠祈请，告知巡境赐福之事。到正月十一至十六，按照既定顺序，各街区依次祭祀伯公。游神时，备四抬大轿将土地公公从福德祠请出来，在狮队及鼓乐仪仗的引导下，在各街逐户送福，所到之处，每家每户集体准备三牲贡品，各家另备礼品恭迎土地公祭祀邀福。送福完毕之后，到祭祀地点，由各家推举的德高望重之人（或聘请的专门礼生）主持祭仪。众社丁在主持人指引下，行三献大礼，宣读祭文，感谢土地神明对一方土地及子民的呵护，更祈土地公在新的一年里继续福赐众人，保佑风调雨顺，五谷丰登，丁财两旺。仪式后，燃香焚金帛、烧祭文。

大王罗爷赐福。“大王罗爷”（灵山镇海上帝大王，雷门通事罗大人）是合浦白沙镇最重要的地方神明。每逢建房、婚嫁、岁时节日、初一、十五，人们都会到大王罗爷庙祭拜。“大王罗神”在鼓乐及雄狮引导下，坐轿巡视片区，为子民赐福，来到祭场坐定后，接受百姓的礼拜。吉时到，众人在礼生指引下，向大王罗爷行礼致敬，三献九叩，诵读祭文。祭毕，祭文连同纸钱（当地为之金银）一并焚化，同时礼炮齐鸣。晚上，亲人集聚，分享“福胙”。

元宵“偷青”。元宵日，人们三三两两来到他人菜园，采摘一些生菜、萝卜、芹菜、大蒜、香菜等蔬菜，祈求新年吉祥如意。寓意好的蔬菜都是人们喜欢摘取的对象，如生菜意“生财”、萝卜意“彩头”、大蒜意“会算”、香菜意“好彩头”等。

客家“消蒸尝”。沿海客家将祭祀叫作“消蒸尝”。“消蒸尝”，分春、秋、冬三次。春祭，清明前后，祭祀始祖、拜祭家庭祖墓；秋祭定于每年农历七月十四或十五；冬祭定于冬至日或冬至前后。祭祀用祭品，行祭祖仪式。

客家做社。社，指土地神。祭祀社神的日子叫“社日”。一年两次。春天时举行叫“春社”，秋天时举行叫“秋社”。春社祈谷，祈求社神赐福，五谷丰登。秋社报神，在丰收之后，答谢社神。

清明拜山。清明拜祭祖先，称为“扫墓”或“拜山”，有的客家人称“挂纸”，把经过打戮的黄纸（或为“龙袖纸”）压在坟顶和坟墓的周围，又称“祭山”。祭品有香烛、鹅、猪肉、饭、酒、茶、纸鞋、纸衣、纸钱等。把祭品放在坟前，斟上三茶五酒，子孙各拜三通，然后烧纸钱，放鞭炮，把酒、茶倒在坟前，祭拜结束。客家人祭山，阵势一般很大，全村出动，锣鼓喧天，鞭炮齐鸣，醒狮奔跃，旌旗飘动。

七夕与中元节。每年七月七，家家户户都会把衣服拿到太阳底下暴晒，据说衣服经此暴晒，不会被虫蛀、不会发霉。七月初七，有担“七水”储藏的习惯。民间盛传七月七井泉水是牛郎和织女的眼泪，用来饮用，可强身健体，预防疾病，甚至还可以用来调药治头痛发热等小病。当然，最好选择中午 12 时至 14 时这一时段，找年轻姑娘去取水。

客家习惯做七月十四，过中元节，也就是鬼节。七月十四一大早，家家户户宰鸭（鸭是必备的祭品），准备条形的猪肉及鱼等，做成“三牲”，装在托盘上，到祠堂或在家中，为列祖列宗敬上，同时点香上酒、焚烧纸衣、冥钱。晚上，各家各户又在门口或野外路口，在地上插香、放些饭菜等，祭祀孤魂野鬼，称之为施幽。

钦州市钦南区康熙岭镇客家元宵节游神祈福

冬至大过年。客家人十分重视冬至节，有酿冬至酒、祭祖、吃冬至食等古俗。将这天的祈福活动称为“完（还）福”。当地俗谚:“狗怕夏至，生鸡怕冬至。”冬至日必宰生鸡（公鸡）。祭祖用生鸡，待客用生鸡，还专门制作了一道冬至的应节食品，即生鸡炒酿酒——给产妇补身体。此外，还要将糯米、芝麻等舂粉，拌红糖为馅，制作白糍饐。

饮食习俗

广西沿海客家利用当地食材、吸收原住民的一些食俗，创造了多姿多彩的特色饮食。

蟹汁白切鸡。佐食调料用的是蟹汁或鱼汁，风味独特。

公馆扣肉。讲究配料和制作，不用梅菜，不用夹芋头，是纯扣肉，偏咸、重的味道。

肥瘦肉夹猪肝。选用半肥瘦猪肉与猪肝，入锅煮熟，取出晾凉，肥瘦肉去皮，用利刀切成薄片，两肉夹一肝装盘。以姜末调醋、酱、耗油等佐食，清爽顺口，肥而不腻。

炒南粉。在客家看来，“无炒南粉不成宴”。在合浦公馆镇，南粉有“大小炒”之别。所用原料为：南粉、南豆、木耳、芹菜、蒜、猪肉、沙虫和虾仁。有沙虫者谓之“大炒”；有虾仁无沙虫者称为“小炒”，因为沙虫比虾仁贵。

糕点、米饄。岁时年节，客家人爱以糯米制作各种糕点、饄，以调节生活及人情往来。所制糕点、饄有发饄、叶子饄、饭心饄、大笼饄、水盖饄、浮水拐（饄）、香心饄、寿桃饄、汤圆饄、黄粟（小米）饄、鸡屎藤饄等，名目繁多。最有特色的是饭心饄、浮水拐（饄）、鸡屎藤饄、大笼饄以及炸虾饄。

端午粽（粳）。端午节，客家人最重要的食俗是包粽，有灰水粽、肉粽等。灰水粽用灰水浸泡糯米，粽子当中不加馅料，以红糖水或白糖等蘸着吃。肉粽的馅料有猪肉、虾米、蟹肉及板栗等。

黄粟粳。五月黄粟成熟收获，故在端午节时用来做米粳，以米虾、猪肉、沙虫及蟹肉为馅。六月十九观音诞时也用黄粟祭神。

水盖粳。沿海客家有在七月十四中元节做水盖粳的习俗，盖粳配料丰富，有十层八层之多。蒸最后二三层时，往往添加竹笋、猪肉、鸡蛋、木耳、葱花等配料，当地人叫“菜心”。制好晾冷后切割成棱形小块，层层剥食，香滑诱人。

中秋月饼与芋头饭。中秋月圆之时，有条件的家庭会购买一定数量的月饼与其他食物果品，用于祭月、自食或馈赠。买不起月饼的，就做芋头饭过节。当地客家民谣说：“八月十五望高楼，几家欢乐几家愁，有人吃月饼，有人吃芋头。”

涠洲客家七十二碗食俗。在涠洲岛，客家人凡办红白喜事，有上 72 碗菜的习俗。乡间习惯以八仙桌摆酒，每桌 8 人，每桌上 10 道菜，以象征十全十美。10 道菜中，除 1 道汤菜外，其余 9 种菜，每样分装 8 小碗，共得 72 碗。碗多桌小，层层叠叠，堆得像座小山。

虾公粑。米粉加葱花调糊，用小铁器整装，再加上两只去壳或不去壳的鲜虾，后放进油锅炸至金黄色捞起。虾粑最大的特色是粑香、脆口。

跨境民族
京族民俗

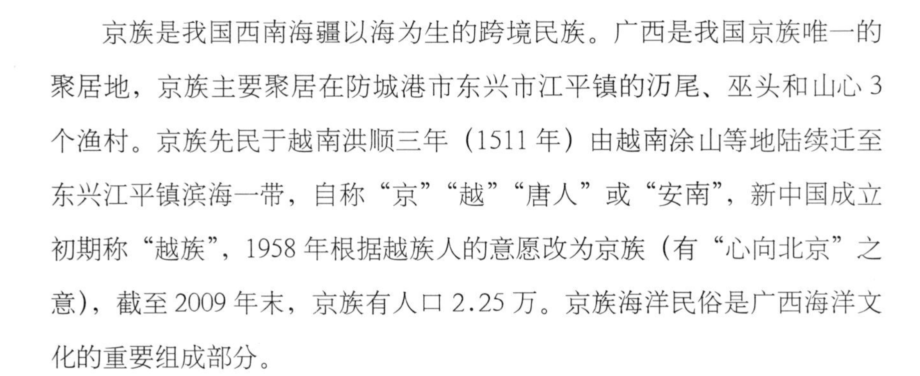

京族是我国西南海疆以海为生的跨境民族。广西是我国京族唯一的聚居地，京族主要聚居在防城港市东兴市江平镇的沥尾、巫头和山心 3 个渔村。京族先民于越南洪顺三年（1511 年）由越南涂山等地陆续迁至东兴江平镇滨海一带，自称“京”“越”“唐人”或“安南”，新中国成立初期称“越族”，1958 年根据越族人的意愿改为京族（有“心向北京”之意），截至 2009 年末，京族有人口 2.25 万。京族海洋民俗是广西海洋文化的重要组成部分。

1．京族的生活环境

聚居在江平京族三岛的京族约 8000 人，其中沥尾村京族约 4450 人（占全村总人口的 95%），山心村 2100 人全部为京族，巫头村京族约 1450 人（占全村总人口的 70%）。还有 1.45 万京族人居住在周围的谭吉、红坎、恒望、竹山等村及东兴市区、防城区，钦州市区，广东省也分布着少量京族。

京族三岛位于中国大陆海岸线最西端，东临珍珠港，南濒北部湾，西与越南隔海相望，总面积 20.8 平方千米。属亚热带气候，树木四季常青。年最高气温为34℃、最低为3.4℃，年均温度为21.5～23.3℃。雨量充沛，年降雨量达 1300 ～ 2700 毫米。附近海域水藻丰富，是天然的鱼类产卵区和培育场，海盐资源取之不尽。有鱼类 700 多种，其中经济价值较高、产量较丰富的达 200 多种，珍珠、海马、海龙等都是名贵药材。由于京族渔村四面环水，与大陆沟通不便，淡水资源匮乏，不具备农业开发的基本条件，京族先民把岛屿视为天然的庇护所和新家园，在没有先进的航海工具和技术的条件下，以浅海捕捞与滩涂作业为生。在长期的生产中，他们因地制宜地制造出各种渔具，创造了各种捕鱼的方法。

2．京族民俗风情

生产习俗

京族人民长期采取浅海捕捞和杂海渔业的原始谋生方式，主要以拉

繁忙的海滩

网、刺网、塞网、渔箔、鱼笼等传统捕捞工具在近海作业，杂海渔业则以较为原始的竹筏、麻网、鱼钩、鱼叉、蟹耙等工具从事简单的近海渔业生产。

拉大网是京族最有特色的近海渔业方式，也是京族的大型群体性渔业生产方式。大网高 3 米，长 400 多米，小网长也有 330 多米，高 2 米多，整幅网身由 4 ～ 6 张缯网缀连而成，网眼较小较密。作业时需 30 ～ 40 人一起拉。其操作程序大致是：探察海域，观测鱼情，选择作业地点；以竹筏或小艇将渔网徐徐放下，自滩边向海面围成一个半月形的大包围圈；分两组，各执网纲一头，合力向滩岸拉收；两组人一边拉一边徐徐靠拢，直到网尽起鱼。京族在生产中，为了获得更多的海产品，往往由几户或几十户建立集体合作的社会组织，参与这个组织的劳动力就是“网丁”，“网丁”再推选一名经验丰富、能说能干的人当“网头”，负责组织协调拉大网、塞网、分产品、织网等工作，除此之外，“网头”没有其他特权，他分到的海产品和“网丁”是一样的，体现了京族人人平等、团结协作的优良传统。

京族在捕鱼中还有“寄赖”现象，带有浓厚的原始社会“见者有份”的色彩，无论是谁，看见深海捕鱼的渔船满载归来，都可以带上鱼篓到船上“寄赖”三五斤鲜鱼。

生活习俗

岁时节庆习俗。京族人民的重大节日是哈节。此外，他们也与汉族和壮族一起欢度春节、清明节、端午节、中元节、中秋节等。但在节庆中，京族的物品、祭品都离不开鱼类、鱼制品和糯米糖粥。每年农历腊月二十至二十八，“网头”往往率领“网丁”拜神，做“年晚福”仪式，祈求海公海婆保佑来年海上平安，生产丰收顺利。

京族妇女服饰

京族男子服饰

传统服饰。京族妇女着窄袖紧身开襟无领的短上衣，长而宽的黑色或褐色裤子，外出时穿窄袖、白色、类似旗袍的长外衣。袒胸处则遮一块绣有图案的菱形小布称"遮胸"或"掩胸"，年轻人用红色，中年人用浅红或米黄色，老年人用白色或蓝色。少数老年妇女结"砧板髻"，即头发中分，两边留"落水"，结辫于后，用黑布或黑丝带缠着，再盘绕在头顶一圈。男子上衣长及膝盖，窄袒胸，裤子阔而长，腰间束一二条彩色腰带，有的束五六条之多，以腰带的多少显示自己的富裕或能干。

饮食习俗。京族主食以围海造田种植的大米为主，以海沙种植的玉米、红薯、芋头杂粮为辅，喜吃鱼、虾、蟹、贝类等。"鲶汁"（鱼露）"馇丝"和大米糍粑"风吹穑"是京族最有特色的食品。将"馇丝"（干米粉）炒海螺肉、蟹肉或煮成馇丝螺肉汤，是京族重大节日和喜庆活动必不可少的主食。旧时京族妇女还爱嚼槟榔。

对歌踢沙、"对屐"配偶的婚姻习俗。京族人自古有自由恋爱、以对歌物色对象的风俗。对歌后，如果男方钟情于女方，就慢慢靠近女方，并用脚尖将沙撩向姑娘，如女方心中有意，就会将沙踢回对方。通过对歌踢沙或互相对掷树叶，建立感情，再请"兰梅"（媒人）传递爱歌，双方还互赠彩色木屐一只，如果正好是左右足配对，就被认为天生成双，可以缔结婚约（称"对屐"）。然后男方带着礼品，请歌手去女方家对歌认亲。举行婚礼时，女方紧闭大门，在屋前大路和树林里设三道悬灯挂彩的榕门。要想通过三道门，必须对歌，直到女方歌手满意才可通过关卡。晚宴以后，去往男方家拜堂，对歌，通宵达旦。

"定花根""认契爷""报姜"的降生礼俗。婴儿出生后，家里人将婴儿的出生时间写在红纸上，附封包请"格古"（村里长老）或算命先生"占吉"，俗称"定花根"。若占出婴儿带“煞”，其“煞”属人间的某姓人氏或自然物或诸神，就请法师念咒祈祷，要拜其中之一为“契爷”（义父），以“解煞”，谓之“认契爷”，契爷要给婴儿取契名。民间认为，婴儿认了契爷，加了契名，即可以免苦消灾，平安成长。此外，在婴儿降生后，女婿家要以红纸书写“庆诞”喜报，附以槟榔、柏枝、橘子、糖果之类的吉祥物，送到岳父母家，俗称“报姜”，也叫“送庚”。外公外婆在婴儿出生第十二天后，将喜讯通报亲朋好友，携带土鸡、猪肉、粽子、糯米甜酒、婴儿新衣、爆竹等物到婿家祝贺，叫做“送姜”。

信仰习俗

京族人民长期形成的信仰民俗文化是其海洋韵味的典型体现。京族传统民间宗教为道教、佛教、巫教相混杂，以道教为主，有少数人信仰天主教。但京族“道教”与传统道教有异，其演绎为“海神崇拜”。这可以从京族崇拜的“家神”“庙神”和“哈亭神”三种神的地位中看出来。

“哈亭”是京族人家供奉“村社保护神”的场所，哈亭正殿供案上设置诸神神位，但各

东兴江平镇巫头村哈亭

村有所差异。沥尾、巫头的哈亭供奉镇海大王、高山大王、广达大王、安灵大王和光道大王，合称“五灵官”，其中以镇海大王为主神，其余四位是副神。山心哈亭供奉的主神是光道大王，副神是镇海大王以及本境土地。京族人供奉的家神、庙神等民间神有：祖灵、灶君、天官、土地、观音、三婆、伏波将军、田头公、海公、海婆、佛、十殿阎王、羽林大神、金刚大神和至德尊神、杜光辉（清末抗法民族英雄）等。

白龙镇海大王是地位最高的神，是三岛的开辟神和海上保护神。镇海大王在哈亭中的神位平日只是虚设，每逢哈节，人们要到海边举行仪式，遥对大海那边的神庙把他迎接回哈亭中享祭。京族把大海视为“神灵”，在船头设“海公”和“海婆”的神位，每次出海都焚香祷告。每年腊月二十至二十八，同伙作业的“网丁”聚集在一起，由“网头”主持“做年晚福”仪式，祈求海公、海婆保佑来年生产丰收顺利。

居住习俗

京族的传统住房是草庐茅舍，称“栏栅屋”。其墙壁是用木条和竹片编织，有的再糊上一层泥巴，或用竹篾夹茅草、稻草等作墙壁。屋顶盖上茅草、树枝叶或稻草。为防风吹，屋顶还压以砖块、石块。屋内四角以 20 ～ 33 厘米高的木墩（多为苦楝木）或大竹或石头作柱墩，再在柱墩上横直交叉地架以木条和粗竹片，上铺竹席或草垫。“栏栅屋”保留了百越“干阑”式建筑的遗风。

新中国成立后，京族的“栏栅屋”纷纷被“石条瓦房”所代替。这种房子用长方形灰白色石条砌墙，每块石条约 75 厘米长，25 厘米宽，20 厘米高。从地面到檐首之间砌石条 23 块；从檐首向上到封山顶之间砌石条 10 块。在屋顶脊和瓦行之间压着一块连一块的小石条。屋内分左、中、右三个单间，左右两间为寝室。正中一间即“正厅”，正壁上安置神龛，称“祖公棚”。正厅除节日用以祭神外，平时又可兼作客厅和餐厅。石条房有更好的防风抗潮作用，提高了京族人的生活品质。

京族禁忌

受信仰习俗的影响，京族在生产、生活方面有不少禁忌。

生产劳动中：在胶新网和缀织渔网时，忌他人走近观看和讲话，认为此网会因此而捕不到鱼；渔网放在海滩上，忌人从上面跨过；新造的竹筏下水之前，忌讳别人坐在上边；请人装渔箔时，忌煮生鱼或焦饭；忌在渔箔里大小便；坐船忌双脚垂在船外悬吊；忌在船头烧

京族石条房

沥尾哈亭里拜祭的五位大神

香拜神的地方坐人；出海的人，忌出入产妇的房屋。

日常生活中：在船上，忌把饭碗倒覆而放，忌汤匙紧贴碗边拖过，认为这样渔船会有搁浅、翻船的危险。孕妇不能进哈亭、上船、跨网等，孕妇怀孕半年以上，则忌讳在孕妇的房内剪东西。

语言上：渔家做海最怕触礁，煮饭做菜皆忌烧焦，因为“焦”与“礁”同音。出海作业要“游水”说明出现意外事故，是不吉利的，所以做菜用的油不能直说“油”，而要改说“滑水”，寓意“顺当”。

广西沿海各族人民“靠海吃海”，逐渐形成了一套具有鲜明地方特色的饮食习俗。

1. 舌尖上的广西海鲜

虾　虾的食用方法有白灼、焖、煎、炒虾仁等，另外，还有几种独特的做法，如腌虾糟：挑选新鲜小虾，剁碎，拌盐，一起放到瓮里密封。两三个月后即可取出来食用。沿海有“虾糟红米粥，胀得肚笃笃”的说法；蓄虾：搬出泡浸着麻油、大葱的酒缸或醋缸，先将欢蹦乱跳的活虾扔进酒缸，待虾们沉默无声之后，捞出来再投进醋缸里浸十分钟，软、嫩、脆、酸、甜的虾便可进口；醉虾：把一斤米酒倒入锅中，放进配好的杞子、桂圆肉，加盖烧沸后，放进鲜虾，烧沸，虾就可捞出食用。

蟹　蟹的烹调方法主要有焖酸甜、清蒸、煲汤、白煮、姜葱爆等。

鱿鱼　鱿鱼的做法有炒鱿鱼、香煎鱿鱼、白灼鱿鱼、鱿鱼丝等。白灼犹鱼是最有挑战性的食法。到海边或渔船上，取刚从海里捞上来的浑身发青亮光、活力十足的活鱿鱼，不用掏内脏，稍洗干净外表，扔进已配好生姜、蒜头的开水里，煮上十多分钟。捞出鱿鱼后，连墨带须，开牙就咬。鱿鱼墨有清热解毒，去污生肌之功。

沙虫　沙虫肉嫩味鲜，与海参、鱼翅相虞美，有“天然味精”的美誉。清洗沙虫的工序较繁杂，先将新鲜沙虫用清水搓洗干净，然后用竹筷从沙虫一端穿入，慢慢抽出竹筷，使沙虫肉向外翻出，再用清水洗搓干净，直至把细沙和其他杂质除净为止，用干净的纱布将其包裹起来，榨干水分待用。沙虫主要做法有炸、蒸、煮汤、熬粥。早在明代，当地渔民的“沙虫鲜汤”和“沙虫粥”已扬名，后来“精炖三丝”“脆炸沙虫”等也成名菜。炸沙虫、清蒸沙虫、韭黄炒沙虫等也深受人们欢迎。

石斑鱼　可煎、炸、煮、炒，却始终肉质淳厚、鲜味绵长。清蒸能保存石斑的原汁原味。石斑鱼煮汤，呈浓浓的、牛奶般稠样，让人未尝先入神。

海蛇　《淮南子》里说：“越人得髯蛇，以为上肴，中国得而弃之无

白灼大虾

白灼鱿鱼

车螺

用……”广东人喜食蛇，世人皆知。广西的海蛇肥壮，皮滑肉细。海蛇一般用来做汤，一道大众喜爱的粤菜“龙虎凤”，即用海蛇、猫、鸡，配入杞子、党参等名贵中药一起炖。汤甜味美，肉嫩可口，可滋补身体。此外，海蛇泡酒有除湿祛风的独特功效。

龟鱼　即河豚，属于暖水性海洋底栖鱼类，分布于北太平洋西部，我国各大海区都有生长，种类有30余种。河豚内部器官都含有一种能致人死亡的神经性毒素。但据说河豚的肌肉中含毒素较少，带毒的主要是其卵巢、肝脏，其次是肾脏、血液、眼、鳃和皮肤。河豚毒性大小，还与它的生殖周期有关系。晚春初夏怀卵的河豚毒性最大。这正是北海人说的“榄钱花（红树林）开时节”，这个时候北海人一般不吃龟鱼。河豚味道鲜美，北海有句老话:“搏死食龟鱼。”不过，北海人的规矩是“吃龟鱼时不请客”。煮好的河豚一般自家人尝，即使有客人来访，主人也不会请客人品尝，而是告知客人，家里吃龟鱼，不请客。如果客人也喜欢吃龟鱼，自动揭煲举箸，主人也不会拦阻。

螺　广西沿海常见的螺就有鲍鱼、角螺、香螺、花甲螺、吞螺、白鸽螺、插螺、马蹄螺、飞螺、滑螺、红螺、象鼻螺、车螺、扇贝、石头螺……螺肉嫩、鲜，性不热，凉润兼备，大部分螺价格不高，经济实惠，是寻常百姓家餐桌上的常备菜。螺的做法有汤、煮、蒸、炒四种。如车螺介菜汤、清蒸香螺、花甲螺或白鸽螺拌葱炒、清蒸插螺、马蹄螺等各种螺、红螺炒瓜皮、鲍鱼的味道更独特。

牡蛎　牡蛎的烹调方法有煮汤、煎、焖、蒸、炒等。牡蛎冬瓜汤，清润压火。牡蛎煮粥，味甜而清澈，是幼儿较佳的营养食品。牡蛎煎蛋，香脆可口。清蒸牡蛎，甘甜味全。油煎和铁板烧，则香气扑鼻，酥脆爽口。牡蛎火锅，肉滑而爽，肥而不腻。此外，牡蛎熬汤、炒牡蛎、串烧牡蛎等，道不尽牡蛎独特的品质和味道。蚝肉还可鲜生食，制成罐头。煮熟烘干为蚝豉，鲜蚝汤经过提炼浓缩后成“蚝油”。

挖牡蛎的渔家妇女

海鲜粥　几乎所有海鲜都可以熬粥，如沙虫煮粥最上乘；青蟹或花蟹煮的粥，极度鲜美；螺、虾甚至咸鱼煮粥也异常鲜美。

2. 具有广西风味的海产加工品

鱼露　鱼露即“鲶汁”，又名鱼酱油，是由各种小杂鱼和小虾加盐腌制的，利用鱼体内的蛋白酶及各种耐盐细菌发酵，使鱼体蛋白质水解，经过晒炼溶化、过滤，去除鱼腥味，加热灭菌而成。色泽橙黄、味道鲜美。过去，渔船出海捕获的鱼，珍贵的采取鲜晒，大多都以盐腌保鲜。由于盐腌造成鱼虾脱水，渔船返港后捞取鱼货出售，舱底便留下腌鱼的鱼汁，将鱼汁置大锅中，加入陈皮、八角、丁香等煎熬，便成鱼露。鱼露因有鱼鲜成分，风味独特，沿海人大多喜欢食用。一般作食用佐料或炒菜配料。鱼露是京族人民常用的调味料之一，畅销其他省市和越南、泰国、柬埔寨等东南亚诸国。京族鱼露被列入广西非物质文化遗产名录。

蟹酱　蟹酱的主要原料是沙蟹。在沿海沙滩上，生长着一种如手指头般大、色白、身圆如珠而腿脚很小的蟹，名沙蟹。潮水退去，沙蟹出窝，爬满沙滩。人们用扫帚把它们扫成一堆后，装进笭里。因沙蟹壳软、肉少，还带一点辛辣味，人们很少鲜食之，往往把它们拌上盐用石磨磨成酱，储于罂罐保存备用。蟹酱可作食用佐料或配料。

咸蟹　能用来腌制咸蟹的多为扁蟹和拜天蟹。扁蟹多产于围田，身体特别扁平；拜天蟹产于滩涂沙坪，体型细小，只能长到如筷子头大小。退潮后，拜天蟹出窝，常常是后脚着地，而前脚与双钳拼劲般两次腾空落下，状如拜天。扁蟹一般用掂罾或等网、掏窝捕得；拜天蟹繁殖快，蟹窝密布沙坪，人们靠近蟹窝，将食指沿窝边一勾，便捉到一窝蟹。咸蟹的腌制方法是：将蟹洗干净后，加盐适量拌匀，装进瓦罂，密封即成。咸蟹既可熟食，也可生食。熟食，待蟹腌后7天左右取出，下碗碟加入姜丝或蒜茸、熟油，蒸熟。生食则需腌制1个月以上，"熟"了方可取食。海边人多喜生食。

咸虾　又为虾"浸"(枕为谐音)，是指盐腌的虾。虾浸多用爆米虾腌制，此虾产于围田，大小如一粒爆开的米花，故称爆米虾。一般用掂罾、等网、虾箩绱捉等方法捕得。制作咸虾：将虾洗干净，加入适量的盐拌匀，装入罂罐。为防止发虫，装满后在虾上面放几片葫芦茶叶，然后用芭蕉叶（今多用塑料布）将罂罐口封严即可。咸虾熟食与生食皆宜，食法与咸蟹差不多。海边有俗语"三朝鱼浸洗手虾"。意思是，腌鱼要过三朝(三天)后才能食，腌虾，把虾装进瓦罂封好，洗净手后便可食用了。

鱼"浸"（音枕）　即腌制小鱼。一般多选用白凡鱼和乌子婆。白凡鱼身扁、色白、有鳞；乌子婆亦身扁、色带乌青杂以黑色斑点、无鳞。两种鱼一般都选其长到4厘米左右长度时作为腌鱼"浸"的材料。两种鱼多为塞（围）密网所捕得，产量很高。鱼"浸"的制作、食用方法与虾类相似。生食，鱼最好腌一个月左右取出食用，其检验标准一般是鱼体是否变软，腥度大不大，如鱼体尚硬，腥味未除，一般仍不宜生食。若其体变软变柔，闻之香味浓厚，即可食。

沙蟹汁　沙蟹可捣汁。物质贫乏的年代，沙蟹汁是一家人的主要菜肴。如今成为蘸鸡肉的上等调料。

3. 广西沿海居民的其他风味食品

酸糟　钦州童谣："懒姑娘，食了一样想一样。又想酸糟煮螃蟹，又想糯米入猪肠。"酸糟是渔民家庭自制的一种酸食品。制作方法：取一新陶瓷罂洗净、晾干备用。初次制作，到有酸糟的人家取回一碗酸糟作引子（称糟胆），将糟胆倒入罂中，再将新鲜米粥倒入，盖严罂口，让米粥在罂内发酸即成。食时舀出酸糟后，再向罂内加入新粥，让其继续发酵。周而复始。酸糟一般不单独食用，多是用来作煮鱼、虾、蟹的配料，酸味独特。

京族特产——风吹饼

毛禾饭（粥） 毛禾是广西沿海和“基围田”（咸酸田）所种植的主要谷种。毛禾谷是大红谷，磨出的是大红米，大红米作主粮，粥香，营养好；把毛禾米煮成饭，拌酒饼，酿成酒糟蒸酒，米酒也醇香。随着围田（咸田）减少，近年已看不到海边大红米。

虾仔饼 即用面糊与小虾拌和，经油炸后做成饼，面黄虾红，外酥内脆。

瓜皮醋 瓜皮醋是合浦一带居民的常见食品，其做法是用腌制好的老黄瓜皮和五花肉，加上姜、糖、醋炖食，主要是给产妇食用。产妇分娩后，气血两亏，血络污滞，进补和祛污非常重要。瓜皮醋中的生姜可祛寒除湿，而肥肉经长时间的炖煮，已化为脂肪酸，容易消化。瓜皮醋酸甜适宜，酸甘化阴，补血滋润，是暖胃、补血、美容、散淤血的首选滋补食品。

鸡屎藤 鸡屎藤是广西沿海的一种藤蔓植物。其叶子揉碎后，稍有一种类似鸡屎的味道，当地人称之鸡屎藤。据说鸡屎藤粉可以去除体内的寄生虫，辟邪镇惊。每年三月三，合浦、北海当地家家户户都煮鸡屎藤糖水，并在门框上挂上一小扎鸡屎藤以辟邪。鸡屎藤和糯米一起碾碎，晒干后经过筛选，也可用来制作糖糍粑。

京族风吹饼 是广西东兴市京族三岛最有名的风味小吃之一，因其极薄，连风都可以吹走，故名“风吹饼”。风吹饼是用糯米磨成粉浆蒸熟后，撒上芝麻晒干烤制而成。食用的时候放在火上烤，它便逐渐膨酥，食之香脆爽口，风味独特。2011 年 5 月，风吹饼被评为“广西最受欢迎的旅游休闲食品”之一。

京族炒粉 京族粉丝是用大米浸水磨粉蒸熟切丝晒干而成，称粉丝。有人把蒸熟的风吹饼粉膜切成细丝烘干，即成“京族粉丝”。将粉丝拌和螺贝肉、蟹肉、沙虫干或虾仁等煮成“机丝海味汤”，入口甘香鲜美，嫩滑爽口。它与风吹饼、红姑娘胎红薯一起被称为京族的三件宝。

1. 广西海洋传统节庆

京族哈节

“哈”，京语唱歌之意，是以唱歌贯穿始终的祀神、祭祖的祈福禳灾活动。传说越南陈朝时代，有越南歌仙来到京族地区，以传歌授舞为名，动员京族人民反抗陈朝的黑暗统治，受到京族人民的敬仰，后人修建“哈亭”设神位，常唱歌传颂，“唱哈”娱神活动便成为京族一年一度的传统节日。

哈节由京族民间组织“众村”负责组织，通常是由“翁村”（村老）主持，“翁记”（文书）、主祭、陪祭、香公、哈头、“翁宽”、哈妹等也是不可缺少的角色。哈节包括迎神、祭神、唱哈娱神、乡饮（入席、听哈）、送神几个过程，以祭祀神灵、团聚乡民、交际娱乐为主要内容，祈求人

2011年东兴市沥尾京族哈节迎神仪式

北海外沙龙母庙祭神坛

畜兴旺，五谷丰登。各村举办“哈节”的时间各有不同。沥尾为农历六月初十至十五，山心为八月初十至十四，巫头村为八月初一至初五，红坎村在正月十五。2006年5月20日，京族哈节被列为第一批国家级非物质文化遗产名录。近年来，由防城港市政府举办的京族哈节，举行了百人吹螺号、百人独弦琴、百人竹杠舞、百人踩高跷、百张竹排出海、百人拉大网、美术摄影展、旅游推介会、京族民俗文化研讨会及长寿论坛等活动。数万各族群众畅游金滩，中越京族文化专家学者欢聚一堂，共同庆祝京族传统节日。

北海外沙龙母庙会

北海市外沙龙母庙始建于清道光三年（1823年）。外沙龙母庙会是北海当地传统礼俗之一，是一种祭海仪式。分庙诞和龙母诞，庙诞是年头正月十五做平安、十六祈福，十二月十六还福；农历五月十八是龙母诞期。200年来，外沙龙母庙里供奉的龙母，一直被当地疍家渔民尊称为娘娘（海神）。在祈福和还福仪式上，人们扛着龙母神像，抬着烧猪，浩浩荡荡走在大街上，一路扭着秧歌、唱着咸水歌、舞狮舞龙，来到龙母庙前舞狮舞龙、吹奏唢呐、燃放鞭炮，以答谢龙母娘娘等诸神对出海打鱼百姓在过去一年的庇护和保佑，同时祈求新的一年平安、幸福、丰收，表达祈福禳灾的心愿。2010年，北海外沙龙母庙会的祭海仪式被列入广西非物质文化遗产保护名录。

钦州“岭头节”

跳岭头是钦州一带壮族、汉族民间传统节庆习俗，又称“颂鼓”“跳鬼僮”“岭头节”，属于“傩戏”，一般在中秋节前后十余天内举行，个别地方在农历三月或十月间，为钦州市农村仅次于春节的节庆活动，民间有“岭头大过年”的说法。随着时代的发展，它已从最初的宗教酬神祭仪演变为民间娱乐活动，表达了人们祈福（风调雨顺，年景丰收）的愿望。2006年，“跳岭头”被列入广西第一批国家非物质文化遗产名录。

2. 广西沿海民间体育文化

广西沿海民间体育活动主要有赛龙舟、舞龙、舞狮、武术、竹杠舞、跳天灯、捉野鸭、打陀螺、拔河、踢毽子、赶枸扒、砂珠、打水漂、顶竿等。

赛龙舟

赛龙舟是广西沿海民众传统体育特色项目。据南朝梁宗懔《荆楚岁时记》记载：“五月五日竞渡，俗为屈原投汨罗日，伤其死，故并命舟楫以拯之。”每年农历五月初五端午节，钦州、北海、防城港各地都如期在钦江、龙门港、西门江、防城港港口举行龙舟赛。龙舟一般长10多米，上坐水手二三十人，另有一个撑舵，一人击鼓或锣充任指挥，众水手按锣

防城港国际龙舟节

舞龙

鼓节奏一齐呐喊划桨，舟行如飞。疍家端午节的高潮是赛龙舟，俗称“划龙船”。他们深信举行龙舟赛才能免时疫和得海步丰顺，有“龙船鼓响疫鬼退”之说。故无不自发踊跃，成为惯例。防城港市国际龙舟节近年越办越隆重。目前已成功举办五届中越（民间）龙舟邀请赛和两届防城港市国际龙舟节龙舟赛。

舞狮舞龙

舞狮舞龙既是一项民间传统体育活动，又是广西沿海民间过大年庆新春时的大型民间文艺活动。其表演程式与桂南各地大同小异，均伴以大鼓、高边锣、钹、唢呐等打击吹奏乐节奏行舞，有一套较完整的固定程式，一般还伴之武术表演。狮的种类很多，有文狮、武狮、毛狮、独角狮、三角狮、蚊帐狮等。

浦北县的青龙舞比较有特色：一般是用竹篾和纸糊成龙头，用竹篾织成龙体，盖上布套，画上鳞爪图样。舞龙时龙体七至十三节，也有二三十节，甚至更长。龙头和每节龙体各用一根竹支撑，供舞龙者提着舞动，形象完整，富有沿海特色。起舞时，一人挥动“龙珠”，合着粗犷的锣鼓节奏，引“龙”抢“珠”，逗“龙”游舞，盘“龙”翻滚，并有鱼、虾、龟、鳖伴舞，栩栩如生。民间进新居或迎娶新人，也有舞狮舞龙的习惯。

武术

广西沿海人民爱好武术，钦州市每个乡镇都有武术队，练武术的目的在于健身防身。月明之夜，在村头旷野练习，打拳弄棒，吃喝不绝。流行于钦州的武术项目有：包身棍、猴棍、矮马拳棍、莲花棍、双刀莲花盖顶拳、虎猴拳、矮鹤双形拳、八扣拳、四平拳、八卦拳、十字花拳、五马巡城拳、二步推拳、洪拳等。武术表演活动多在节日或进新居和婚配喜庆日子进行，有些配合舞狮表演开展活动。

京族竹杠舞

京族竹杠舞也叫“跳竹杠”，是京族渔民庆丰收的舞蹈活动，也是海上渔业生产方式的转化。流行于防城港市和钦州市等地。

京族人民在海上生产，风里来雨里去，行船颠簸，需要人们不时跳动才能站稳于船、筏之上。“竹杠舞”因此而生。它由枕杠和击杠组成，多用楠竹制作。枕杠两根条平行排放，杠长 3 米，杠径 10 厘米，两杠相距 3 米多。击杠 8 根，杠长 3.4 米左右，杠径 5 厘米。

京族跳竹杠

操竹竿者多为男性 8 人，每 2 人为一组，每边 4 人，等距排列，蹲在地上。将枕杠垫于击杠两端。一击鼓手在附近有节奏击鼓点，每组两人面对面双手持握两根击杠的一端，随着鼓点节拍，以击杠互击、击枕杠而发音，敲两下木杠，合一下竹竿，发出“滴滴答答啪啪”的脆亮音响。舞者在竹竿间跳跃，穿梭雀跃起舞、踏着铿锵明朗的节奏，展示出矫健优美的风姿，但不能让脚碰到竹竿。跳的方式分“单跳”“双跳”“侧身”“腾越”等样式，千变万化。“竹杠舞”能锻炼人的腿功和平衡能力，训练勇敢、机灵、敏捷的能力，已发展为民间体育。京族“竹杠舞”参加了历届全国少数民族传统运动会表演。民间歌手咏唱《跳竹杠》：“天连海绿汪汪，千帆闹海哟竞春忙，致富催心花放，星月伴我撒哟撒渔网……撒完网，运了鱼，就地休息跳哟跳竹杠。”

中国海洋文化

自然人文　海洋旅游
风景名胜　滨海旅游
文化名城　南国明珠
资源整合　产品开发

第五章

踏浪逐沙

——高雅时尚的旅游文化

海洋旅游包括海滨观光、海滨休憩、休闲、度假、疗养、海水浴场、海上体育、娱乐活动、钓鱼、海底探险活动等。海洋旅游的魅力，不但来自大海神奇的自然景观，而且来自海洋文化所孕育的建筑、聚落、文学艺术、科技、民俗、宗教等人文景观。广西沿海地区历史文化底蕴丰厚，但尚未深入开发利用，被誉为“中国唯一未开发的处女地”，拥有风景诱人的自然风光，海洋旅游文化资源潜力巨大。

美丽的金滩

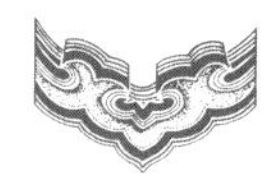

1．海洋自然景观

海岸岩礁沙滩类景观

广西海岸以大风江为界分为两段，以东沿岸多为堆积海岸地貌，以西则多为海蚀海岸地貌。海蚀海岸地貌往往由于岩石被海水蚀成各种奇特造型，并在沿海形成众多的港湾和高质量的滨海沙滩，有较高的观赏和利用价值。如涠洲岛、银滩、怪石滩、天堂滩、大平坡、玉石滩、金滩、三娘湾等。这些地方景观优美，风光怡人，适宜于发展观光旅游、休闲旅游、探险旅游等。

海岛及海湾景观

广西沿海海岛多数是大陆岛，如京族三岛、麻兰岛、龙门群岛等。也有火山岛，如涠洲岛、斜阳岛、防城港的火山岛（蝴蝶岛）等。还有大陆延伸到海上的半岛如江山半岛、企沙半岛、渔沥半岛、大环半岛等。钦州湾、廉州湾、西湾、东湾和珍珠湾的海岸景象与城市景观交相辉映，让人目不暇接。旅游者乘船到海岛或到半岛，可体会到浓郁的海洋情调，观赏海天一色的自然风光、了解岛上民俗风情、体验渔民的捕鱼之趣、享受海洋美食文化……

海滨山岳景观

广西沿海山体海拔不高。北海三面环海，地势北高南低，南部为冲积平原，一马平川，唯有冠头岭雄踞北部湾畔，有“三廉海门”之称。乌雷岭位于钦州三娘湾西南面约 2 千米处，最高峰为 100.8 米，它屹立于北部湾之滨，与钦州尖山、那雾岭相望，历来为北部湾畔兵家重地和人们登高观海的胜地。这些沿海山岳一般具有重要的战略地位，近代为防御西方国家的海上入侵，广西沿海山体上修建有古炮台。

海洋生态景观

在广西海滨地带或一些无人居住的小岛上或保护区，往往有一些珍稀的、独特的生物群落，如北仑河口红树林自然保护区、合浦儒艮国家自然保护区、钦州三娘湾白海豚保护区、山口红树林保护区、钦州港红树林保护区等。

海底景观

广西近岸海湾海水清澈透明，各种海洋生物如鱼群、贝类、藻类、珊瑚，构成色彩斑斓的海底世界，适合开展潜水旅游和建立海底游乐宫、海底观赏区，如北海白虎礁、涠洲岛的海底珊瑚礁等。

入海口景观

有南流江入海口、钦江入海口景观。南流江的干流在合浦县城附近分五支成扇形入海，“合浦”就得名于江河汇合、河流齐集入海之地的意思。南流江入海处，旧称乾体古港（或）三汊港。在廉州镇烟楼村委的水儿村一带可看到“三河入口”的壮观景象。钦江经钦州城东而过分成两支入海，形成一带横江、茅尾海滨海风光等秀美风光。

2. 海洋历史文化景观

海洋历史文化景观是指生活在滨海地区的居民，在各历史时期形成的与人的活动有关的景物。广西海岸带上的历史文化景观比较丰富。

古人类及沿海贝丘文化遗址　有灵山新石器时代遗址、茅岭杯较墩遗址、交东社山遗址、马兰嘴遗址、芭蕉墩、上羊角新石器时代遗址、防城蕃桃坪贝丘遗址（防城区防城镇大王江村）和大敦岛贝丘遗址（防城区江山乡新围村）等。

古墓葬　有合浦古汉墓群、钦州市钦南区久隆古墓群等。

古码头遗址及港口　有合浦石湾镇的大浪古港，钦州乌雷码头、钦州江东博易场遗址、钦州龙门港、防城港市企沙码头、茅岭古渡、防城文钱渡、洲尾古埠头、珍珠港、东兴竹山港等，现代港口有防城港、钦州港、北海港三大港及一批小港口等。

古运河、古商道　有唐代潭蓬运河遗址、钦州杨二涧、十万山古商道等。

古代生产遗址　有钦州唐池城遗址和古龙窑遗址、北海上窑、下窑遗址、白龙珍珠城遗址及七大珠池遗址等。

古城、古村、古民居遗址 有钦江县故城址、三海岩摩崖石刻、钦州故城遗址、越州古城遗址、北海永安古城遗址、北海近代西洋建筑群、钦州刘永福故居群、冯子材故居群、北海老街、灵山大芦村等。

海堤 有北海外沙海堤、防城港西湾海堤、防城港的潭蓬基围和马兰基围、东兴金滩海堤、钦州大新围、钦州康熙岭海堤等。

宗教建筑 有三婆庙及伏波庙、天主教堂、佛教寺庙和道教庵堂等。

海防、海战足迹 沿海现存的烽火台和炮台、军营和屯寨。如广西沿海就有六大明清古炮台遗址即乌雷炮台（钦州市钦南区犀牛脚镇）、牙山炮台（钦州市钦南区大番坡镇）、大观港东炮台（合浦县西场镇官井村）、白龙尾炮台（防城港市江山半岛）和石龟头炮台（防城港市企沙镇炮台村）、冠头岭炮台（北海市地角）等。

历史人物足迹和历史事件发生地 有北海的山口大士阁、东坡亭、东坡井、海角亭、惠爱桥、防城港市境内的大清国 1 ～ 33 号界碑、海上胡志明小道等。

博物馆、主题公园 有北海海洋之窗、北海海底世界、北海南珠宫、冠头岭国家森林公园、钦州茅尾海国家级海洋公园等。

3．滨海城市景观中的海洋文化元素

广西沿海各城市充分利用自身特色塑造城市海洋文化景观。北海市利用海洋资源，开发建设银滩、涠洲岛建筑群、北部湾广场、北海海底世界、海洋之窗等海洋气息浓厚的著

防城港市的边陲明珠

名景观景点。被誉为“亚洲第一钢塑”银滩音乐喷泉“潮”，整座建筑以大海、珍珠、潮水为背景，展示海的风采和潮水的韵律；北部湾广场以南珠魂雕塑群及水池、碑林组成了中心标志性建筑，充分体现北海的南珠文化和地方特色。类似的还有北海外沙疍家棚、北海的南珠宫、合浦还珠广场的美人鱼造型雕塑等。防城港因港而设，其城市景观体现了浓郁的海洋文化，在主干道西湾跨海大桥的中段建成明珠广场，明珠示意“腾龙跃海戏双珠”，代表着防城港“海上明珠”的地位。同时，在市内种植了亚热带滨海特色的椰树等树种，配以相当数量代表着海洋灵动、跳跃精神的雕塑小品。钦州市具有通江达海的特色，依托滨海新城独特的江、河、海、湖、山、岛等自然资源及岭南古城、英雄故里、陶艺之乡、海豚文化等人文底蕴，钦州城市景观具有岭南韵味的海洋特色。

位于北海市海滨公园的不锈钢雕塑——“潮”

钦州市形象标志——中华白海豚

1．中华白海豚之乡——钦州三娘湾

钦州三娘湾，文化源远流长。早在两千年前，这里就是“海上丝绸之路”的必经港口，有过“万船聚散”的辉煌，容纳着浙江、福建、广东、海南和越南等地的商客渔民。这里还留下了“刘冯抗法故事”（乌雷炮台在三娘湾），“三娘石”“三娘树”“海狗石”“鸳鸯石”“八仙滩”“天涯石”“伏波庙”“睡佛”等动人心弦的神话传说，蕴含着丰富的文化。更令人叹为观止的是号称“海上大熊猫”的中华白海豚的栖息地就在此地。

中华白海豚又称印度太平洋驼背豚。清朝初期，广东珠江口一带称它为卢亭，也有渔民称之为白忌和海猪，是世界上78种鲸类品种之一，是中国海洋鲸豚中的国家一级保护动物，同时列入世界自然保护联盟（IUCN）红色名录和濒危野生动物国际贸易公约名录，有海上大熊猫之称。它和淡水的白鳍豚、陆上的大熊猫、华南虎等属同一保护级别。它喜欢栖息在亚热带海区的河口咸淡水交汇水域，在澳大利亚北部、非洲印度洋沿岸、东南亚太平洋沿岸均有分布。中华白海豚在我国主要分布在东南部沿海，据文献记载，最北可达长江口，向南延伸至浙江、福建、台湾、广东和广西沿岸河口水域，有时也会进入江河。目前，中国海域的中华白海豚数量已经不多，根据厦门、香港以及珠江口的研究结果表明，厦门水域的白海豚数量不足100头，而钦州三娘湾水域大约有130头。2004—2010年间，钦州三娘湾水域共新增了10～12条新出生的中华白海豚，而且每年都有新的小海豚出现。

中华白海豚不集成大群，常3～5只在一起，或者单独活动。它性情活泼，在风和日丽的天气，常在水面跳跃嬉戏，有时甚至将全身跃出水面近1米高。游泳的速度很快，有时可达每小时12海里以上。呼吸的时间间隔很不规律，有时为3～5秒，有时为10～20秒，也有长达1～2分钟以上的。中华白海豚与陆生哺乳动物一样肺部发达，用肺呼吸。外呼吸孔呈半月形开放于头额顶端，呼吸时头部与背部露出水面，直接呼吸空气中的氧气，并发出“哧哧”的喷气声。

白海豚对海洋水质环境十分敏感，被环保学家视为衡量海洋生态环

三娘湾中华白海豚

境的活指标，在全国分布的范围非常有限，十分珍稀。三娘湾水域之所以能够成为中华白海豚聚集栖息活动的密集区域，主要原因是：这里属北部湾近海咸淡水交汇处，水质优良，鱼饵丰富，水温和盐度均适宜白海豚生存，保留有未被开发的自然岸线，水域环境幽静。

在三娘湾，中华白海豚十分热情好客，像主人欢迎亲朋好友那样恭候八方游客，人们历来把能看到海豚作为好运气，聪明的海豚不会让来宾失望，幸运的人们往往能看到成群的海豚在海面上欢跃腾飞，流连忘返。三娘湾旅游景区基础设施建设日臻完善，正在以打造国家 5A 级旅游景区的新形象向前发展。

2．中国大陆唯一海洋少数民族京族的主要聚居地——京族三岛

京族三岛指沥尾、巫头、山心三岛，位于防城港市东兴市江平镇，这里是中国大陆海岸线的最西端，东临珍珠港，南濒北部湾，西与越南隔海相望。京岛风景区面积 13.7 平方千米，属亚热带气候，年平均气温在 22℃左右，最高 32℃，最低 10℃，年均日照量超过 2100 小时，冬暖夏凉，海风清爽宜人。区内 15 千米长的金滩集沙细、浪平、坡缓、水暖于一身，无污染，海水清澈，可同时容纳 5 万人进行海浴和沙滩运动。岛上绿树成荫，海边林带达 267 公顷，白鹤栖息数以万计，京族文化气息浓厚，民俗风情纯朴奇特，中越民

情交融。周边有“南国雪原”“万鹤山”“红树林自然保护区”“大清一号界碑”“贝丘遗址”等景点，旅游资源丰富多彩，基础设施配套齐全，已成为广西旅游热点之一。

京族三岛是中国大陆唯一海洋少数民族的主要聚居地。居民以京族为主体，京族是15世纪末从越南涂山迁徙来的。“因为打鱼过春，跟踪鱼群到巫岛，巫岛海上鱼虾多，落脚定居过生活，京族祖先在海边，独居沙岛水四面。”这首飘荡在广西北部湾海域的古老民歌，讲述了一个民族的发展和变迁，演绎着一幕旖旎的南海风情。

京族三岛都是由海水冲击而成的沙岛，几百年前京族祖先初到这里时面对的就是一片美丽但荒无的景象。京族人的勤劳与智慧使其渐渐繁荣起来。到20世纪60—80年代，一条总长10多千米的拦海大堤将小岛和大陆连接起来，使岛屿变成了半岛。人们围海造田，从大陆引来淡水灌溉，发展农业，使沧海变成了桑田。京族三岛人民过上了富足的生活，但京族文化传统却沿袭了几百年没有变化。来到京岛，人们不仅能感受到京族三岛的优美自然风光，而且可以感受到京族人民独特的传统文化：朴素美观的服饰，隆重而盛大的唱哈节，风味独特的鲶汁和风吹饼，曲调悠扬的独弦琴、展示魅力的京族生态博物馆……还可以与京族人民共跳竹杠舞，在金滩拉大网、活捉鸭、摸鸭蛋、踢沙和掷木叶。这是中国唯一的海洋边疆少数民族的传统文化生活。

京族拉大网

夏日里的银滩

3．中国南方第一滩——银滩

在北海市南端10千米处，东起大冠沙，西至冠头岭，有一片绵延24千米，总面积约38平方千米的海滩，这就是号称“天下第一滩”的北海银滩。银滩中最令人仰羡的是沙滩上的沙子，它均为高品位的石英砂，二氧化硅（石英）的含量高达98%以上，为国内外所罕见，被专家称为“世界上难得的优良沙滩”。细腻洁白的沙在阳光的照射下泛出银光，故称银滩。与沙滩相得益彰的是，天然海滨浴场的海水清澈明亮，碧蓝的海水与蔚蓝的天空相连，海天一色，美不胜收。

银滩具有“滩长平、沙白细、水温静、浪柔软、无鲨鱼”的特点，集明媚的阳光、柔软的沙滩、洁净的空气和海水等优点于一体，夏无酷暑，冬无严寒，是避暑防寒、旅游度假、疗养健身的胜地。这一带海岸的太阳辐射能，人均每天每平方米可获得3.7度电的热能，空气含有较多的碘、氯化钠、氯化镁，很适合于日光浴，对贫血病、糖尿病、单纯性甲状腺肿病、精神分裂症等有良好的疗效。每年3—10月均可进行海水浴，以4—10月最为适宜，适宜季节长达7个月。

银滩首期工程于1990年11月动工兴建。1992年，银滩列为国家旅游度假区后，又进行了第二期投资，建成了三个功能齐全的度假单元。海滩公园占地18公顷，园内建有亚洲最大的音乐喷泉和15公顷草坪。1994年，银滩旅游度假区被国家旅游局评定为中国35个王牌景点中“最美的休憩地”，为全国4A级旅游景区。2003年，北海市政府投入大量资金对银滩进行了重新规划与改造，改造后的银滩面貌焕然一新，随处可见青草绿树、鸟语花香。

在银滩西端，是北海的海滨旅游娱乐公园——占地面积 14.67 公顷的银滩乐园。公园中心区域为古罗马圆形广场，有阿芙罗狄大型音乐灯光喷泉和水上舞台，广场周围在欧式风格的圆形立柱之间，爱与美神阿芙罗狄、智慧女神阿西娜、战神马尔斯、太阳神阿波罗等古希腊罗马诸神雕像栩栩如生，使人陶醉在浓郁的异国风情之中。

北海银滩度假区由三个度假单元（银滩公园、海滩公园、恒利海洋运动度假娱乐中心）和陆岸住宅别墅、酒店群组成。北海银滩的海水浴、海上运动、沙滩高尔夫球、排球、足球、沙雕等沙滩运动以及大型音乐喷泉观赏，旅游娱乐夜生活等，构成了北海旅游度假的主要特色，成为北海游客的首选游览观光胜地。

2008 年，《广西北部湾经济区发展规划》颁布实施，对北海市的功能定位是“发挥亚热带滨海旅游资源优势，开发滨海旅游和跨国旅游业”，北海银滩在北海旅游开发中的作用更加突出，是打造广西“北有桂林山水，南有北海银滩”旅游特色的重要环节。

4．中国最大的火山岛——涠洲岛

涠洲岛是我国最大、最年轻的火山岛，它位于北海市正南方，距市区直线距离 21 海里，航程 36 海里。涠洲岛是由火山喷发而形成的火山岛，岛呈椭圆形，南端为火山口形成

中国的美丽海岛——涠洲岛

中国的美丽海岛——涠洲岛

的弧形港湾。岛屿南北长约6千米，东西最宽5千米，岸线长24.6千米，陆域面积24.98平方千米，潮间带面积3.47平方千米，是北部湾海域最大岛屿。

涠洲，古称大蓬莱，意为海上秘境，亦称"涠洲墩"。历史上，涠洲在汉时属合浦郡，唐至宋元属雷州椹川巡检司，元朝建成涠洲巡检司，属遂溪县。明仍属雷州府，后又处于雷廉两府的军事行政双重管辖下。清初，涠洲居民被迫三次内迁，驻岛行政机构撤销，只有少数"寮民"留居。咸丰末年（1860年）内地有400人因避战乱来岛定居。同治六年（1867年），官府重开岛禁，把雷州、廉州的船民、客户移至岛上。法国天主教的势力随同岛民来到该岛，在盛堂村及城仔设教堂。光绪二十年（1894年）后，涠洲正式划归合浦县管辖。抗日战争时期，涠洲沦入日寇统治之下，成为日寇侵华的华南海、空军基地，1945年光复。

涠洲土地肥沃，海产资源丰富，是人们向往的人间蓬莱。同治年间，岛禁一开就有七八千人上岛定居。但因水源缺乏，人民生活困苦，至新中国成立前，岛上居民仍不多。新中国成立后，经过大力开发，涠洲的面貌焕然一新。现涠洲岛常住人口有1.46万人，以农业和渔业为生，岛上自然环境受现代工业影响较小，气候宜人、植被茂盛、景色秀丽、民风淳朴。尤以奇特的海蚀地貌、火山熔岩景观、绚丽多姿的活珊瑚著称，各类候鸟、留鸟在岛上栖息，鸟语花香。天主教堂、火山口公园、三婆庙作为历史的见证向人们诉说着涠洲的自然和历史。

2002年，广西国土资源厅将涠洲岛确定为自治区地质公园；2004年，国家地质部批准建立涠洲火山岛国家地质公园。2005年10月，在《中国国家地理》杂志组织的评选活动中，涠洲岛被评为“中国最美的十大海岛”之一并名列第二位。2010年1月，涠洲岛火山地质公园鳄鱼山景区荣膺国家4A级旅游区，成为北海市第四个4A级旅游区。目前，北海市政府着力把涠洲岛打造成为国内一流、国际知名的休闲度假海岛。

5. 中国沿海最大的汉墓群——合浦汉墓遗址

广西合浦汉墓群是汉代合浦郡治所及合浦港的重要文化遗存，它见证了作为“南珠之乡”的合浦县早在西汉就已成为岭南地区的重要政治、经济和文化中心的历史。汉墓群分布在合浦县城东北至东南郊外的丘陵地带，在廉北、堂排、冲口、廉东、廉南、平田、禁山、杨家山、中站直到今北海孙东等村庄，南北绵延13千米，东西跨越6千米，约有汉代墓葬封土堆近1056座，大者底径逾60米、高7米，一般也有5米以上的底径。在各封土堆之间则遗存着数目庞大的地下墓葬群。

1957年以来，考古工作者对上千座汉墓进行了考古发掘。已被清理的墓葬大体上分为西汉晚期土坑木椁墓和东汉结券砖室墓，以东汉时期的砖室墓占多数。此外，在西汉末与东汉初，出现了少量的过渡性砖木合构墓。合浦汉墓的葬俗基本上与中原地区趋于相近，配置有成套的陶器以及青铜器、铁器；有的墓随葬漆器、玉器和金银、玻璃、水晶、玛瑙、琥珀等贵重器物。其中，出土的大量仓、囷、畜圈禽舍和家禽家畜等陶器模型，体现了人们对五谷丰登、六畜兴旺的追求；而独具岭南特色的青铜器，则反映了当地具有较高的工艺制作技术。在一些出土器物内，装有稻谷、酒、禽骨以及贝壳、龙眼、荔枝、杨梅、橄榄等当地物产。

迄今为止，1971年出土的望牛岭西汉晚期木椁墓是已经清理的最大的汉墓，原有封土堆底径40米、高5米，墓室全长25.8米，通宽14米，深8.8米，由墓道、甬道、主室、南北耳室组成。内置朱漆棺具，出土器物共245件，有铜凤灯、三足盘、博山炉、药臼、车马器、铺首环以及铜仓、魁、镇、鼎、壶、钫、鉴、洗、樽等青铜器以及铁剑金饼、玛瑙水晶、漆盒陶俑诸多一大批各类用品，体现了汉代“厚资多藏，器用如生人”的葬风。历年来，合浦出土不少保存完好、规模较大、陪葬品丰富的汉墓。如1970年北插江盐堆西汉晚期木椁墓，1990年黄泥岗

合浦汉文化博物馆馆藏汉墓出土文物

合浦汉文化博物馆馆藏部分汉墓出土文物

新莽砖木合构墓等。

合浦汉墓群规模宏大，保存完整，文化内涵博大精深。出土文物已逾万件，其中不乏具有很高历史、科学、艺术价值的精品，是印证汉代合浦郡治和港口历史的重要实物资料。其中最具代表性的是铜凤灯，它的背面置灯盘、嘴衔灯罩，转动颈部可调灯光，灯罩与颈腹相通，可容纳烟灰；凤尾与双足平衡器身，通体细刻羽毛；其设计制作是科学与艺术的完美结合。在青铜出土物中，有一件昂首扬蹄的大型铜马极为引人注目，与它同时出土的一对铜牛的造型栩栩如生，还有龙首柄铜魁、人形三足承盘、活链龙首提梁壶、孔雀钮三熊足铜樽、錾刻守门武士干栏式铜仓、武士手臂执刀铜铺首、错金铜剑、多格铜盒等，也是精湛绝伦之物。此外，在一件青铜提梁壶中，至今仍保存着千年的琼浆美酒。同样，发掘出土的玉带钩、玉剑璏、玉璧、玉佩、玉琀、玉豕，虽经千年埋没仍润泽华美。而黄金铸制的带钩与花球、手链与珠坠则重放光辉。在比较大型的汉墓随葬物中，常常出土有大量晶亮闪烁，色彩缤纷的水晶、玛瑙、琥珀松石以及琉（玻）璃饰物，这些都是汉代合浦郡海外贸易兴旺发达的实证。

合浦汉文化博物馆馆藏汉墓出土文物

其中，以蓝色的玻璃杯、玻璃碟尤为引人注目：纯净剔透的无色或蓝、紫、黄、绿各色水晶，令人难忘，有一串紫水晶串珠竟多达163粒，颗粒直径平均为2厘米。合浦汉墓中还出土了不少琥珀圆雕狮子。有一件色彩斑斓的波斯陶壶，映入眼帘的是从波斯湾到北部湾的大海的颜色。

合浦汉墓群范围于1981年被列为广西壮族自治区文物保护单位，1996年被列为第四批全国重点文物保护单位。

始建于1988年的合浦汉文化博物馆，是在四方岭汉墓发掘的遗址上建起来的，占地面积约80 000平方米，是迄今为止我国规模最大的汉墓博物馆。博物馆分汉墓出土文物陈列和地下墓室建筑实物展示两部分。地下墓室建筑实物展，展示的主要是原址保护和迁移复原的东汉砖室墓，为旅游者探寻汉代合浦的历史打开一道大门。

6. 江山半岛旅游度假区

江山半岛旅游度假区位于中国海岸线最南端的北部湾畔、防城港与珍珠港之间。美丽

美丽的江山半岛

的江山半岛是一个呈桃叶状的半岛，面积208平方千米，是广西最大的半岛。半岛三面临海，一面连接陆地，海岸线长达76千米，沿海多滩涂和港口，主要旅游景区包括月亮湾、皇帝岭、瀑布、运河、大坪坡——白浪滩、怪石滩、白龙古炮台、灯架岭和白龙珍珠港、红树林、亚婆山新石器时期贝丘遗址等。

由3个小海湾组成的月亮湾，沿岸沙滩长约2千米，滩后配缀着郁郁葱葱的防护林带，已开发成海滨公园。在月亮湾西南侧6千米处，有太平坡白浪滩，宽2.8千米，长5.5千米，十里长滩，坦荡如砥，气势恢宏，坡度极小，最高潮和最低潮的潮带差长达几百米。在大平坡西南方3千米处有柔静如处子的白龙湾，沙滩长约1千米，是整个江山半岛沙质最好的海湾，沙滩西侧有灯架岭，是观海胜地。江山半岛西侧海湾名“珍珠湾”，面积70多平方千米，这一带海水咸淡适宜，自古以来就是南珠主要产地之一，号称“珍珠之乡”，所产珍珠属南珠。珍珠港西侧新基村一带，生长着中国大陆沿岸最大的红树林之一，面积约1000公顷，树高2米左右，叶色墨绿，退潮时，枝叶全露，像一片巨大的绿毯铺在海滩上，涨潮时，全被淹没，形成奇特的“海底森林”景观。此外，鬼斧神工的怪石滩，位于江山半岛灯架岭前，系海水常年冲刷岩石而成的海蚀地貌，石头呈褐红色，故又名海上赤壁。怪石滩崖高岩矗，由岩石构成的各种怪状栩栩如生，其中最逼真的要数“笔架石”“金龟望海”“袋鼠观海”“鳄鱼跳水”“雄狮守海疆”“蘑菇石”等，无不惟妙惟肖，引人入胜。涨潮时，更可观赏到“乱石穿空，惊涛拍岸，卷起千堆雪”的壮观场面。

7. 茅尾海国家级海洋公园

钦州茅尾海是个富饶美丽的半封闭内海，同时也是钦州四大海产品大蚝、对虾、青蟹、石斑鱼的主要产区，具有“海阔、浪静、泾幽”的特点。钦州茅尾海国家级海洋公园拥有处于原生状态的红树林和盐沼等典型海洋生态系统，也是近江牡蛎的全球种质资源保留地和我国最重要的养殖区与采苗区。

2011年5月20日，国家海洋局公布了我国首批国家级海洋公园，总共有新建5处国家级海洋特别保护区和7处国家级海洋公园名单。其中，钦州茅尾海国家级海洋公园位列其中，这也是广西唯一的一个国家级海洋公园。钦州茅尾海国家级海洋公园划分为重点保护区、生态与资源恢复区和适度利用区3个功能分区：重点保护区严格保护红树林、盐沼生态系统及其海洋环境，控制陆源污染和人为干扰，维持典型海洋生态系统的生物多样性；

茅尾海国家级海洋公园的一部分——钦州七十二泾

生态与资源恢复区修复和恢复物种多样性与天然景观，保护近江牡蛎天然母贝生态环境；适度利用功能区开展海上观光旅游、休闲渔业、海上运动和渔业资源养殖增殖等，促进生态环境与经济的和谐发展。钦州茅尾海国家级海洋公园的建设，将有效改善茅尾海的生态环境和景观环境，促进广西北部湾沿岸开放开发与海洋生态保护的和谐发展。

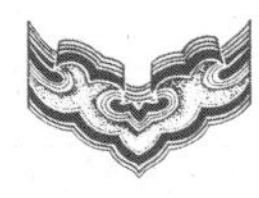

1. 汉代海上丝绸之路的起点——合浦

汉代，中国王朝以开放的姿态与世界各国友好往来，商贸交往空前发达。在公元2世纪左右，中国开辟了沟通东西方文明的“丝绸之路”。在西北有通往西域的陆上丝绸之路，而在南方则有由合浦郡的徐闻、合浦港走向海外的“海上丝绸之路”。

据《汉书·地理志》记载：“自日南障塞、徐闻、合浦船行可五月，有都元国（今印度尼西亚内）；又船行可四月，有邑卢没国（今缅甸境内）；又船行可二十余日，有谌离国（今缅甸境内）；步行十余日，有夫甘都卢国（今缅甸境内）。自夫甘都卢国船行可二月余，有黄支国（今印度境内），民俗略与珠崖相类。其州广大，户口多，多异物，自汉武帝以来皆献见。有译长，属黄门，与应募者俱入海市明珠、璧琉璃、奇石异物，赍黄金杂缯以往……自黄支船行可八月，到皮宗（今新加坡内），船行可二月，到日南、象林（今越南境内）界云。黄支之南，有已不程国（今斯里兰卡），汉之译使自此还矣。”这是史书上有关中国与东南亚、南亚各国海上交通

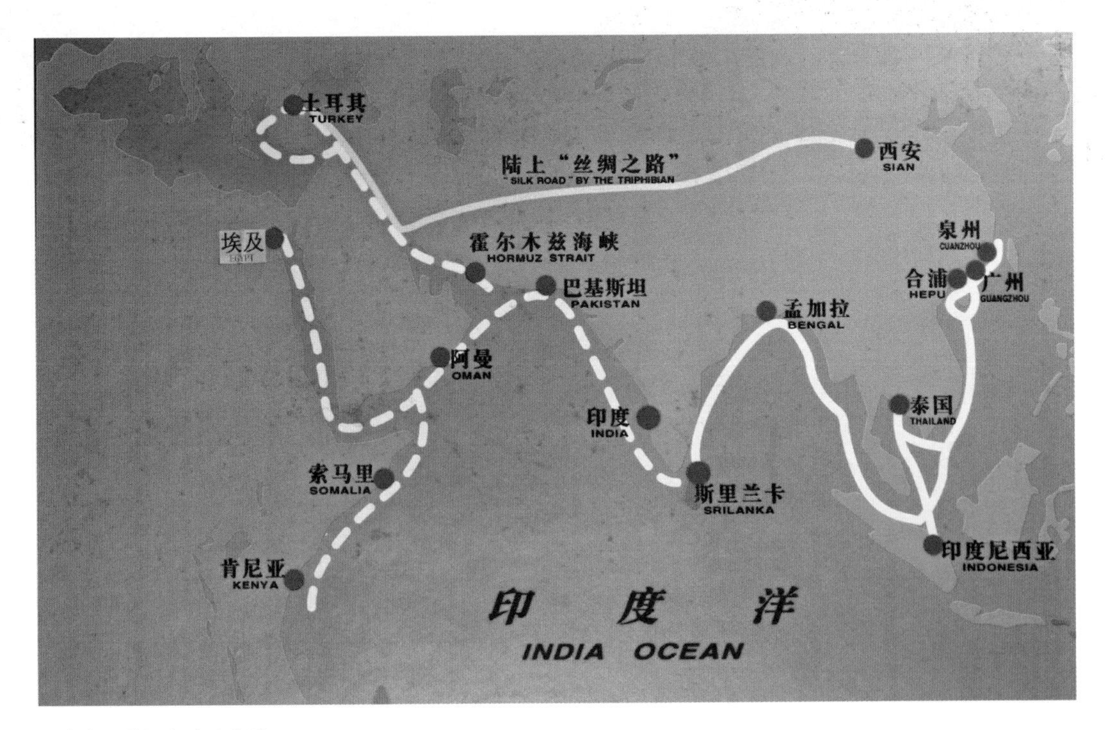

汉代海上丝绸之路示意图

及贸易的最早的系统记载。在这条航线上，我国主要输出丝绸（杂缯）等物品，“以物易物”换来玛瑙、碧琉璃、奇石异物等，因此称为“海上丝绸之路”。一般认为，这项由汉政府组织的远洋贸易，主要由朝廷委派皇宫内机构“黄门”负责，下属有通晓外国语言的“译长”，招募船工即“应募者”，其中应有熟习水性舟楫的当地土著骆越之民。船队经由合浦郡的两大港口，在冬天乘东北季风南下往西远航，待“数年来还”时，则乘夏季西南风归航回港。

合浦古港，汉盛一时，今日安在，如隐迷雾。古代远洋港口，需具备水深、避风、便于船舶停靠及货运交通的自然条件。对于汉代合浦港的位置，历来有多种推断。最早在明朝嘉靖年间就有廉州知府张岳搜寻古安南海道，从今北海市区冠头岭下发舟起航，后人沿袭这一看法，认为南沥（万）是合浦古港所在；另有人认为古合浦港在南流江出海口之一，明清时期的乾体港，即“三汊港”内河段，俗称“西洋江”；还有人认为古合浦港在南流江出海口附近的廉州至党江一带；也有学者多方考证认为古合浦港在今廉州镇附近南流江的主要支流西门江（州江、廉江）一带。由于古代合浦港所处的海岸线现在已有很大的改变，目前乾体以西、沙岗以东、北至上洋一带的地域都是南流江入海口数千年形成的冲积平原。在古代，海岸线当在距廉州镇附近不远，沧海桑田，合浦古港估计已湮没在历史的沉沙积土之下。西门江在清朝初年尚水深江阔，航运由此上可通达广西腹地几大重要水系，货运交通十分繁忙。今天，廉州镇周围密集分布着范围广大、墓主身份复杂（包括郡守、县令、庶士等多个层次）的汉代墓葬，同时在廉州镇内西门江岸遗存有烧制汉代建筑用瓦的大型窑场，这些确凿证据都说明合浦确为汉代郡治的所在地。因此，古代远洋出海的大港应该选在郡治附近更适合官方管理和进行货物集散的地方。当年，合浦港货运中原、上溯南流江走内陆江河水系，估计主要经过沟通岭南与中原的漓江水道、过灵渠到湘江水道转至。由于番禺（今广州）在西汉时就是南方的大都会，岭南珍宝汇聚，各地商贾云集。因此，往来于合浦港的商船沿着海岸线航行很快便可以抵达珠江口，然后经珠江水系也可到达中原各地。寻找合浦古港，最终还要寄希望于未来采用先进的考古手段进行勘查发掘。

2．抗法虎将故乡——钦州

在广西沿海的钦州市，有两位抗法虎将——刘永福和冯子材，他们在援越抗法作战中结下深深的情谊。当他们“骑马荣归故乡”后，在钦州“往来晤谈，甚为相得”。后来，他们又结成儿女亲家（刘永福的二女嫁与冯子材的十一少）。刘永福故居“三宣堂”和冯子材故居“宫保第”分别坐落于钦州的城南和城北，遥遥相望，相互呼应，“你守南，我守北”（冯子材语），“一山藏二虎，英雄敬英雄”。

自1840年始，面对西方列强的入侵，清朝统治者仍然闭关自守，故步自封。“近百年来多痛史，论人应不失刘冯。”（田汉诗），1883—1885年的中法战争是近代中国人民反侵略斗争史上唯一没有以割地赔款而结束的战争，刘永福和冯子材在这场反侵略斗争中立下赫赫战功，被誉为中国近代民族英雄。

“三宣堂”位于钦州市板桂街10号，是一处具有军事营垒特点的古建筑群。旧居建于1891年，占地面积22 700平方米，建筑面积5600平方米，砖木结构，院落式布局，用料考究，造型端庄而朴实，规模宏大，布局独特、雄伟，囊括了刘永福这位民族英雄金戈铁马壮丽而传奇的一生。三宣堂既有晚清风格，又独具民族特色，因此它不仅是爱国主义教育基地，还具有很高的艺术价值。为了更好地开发刘永福故居的旅游资源，钦州市已依据刘永福故居的历史人文风格修建了永福广场和改造了附近建筑的风格。永福广场是一个占地面积约1.8万平方米的极具历史人文特色的休闲广场。广场内建设有优美复古的拱桥两座，荷花池1200平方米，雕有各式花纹的六角厅2座，刘永福雕像1座。刘永福故居附近的永福小学原名为钦州市第一小学，其建筑风格优美而复古，与刘永福故居相辉映。

冯子材故居位于钦州市白水塘宫保街，整个故居占地面积约22 500平方米，建筑面积2020平方米。该故居曾作为冯子材奉命督办高、廉、雷、琼四府团练的兵部，又是冯子材重组率军开赴抗法前线，取得镇南关（今友谊关）——谅山大捷的发祥地。

由于刘永福、冯子材在近代民族危机中的丰功伟绩，钦州被誉为中国近代史上抗法英

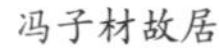

冯子材故居

刘永福故居

雄的故乡。1996 年，刘、冯故居被国家教委等六部委局列为“全国百个中小学爱国主义教育基地”。2001 年以后，国家及地方先后拨巨资对刘、冯故居进行全面修复，建成和完善了刘永福广场、刘永福铜像、龟王城、宫保街道桥等一批旅游配套设施，凸显了以“刘冯”英雄事迹为本体、爱国主义为核心的精神文化，清代的建筑文化，相关诗词对联、工艺美术等岭南文化，石碑、铜鼓、独木舟、大刀等文博文化。为宣扬“刘冯精神”，2008 年以来，“刘冯故居”被开发成为“全国中小学爱国主义教育基地”“4A 级国家旅游风景区”，每年接待数十万旅客。刘永福和冯子材是钦州的骄傲，是中国的骄傲。

3．南国门户——东兴

东兴市位于我国大陆海岸线最西南端，东南濒临北部湾，西面与越南接壤，是广西乃至中国通往越南以及东南亚最便捷的通道，也是中国与东盟唯一海陆相连的口岸城市。东兴市区与越南芒街市相隔一条数十米宽的北仑河，市内的竹山港、潭吉港、京岛港可与中国和越南各大港口通航。东兴是国家一类口岸，是国家沿海开放城市，号称南国门户。随着中国—东盟自由贸易区的建立，东兴成为中越边境贸易旅游最“热”的城市。

清朝光绪年间，东兴与越南的边民就开始互市贸易。在 20 世纪 30—40 年代，东兴成为我国与东南亚及美国、英国、法国等国的重要通商口岸，因商贾云集，市场繁荣，曾有“小香港”之称。1958 年，国务院批准东兴口岸对外开放，其对应口岸是越南芒街口岸。在越南抗美救国战争期间，东兴口岸是我国援越物资的主要输出通道。1978 年底，因中越两

刘永福广场

国关系恶化，东兴口岸一度关闭。1994 年 4 月 17 日，经国务院批准，东兴口岸再次恢复对外开放。为了尽快恢复口岸开通，政府投入了大量资金对口岸进行了重建，完成了口岸查验大厅、口岸综合楼、口岸查验辅助用房和连接口岸道路等基础设施的建设。口岸由初建的不足 400 平方米扩大到现在的 1400 多平方米，查验通道由 6 条增加到 16 条，通关能力由 5000 人次／天增至 20 000 人次／天，大大缓解了口岸的通关压力。据统计，每年经东兴口岸出入境经商、旅游人数达 1200 万人次以上，东兴口岸出入境人数仅次于深圳罗湖口岸和珠海拱北口岸，成为我国陆地出入境人数第三大口岸。“十一五”期间，东兴市外贸进出口总额年均增长 25.43%；边贸成交额年均增长 31.57%，2010 年突破 100 亿元人民币。2010 年 9 月 14 日，中越双方在越南下龙市举行的中越东兴—芒街跨境经济合作区研讨会中，就共同推进东兴—芒街跨境经济合作区建设进行深入探讨，达成共识，共同签署《共同推进建立中国广西东兴—越南广宁省芒街跨境经济合作区协议》。作为跨境经济合作区的重要组成部分，东兴互市贸易区建设自然成为万众瞩目的焦点，总用地 51 公顷的互市贸易区一期工程及二期一阶段项目已经建成并投入使用。2011 年，东兴市在互市贸易区项目的基础上向北面扩大 100 公顷土地，投资建设“北仑河国际商贸中心”项目。

东兴国门

2009 年 9 月 30 日，《国务院办公厅关于应对国际金融危机保持西部地区经济平稳较快发展的意见》提出，要积极推动广西东兴、云南瑞丽、新疆喀什、内蒙古满洲里进一步扩大开放，加强与周边国家和地区的资源能源开发利用合作，建成沿边开放的桥头堡。2010 年 6 月 29 日，中共中央、国务院出台了《关于深入实施西部大开发战略的若干意见》，明确提出“积极建设广西东兴、云南瑞丽、内蒙古满洲里等重点开发开放试验区”。东兴从“沿边开放的桥头堡”发展为国家的“重点开发开放试验区”。

4．历史文化名城——北海

北海，素有“南珠故郡，海角名区”之美誉。远在西汉元鼎六年（公元前 111 年），境内就开始设置合浦郡。合浦郡历来为桂南、粤西的政治经济文化中心，汉代“海上丝绸之路”发轫于合浦港，闻名中外的“南珠”原产地也是在合浦。

100 多年前，北海是中外经贸文化交往密切的重要口岸。1876 年，中英《烟台条约》签订，北海被辟为通商口岸，先后有英国、德国、奥匈帝国、法国、意大利、葡萄牙、美国、比利时等八国在北海设立领事馆、教堂、医院、洋行、女修院、学校等一系列机构。北海的商业贸易及城市规模逐渐扩大，发展成为北部湾畔的繁华之地。至今，北海市珠海

东兴—芒街北仑河一瞥

路、中山路仍保存完好，具有西方和中国岭南风格的近代骑楼建筑群。

1984 年 4 月，北海市被国务院定为全国 14 个进一步对外开放的沿海港口城市之一，成为开放前沿的现代滨海城市。今天，北海已成为我国西部地区唯一同时具备空港、海港、高速公路和铁路的对外开放的港口城市，更是中国西南地区走向国际市场的门户和沟通中国与东盟各国的桥头堡。

2000 多年历史文化孕育出现代的文明和繁荣，北海文化积淀深厚，汉代文化、海洋文化、南珠文化、客家文化、疍家民俗文化、西洋文化，融汇一炉，形成了北海具有地方特色，开放、多元的文化特征。北海拥有十大历史文化资源：一条路（海上丝路），一颗珠（合浦南珠），一个池（古珠池）、一条街（北海老街），一个馆（合浦汉文化博物馆），一群窑（合浦草鞋村遗址），一条河（南流江母亲河），一个岛（涠洲岛），一座城（廉州古城），一座岭（冠头岭），这是北海申报历史文化名城的底蕴。由于其历史悠久，文化底蕴深厚，历史遗存丰富，近代城市建设特色突出，2010 年 11 月 9 日国务院同意将广西北海市列为“国家历史文化名城”。

走进北海，享受着怡人的海滨风光。这里有“中国最大的城市氧吧”之称；拥有银滩、红树林、涠洲岛等国家级旅游资源；走进北海，随处能感受到开放熔铸的历史文明。汉墓群、老街、西洋建筑群、人文遗址，展示着北海发展进程中对中原文化和海外文明的兼收并蓄，接纳融汇；走进北海，可以随处感受到中原文化、客家文化、西洋文化交融和演变所形成的独特人文现象。

北海老街

1．广西北部湾地区是我国发展海洋旅游的重点地区

随着《广西北部湾经济区发展规划》的实施，广西北部湾将成为中国经济增长的第四极。随着人们生活水平的提高和受教育程度的提升，旅游需求会逐渐向文化旅游转变。广西沿海海洋文化资源的开发有广阔的市场。

2009年9月，国家旅游局牵头编制了《北部湾旅游发展规划》，描绘了北部湾旅游发展的美丽蓝图——“东方海湾，度假天堂”。根据规划，北部湾将被打造成以滨海度假、跨国旅游、海洋旅游、国际商会会展、边境风情体验为主体，融合游览观光、主题娱乐、时尚运动、康体养生、文化体验、生态旅游、修学科考、休闲地产等功能于一体的复合型、全年全天候国际旅游目的地。到2012年，北部湾中国区将建成国内著名的跨国滨海度假旅游目的地；到2015年，北部湾中国区将建成亚洲一流的旅游目的地；到2025年，北部湾中国区将打造成世界级的旅游目的地。同年颁布的《广西海洋产业规划》，提出广西滨海旅游业发展的重点是：建立环北部湾滨海跨国旅游区。重点发展具有滨海特色的旅游业，突出海洋生态、海洋文化与北部湾的热带气候、沙滩海岛、边关风貌、京族风情的特色。优化旅游产品结构，强化沿海旅游城市在集聚滨海旅游产业和延伸旅游产业链中的作用，打造精品海洋旅游品牌，创办有浓郁地方特色的海洋文化旅游节庆，筹划建设滨海影视基地、专题海洋博物馆，建设游艇基地、游艇俱乐部等。

2．广西海洋旅游文化产品的开发

广西海洋旅游产品的开发可考虑从以下几个方面着手。

从品牌上看：要打造北海银滩品牌、钦州三娘湾品牌、东兴京族民俗品牌、沿海海岛休闲文化品牌、海洋饮食文化品牌、海洋节庆文化品牌等精品项目，增加文化内涵，丰富和拓展旅游项目的内容和乐趣。

从特色上看：要突出海上观光游、海岛生态观光游、海滨度假旅游、海洋渔猎专项游、海上体育专项游。还有海上胡志明小道、近代海战遗迹旅游、海洋民俗文化旅游、中国—东盟无障碍旅游、精品型海洋文化产品（海洋文化论坛等）等。

从产品开发上看：要重视开发节庆商品，以现有“中国钦州三娘湾观潮节”“中国钦州国际海豚节”“中越边境旅游节”“疍家文化艺术节”“北海银滩沙雕艺术节”“防城港国际龙舟节”等品牌为主体，创建并推出有广西海洋文化特征的节庆活动，如“北海老街艺术节”“钦州坭兴陶艺术节”“钦州刘冯文化节”“京族民俗文化节”“金滩风筝节”等。近期力争实现十万大山、冠头岭国际会议中心、涠洲岛火山地质公园、茅尾海旅游接待基地、滨海新城商务休闲游憩区、西湾旅游区、江山半岛滨海休闲度假区、京岛滨海旅游休闲度假区等一批重大旅游基础设施项目建成，形成海口—湛江—北海—钦州—防城港—越南下龙湾—海防—河内、南宁—崇左—防城港—北海—海口—昌江—乐东—三亚等精品旅游线路。

从旅游商品设计上看：要设计一些以广西沿海自然风光、名胜古迹、历史人物和历史故事为题材，具有代表意义和文化内涵的旅游商品，如坭兴陶、贝雕艺术品、珍珠相关商品以及景点的微缩模型等。

从海洋科技知识的宣传和普及上看：要建造海底世界、海洋科技主题公园，举办与海洋有关的博览会、展览会、海洋科技会议、海洋科普展等。特别是尽快弥补广西沿海目前还没有一家海洋科技博物馆的空白。

要做好旅游产品的开发，还必须做好区域协作，开发海外市场。构建环北部湾旅游圈，把北海银滩、沥尾金滩、下龙湾、三亚等著名滨海旅游品牌进一步打响，构建环北部湾旅游圈，突出民族文化的特色，彰显海滨自然风光的精华。

要做好旅游产品的开发，更重要的是要树立“大旅游”的营销观念，加强广西沿海三市之间的联合，发挥区域资源的优势，努力创造文化旅游市场营销大环境。利用各种大众传播手段、旅游交易会、旅游大篷车等，尤其是互联网进行网络促销，充分展示广西海洋文化旅游的魅力，提升广西海洋文化旅游的知名度和影响力。

3．广西滨海体育事业的发展

滨海休闲体育运动是新兴的、集休闲旅游与体育运动于一体的运动方式，广西滨海有良好的阳光沙滩、有冬暖夏凉的气候条件，适宜大力发展滨海体育事业。

钦州三娘湾大潮

国家级体育综合训练基地项目落户北海

近年来，北海市已接待前来进行冬季集训的俄罗斯、韩国、中国国家队及各省、市、各梯队的运动队 60 ~ 70 支，涉及的项目有田径、足球、篮球、沙滩足球、沙滩排球、藤球、曲棍球、皮划艇，平均每年达 5000 ~ 6000 人次。2010 年，由山东省体育局投资建设的北海国家级综合训练基地项目启动，该项目占地面积 50 公顷，总投资 6 亿元，由主训练基地、皮划艇、飞碟训练基地和帆船、帆板训练基地几大部分组成。

国际水上运动中心项目落户防城港

近年来，计划投资 15 亿元人民币的西湾国际水上运动中心项目落户防城港市。该项目由深圳市国远船务工程有限公司出资建设，拟建在防城港市石屋门岛和龙孔墩岛上，规划建设游艇俱乐部、水上运动中心、水上体育训练、竞技运动中心、帆船活动比赛中心、五星级酒店、国际商务会议中心、骑马场、海洋水族馆等旅游娱乐商务设施。同时总投资 10 亿元人民币的中国东盟传统医药文化养生城项目也签约防城港市。

钦州三娘湾沙滩赛事

随着钦州三娘湾晋升为国家 4A 级景区以来，一年一度的钦州三娘湾国际海豚旅游文化节、钦州三娘湾国际观潮旅游文化节等节日和旅游黄金周期间，钦州三娘湾举办了沙滩休闲体育赛事。如“欢乐蹦蹦蹦”沙滩挑战赛、沙滩排球赛、青少年沙滩自行车障碍赛等集趣味性、休闲娱乐性和有氧运动为一体的体育活动逐渐兴起，给旅游景区增添了一道亮丽的风景。

海防前沿　沿海军事
马援南征　伏波文化
刘冯御侮　国魂展示
辛亥革命　风起钦廉防
抗日战争　烽火北部湾
国门防线　边海前哨

第六章

要塞惊涛
——光辉灿烂的军事文化

浩瀚的北部湾海域，历来并不平静。历史上，这里发生过无数的激战与军事事件，古有伏波将军南征，近有“刘义打番鬼、越打越好睇”，一部北部湾的历史也是一部充满硝烟的斗争史。作为祖国西南经济门户和军事要塞，这里海境复杂，自古以来就是中国的边防重地，有“古来征战第一线”之说。由于远离中原，中国历代皇朝在此地的统治比较薄弱，常常鞭长莫及。宋朝以前，除了马援平定交趾二征叛乱、唐骈借道安南征南诏外，有关这里战事的记载较少。但自从宋太祖开宝元年(968 年)交趾人丁部领自立为大瞿越国始，到清光绪十一年（1885 年）中越边境正式划界止，以广西沿海为主的北部湾却成为海寇活动频繁的地带。进入近现代，由于东南亚局势不稳定，这里又是中国的海防前线。历经千年，这里留下了许多战争遗迹和记载，积淀了丰富的海洋军事文化，从中可窥见千年边海防态势。

白龙古炮台旧址

1. 广西沿海战事及边防体系

自宋以来，广西沿海海域常常遭受海寇与交趾的侵扰。根据方志记载，自北宋雍熙七年（990年）夏开始，到清嘉庆十五年（1810年）春的920年间，广西沿海共出现海寇事件39起，计宋代4起，元朝1起，明朝12起，清朝竟达22起。影响比较大的有：宋朝至道元年（995年）交州战船百余艘，侵犯钦州如洪镇，掠夺居民、抢得大量粮食而去。宋神宗熙宁八年（1075年）十一月，交趾大举入侵，一路进攻钦州，一路进攻广府，一路攻打昆仑关，攻陷钦、廉二州。明洪武七年（1347年）四月，海寇侵犯钦州，被副总兵李珪遣将击败之后，交趾万宁州的盗贼阮瑶发船至如洪村（今钦州市钦南区黄屋屯镇），焚烧并抢劫居民，长墩、林圩二巡司廨舍寨栅均被毁尽，都指挥李珪奉命用楼船100艘率兵万人追至万宁县的海上并打败之。明万历三十五年（1607年）安南贼犯钦州，交趾贼翁富乘小船百余，带盗贼数千人，由龙门入钦州，钦州城被攻陷。盗贼掠夺两日，杀掉百姓200余人，焚烧城外房屋才离去。第二年，交趾盗贼再次攻钦州，守备祝国泰、百户孔融在龙门港大战，打败盗贼。从这些史实可看出，明中叶后，由于倭寇、海盗从浙闽海域南移到粤海，广东西路海域到北部湾一带战事多发。明清时期，留存在各地方志中有关海寇的记载就有34次之多。

由于广西北部湾海域自宋以来一直遭受海寇和交趾的侵扰。早在宋代，广西沿海就设有海门镇、南宾砦、如洪砦、咄咘砦、如昔砦等兵防设施，均沿海岸而设，具有兼顾海防的作用。在明代，广西海防体系整体是围绕涠洲游击水寨展开的，因为北部湾海域是朝廷采珠的重镇。明代虽然在龙门设置龙门寨，但是它归涠洲游击管辖，设置总管理，并有六艘战船常驻龙门。明嘉靖以后，广西沿海的军队编制由卫所变为营哨，长官级别由千户升格为总兵，后又设雷廉参将。广西沿海的军事防御日益受到重视。

明末清初，广东地方政局动荡，海盗活动猖獗。特别是清初，反清复明将领邓耀、杨彦迪长期以龙门岛为根据地，对清廷在南方的统治构成极大威胁。清初康熙元年(1662年)，诏令迁海，但海寇活动仍然猖獗。龙门岛逐步成为官方和海寇角力的焦点，广西沿海各地方政府根据海寇的形势也作了相应的军事部署，逐步形成以龙门岛为中心的军事布防。康熙二十三年（1684年），廉州知府佟国勷、钦州知府马世禄上奏《设龙门水师议》，经工部尚书杜臻、两广总督吴兴祚等人提议，始设龙门水师协，分左、右营，左营驻守龙门岛，右营驻守合浦永安城，都属于外海水师，由副将统帅，实行巡洋会哨制度。这样，以龙门水营为中心、外附六大炮台的北部湾海域管辖防御体系基本建成。由于龙门海域是廉州、高州、雷州、安南之间海道交通的重要结点，龙门协“水陆兼顾，其所辖防城等处陆路塘汛环绕十万大山，北连西粤、接安南，乃全省西路咽喉，实非专管水师各协营可比”，在清代北部湾海防中发挥了重要作用。

清光绪十年（1885年），中法战争后，越南沦为法国的殖民地。清廷感到巨大威胁，为捍御边疆，广西边防制度随之确定。它包括了陆地边防和海上边防。陆上边防即是1885—1900年，清政府在广西与越南接壤的边境地区构筑的东起上思州（今广西上思县）吞仑山，西至镇边县（今广西那坡县）各达村，长850余千米，以镇南关（今友谊关）为中心分3路布防的防御工程体系。海上边防即是以龙门协为中心的海域管理防御体系。

2．广西沿海军事文化遗址

广西沿海现存的军事文化遗址包括：古炮台、古烽火台、古运河、古战场遗址、界碑、军事名人故居和遗迹等。

古炮台

明末清初，是广西沿海的水师寨、兵营、军港、战壕修建最盛的时期，与这些军事基地和设施相对应，广西沿海配置了不少炮台和烽火台。特别是自康熙五十六年（1717年）起，清朝强化在北部湾沿岸各军事要地的炮台设置。现有记载的广西沿海炮台约有20多处：龙门岛炮台、石龟岭炮台（防城港市企沙镇炮台村）、渔洲坪炮台（今防城港市港口区）、蓬罗港炮台、牙山炮台（钦州市钦南区大番坡镇）、青鸠炮台、南港炮台、长墩东炮台、长墩西炮台、乌雷香炉墩炮台（钦州市钦南区犀牛脚镇）、大观港东炮台（合浦县西场镇官井村）、大观港西炮台、永安城汛炮台、冠头岭炮台（北海市地角）、八字山炮台（今合浦乾江圩南）、乾体炮台（今合浦乾江村）、泥江口炮台（今合浦党江镇南部的泥江口）、白龙尾炮台（防城港市江山半岛）等，均处于扼海道咽喉、海湾入口或与内河相通的河口临海山上及近海小岛上，每处炮台大多设3座或4座炮台，成“品”字形分布，互为犄角。各炮台又各设1门或2门进口铁炮，每处炮台附近设守兵营地等设施。现存的炮台遗址有以下几处。

乌雷炮台遗址：位于钦州市钦南区犀牛脚镇乌雷村南两千米的一个孤岛上，是与伏波庙隔海相望的炮台墩，建于清道光十一年（1831年），炮台依岛势而筑，以石块、青砖、石灰浆垒砌而成。原炮台“高1.4丈，周围44丈，门楼一座，官署3间，兵房14间，火药局14间，2000斤炮位2位，1000斤炮位2位，500斤炮位4位，分管村庄7处，该炮台由把总专管”。今沿岛周围墙多被拆毁，残存墙高3米许，其余为1～2米。该岛面积约2000平方米，南北较长，略呈椭圆形，孤岛北面隔海与乌雷岭相望，相距约150米，退潮时可涉水往来。西北角300米处有一烽火台，与炮台互相照应。1984年被原钦州市人民政府列为县级重点文物保护单位。

牙山炮台遗址：位于钦州市钦南区大番坡镇水井坑村委会旧营盘村的鹰岭上。原炮台“高1.4丈，门楼一座，官署3间，兵房8间，火药局1间，2000斤炮位2位，1000斤炮位1位，700斤炮位1位，500斤炮位3位，分管村庄14处，该炮台由千总专管”。从规格上看，略小于乌雷炮台。现存炮台高出海滩约10余米，台基由石块围筑一圈，填土夯筑而成。炮台面径7米，台基底径12米，现存原大炮一门，长260厘米，尾径23厘米。炮台外侧有战壕，东面有古井遗迹。1983年5月被原县级钦州市人民政府列为县级重点文物保护单位。

八字山炮台遗址：位于南流江支流、廉州江出海处江中的一个土墩上。距乾体港约一千米。始建于清康熙二十六年（1687年），初为防范明末郑成功部将杨彦迪等海盗骚扰，特于乾体港上游的廉州江下游八字山村的江心土墩建炮台，故名八字山炮台。炮台雄踞乾体港，左依冠头岭炮台，右倚大观港东炮台，距“府城南十五里”，扼守廉州府之险要。炮台为圆形，四周墙垒有堞齿，原有“二千斤炮二位，一千斤炮二位，五百斤炮四位”，驻兵20人。现炮台遗址平面略呈三角形，长19米、宽10米、高3.5米，由石、砖砌台壁、泥土夯台。1958年以前，该炮台上尚遗存大、中、小炮台七门，但在大炼钢铁运动中，均被运至北海销熔。目前，炮台古榕繁密，根须缠抱，旁悬清代铁磬一块。该遗址为合浦县文物保护单位。

大观港东炮台遗址：建于清康熙五十六年（1717 年），位于合浦县西场镇官井村，大风江口海湾（即大观港）东岸，与西炮台（现属钦州市）隔海相峙，踞守通安南水道。东炮台台高 3.33 米，周长 146.67 米，设 2000 斤大炮 2 座，1000 斤大炮 2 座，500 斤大炮 4 座。由一名千总率 38 名兵士把守。炮台旁设有官署 3 间，兵房 14 间，火药局（仓库）2 间。原铁炮设置与八字山炮台一致，1957 年，尚存的三门铁门被拆运到北海销毁。现炮台遗址平面呈四方形，长宽各为 42 米，最高 3.5 米。炮台台基用砖砌壁，壁中夯筑混合蚌壳的土城墁及平台。炮台现仅遗留下土台。遗址于 1983 年被列为合浦县文物保护单位。

地角炮台群遗址：建于清光绪十一年（1885 年），共三座，分别位于北海市区地角岭的主峰及东、西侧峦之巅，“三台鼎足相峙，俯控北海港航道，形势险要”。1885 年中法战争中，法舰入侵到地角炮台附近海面，正是畏于炮群之威，不敢妄犯而逃走。抗日战争时期，驻北海的十九路军刺杀当地日本间谍中野顺三，引发 1939 年的“北海 9.3（中野顺三）事件”，日本军舰 6 艘纠集于冠头岭海面，扬言要武装进犯。驻军官兵在此安置现代重炮准备迎头痛击。日方惧怕北海的军威民勇，最终只得同意按外交途径解决。该炮台遗址群都是石砌台壁、泥土夯台；主炮台圆形，直径 9.6 米，残高米余；两侧副炮台均是菱形，长 11 米、宽 5 米，残高 2.7 米。炮台现为广西壮族自治区文物保护单位。

白龙古炮台：位于江山半岛白龙尾尖端，是晚清张之洞任两广总督时，由海口恭府管带琼军右营陈良杰于光绪十三年（1887 年）至光绪二十一年（1895 年）修筑的。在这里的四个山丘上，分别筑有龙珍、白龙、银坑、龙骧四座炮台，总称白龙炮台。白龙炮台群共配有英国制造大火炮 6 门，每门火炮长约 4 米，重 6 ～ 7 吨，口径约 20 厘米，其中白龙台和银坑台是双炮座的主炮台，各配备火炮两门，另两座是单炮位副炮台。白龙炮台 1985 年被原防城县列入重点文物保护单位。

防城港市白龙古炮台的大炮

防城石龟岭炮台遗址：位于防城市防城区企沙镇炮台村向海滩凸出部位的小山丘上，与白龙古炮台相距 18 千米，始建于清康熙五十六年（1717 年），是当时清军镇守北部湾海域的军事要塞，与白龙炮台，一东一西，恰似掎角之势，互相呼应，形成了“龟蛇（龙）守（锁）水口”的阵势，虎视大海，共同把守着北仑河口和防城江口。

石龟岭炮台向海的一面是峭壁，峭壁有一块凸出的青黑色礁石，与山体连在一起，远看像只伸头远眺的石龟，小山因此而得名石龟头。石龟头下是一片紫黑色礁石群，被海水淘成一段段树干状，有些还有许多的小孔。炮台在清朝末年既已荒废，现可在山顶上看到用顽石建筑的圆形炮位。

烽火台

烽火，也叫烽燧，唐宋称作烽台，明代称作烟墩或墩台，是古代军情报警的一种措施，即敌人白天侵犯时就燃烟（燧），夜间来犯就点火（烽），以可见的烟气和光亮向各方与上级报警。广西沿海也设有烽火台，如合浦沿海的烟墩、旧营盘烽火台遗址、新联烽火台遗址和犀牛脚镇丹寮村的大鸡屋烽火台遗址等。

古代合浦沿海的烟墩：古合浦郡沿海烟墩密布，这与古合浦七大珠池的守护以及廉州府城的安全息息相关。现合浦境内，仍存有明、清两代的烽火台遗址数处，如公馆铁山烽火台、廉州烟楼草鞋墩烽火台、乾江烽火台、日头岭烽火台、安宁墩烽火台等，均列入合浦县文物保护单位。

旧营盘烽火台遗址：位于钦州市钦南区大番坡镇水井坑村委会旧营盘村北面的烟通山上，旧营盘据说是明末将领杨彦迪反清复明驻扎时所筑的营房遗址。烽火台是否与此有关，有待进一步考证。烟通山高出海平面约 40 米，东西走向，东、南、西三面临海，北面与岗峦重叠的丘陵地带相连，是众多丘陵之最高点。烽火台位于山的顶端，由砖石三合筑成，为一圆台形建筑物。现存残台高 2 米，面径 4 米，底径距 6 米。1984 年被原钦州市人民政府列为县级重点文物保护单位。

新联烽火台遗址：位于钦州市钦南区大番坡镇新联村东北面的烟通岭上。该岭海拔 62 米，是附近最高的山峰。烽火台建于山顶最高处，占地面积约 100 平方米。由于历史原因，该处建筑受到极大的破坏，2009 年文物普查时，发现残台高 3 米，基脚约 6 米，用石灰沙石三合土垒砌而成。

大清国钦州界碑

防城港市的东兴市、防城区西部与越南山水相连，边界约 200 千米，清末从中越界河北仑河口的竹山到峒中的北岗隘边境线中方一共立了界碑 33 块，界碑为花岗石，高约 1.8 米，上书："光绪十六年二月立，大清国钦州界，知州事李受彤书。"清末中越粤段立界，与当时的边境形势有关。

1885 年，中法战争结束，清政府被迫与法国签订《中法越南条约》。《条约》约定订约后 6 个月内，双方派员勘定中越国界（两广与越南边界）。清政府派鸿胪寺卿邓承修担任中方勘界大臣，与包办越南界务的法国浦里燮、狄龙等展开艰苦谈判。历时一年多，基本完成了中越边界桂越段东段和粤越段的会勘工作，两国于 1887 年 3 月 29 日在芒街签署了清约，并校订四张粤桂详图：第一图自竹山至隘店隘，其中嘉隆、八庄、分茅岭、十万大山、三不要地均归中国；第二图自平而关至水口关外；第三图自水口关外至那岭巴赖之西南；第四图自巴赖外至各达村，与云南界相接。总计在广东钦州界，州之西境分茅岭、嘉隆、八庄一带，展界至嘉隆河，南北计 50 余千米，东西 150 余千米；州西南境江平、黄竹一带，由思勒、高岭以南展界至海，南北计 20 余千米，东西 30 余千米。

依照条约，防城港与越南的边界，以河为界约 150 千米，以山岭为界约 50 多千米，即从现在的东兴市竹山港至防城区峒中镇的北风隘止，全长 200 多千米。从北仑河起，自东向西，立石碑为标志，全段共立 1 ~ 33 号界碑。其中以河为界的，双方各于己方河岸相对立石碑，以山为界的则双方共立一块界碑，一面为"大清国钦州界"，另一面为"大南"。勘界后，清政府派钦州知州李受彤和法国四划官拉巴第会办钦越立界事宜（东兴时属广东

大清国钦州界一号界碑

位于犀牛脚西坑村的古运河杨二涧

钦州辖)。1890年4月，大清国钦州界第一段1～10号界碑树立完成。三年后，第二段11～33号界碑也全部树立完成。经过立界，中越边境由传统国家的“边陲”转变为民族国家的“边疆”，有了明确的国界线。但中法勘界并没有划分北部湾海域。

现存的“大清国钦州界”界碑有8块，其中一号界碑坐落在广西防城港市东兴市竹山村，其位置既是中国海岸线的起点，也是中国沿边公路的零千米处。而五号界碑则立在东兴口岸旁。界碑作为一个多世纪以来中国人民维护国家尊严和领土完整的历史见证，如今已成为吸引国内外游客的旅游景点。

古运河

杨二涧：位于钦州市钦南区犀牛脚镇西坑村委龙眼山村南约500米，为一人工挖掘痕迹明显的运河遗址。运河痕迹长约2.5千米，深5～6米，宽4～5米。东接九河渡大风江(古称大观港)，西达龙眼山村南边，环绕山脚，呈西南走向，出龙眼山村南约2千米后，直达钦州湾（古称“七十二径”）出海。相传明末清初，抗清农民军首领杨彦迪（杨二）被清兵包围于九河渡，他带领部下挖了一条运河，沟通了九河渡和西坑江，逃脱了清军的包围圈。对此，《钦州志》有记载“杨二有今日，天水加三尺，海水加三尺，挖一锹崩一丈，一崩崩到天大亮”。当地人称该运河遗址为杨二涧。

但根据相关史料，该运河很可能为东汉马援所开挖。据清版本的《钦州志》记载“九河渡，在州东之岭门村侧，距城一百一十五里，东通大观港，西达龙门，旧传明季海寇杨二，鑿为剽劫之所，或曰伏波征交趾时，疏为运粮道。”民国《合浦县志》载“大观港有潮西通九河江，江口有赤羊墪，蛋人取蠔于此。”相传汉马援征交趾时，驻军合浦运粮“苦乌雷风涛之险及海寇攘劫之患，遂以昏夜鑿白布蜂腰之地以通粮艘。此河可通龙门七十二径，直抵钦城。其鑿掘成约长七八里，阔五六丈，深三四尺。今两潮相通，但中间湮塞，此水一开，实钦廉舟楫之利。”从运河走向、长度形状看，与《合浦县志》的记载相符。

古运河遗址在广西较少发现，而唐以前的运河遗址在全国也不多。目前，广西壮族自治区文物局已把此古运河和防城港市的潭蓬运河一起整合申报国家重点文物保护单位。

潭蓬运河：位于月亮湾附近的潭蓬村和潭西村之间，又称“天威遥”“仙人垅”，因运河所经之处仙人坳全是海石结构的丘陵，工程浩大若非仙人，在古代实在难以开凿，因而被称为“仙人垅”。运河宽数米，长约10千米，拦腰穿过江山半岛，把防城港和珍珠港沟通起来，海水涨潮时可通航。据五代孙光宪的《北梦琐言》记载，运河是唐代咸通年间

潭蓬运河

(860—874年）安南节度使高骈募工所凿。运河凿通后，往来船舶不必绕过江山半岛而直航防城、珍珠两港湾，不但缩短了15千米的航程，而且避开了江山半岛南端白龙尾的巨浪搏击和海盗的袭击，使船舶安全航行。《唐书 · 高骈传》说，此后往来“舟楫无滞，安南储备不乏，至今赖之”。自公元10世纪起，安南独立，多次侵略中国边疆，“天威遥”逐渐被废弃了，现仅遗留下潭蓬水库一段。1982年，该遗址被定为广西壮族自治区一级保护文物。

皇帝沟：坐落于防城港市港口区光坡乡沙港村。相传明末清初，抗清明将杨彦迪(杨二)被清兵追赶逃到此地，自立为王，称杨王，建有王城和王殿，并开凿了一条运河，后人称为“皇帝沟”。这条运河东从钦州龙门附近的生牛岭嘴起，西至光坡乡的畚箕窝止，全长约12千米，面阔18～20米，底宽8米，深4米左右。运河开通以后，可以沟通龙门海与西面的暗埠口江之间的交通，既缩短航运路程，又避开了海面风浪。因清兵进攻，运河尚有半千米未开凿完成，杨二仓皇逃往他处。皇帝沟则由群众填塞作田，只留下一条运河遗址。

其他遗址

永安守御千户所城池遗址：建于明洪武二十七年（1394年），位于合浦县山口镇永安村，濒临北部湾，“为高雷琼海道咽喉”，是明代廉州卫辖下的永安千户御所所在地。据明崇祯版《廉州府志》记载：永安城于洪武二十七年由千户牛铭始建，城高一丈八尺，周长四百六十一丈，城壕长五百丈，窝铺一十八。明天顺六年（1462年），永安城被大藤峡瑶民起义军摧毁。成化五年（1469年），海北道佥事重建永安城，以原有城池为基础，重新修筑城墙、护城壕，有角楼、月城楼各四，有正厅、左右厢房、重门、鼓楼等。将永安城池的军事设施规格提升到与府城廉州同等的地位。现存永安城应为成化五年所建，已列为合浦县文物保护单位。城址坐北朝南，东西长380米、南北长372.5米，周长约1505米，面积14万余平方米，城墙基宽5.2米，原高6余米，墙砖为青灰色条砖。城池原有东、西、南、北四个城门，已被拆毁。城址内古建筑仅存永安鼓楼（大士阁）、城隍庙、南堂、北堂、文庙。南门外有演武校场遗址。

永安城遗址是广西境内现存的一处明代抗倭千户所遗址。鼓楼旁现存一株箭毒木（见血封喉）古树，树龄已有数百年，估计曾作为武器淬毒所用。明万历年后，永安城曾长期作为涠洲游击将军公署的驻地，是北部湾海防指挥中枢。万历年间，倭寇曾久攻永安不下，被明朝官兵剿灭，涠洲游击部队曾与驾船 200 艘前来侵犯的倭寇血战于钦州龙门港。清代，永安城成为龙门水师协右营驻地，由守备指挥。

永安鼓楼（大士阁）为海北道佥事林锦于成化五年创修，被誉为"南海古建明珠"，现为国家级文物保护单位。鼓楼立于永安城址中央，坐北向南，楼阁式木结构二层建筑，占地面积 170 平方米，高 7.9 米，前后座重叠相连，穿斗式结合抬梁式结构，36 根格木圆柱支撑底座，72 条格木梁连贯柱顶，原是永安城池的军事指挥中心，清道光年以后，村民在此奉祀观音，变成了宗教场所"大士阁"。永安村中民风保守，村民说"军话"，保留有不少古老习俗，他们是军户的后裔。

广西连城要塞遗址：2006 年，国务院公布了第六批全国重点文物保护单位，广西连城要塞遗址和友谊关榜上有名。连城要塞遗址包括了从广西沿海的北海市、防城港市沿中越边境到那坡县的中国一侧长 1200 余千米，宽约 15 千米的边境线所分布的要塞（垒城），含海防炮台 22 座，陆防炮台 82 座，碉台 82 座，关隘 109 处，关卡 66 处所构成的军事防御体系，是清代我国南疆边境抵御外敌的牢固长城。

永安鼓楼——大士阁

广西沿海是中国南疆海防前线，有“古来征战第一线”之说。发生在东汉时期的马援南征，对保卫南疆、加强南方边疆地区民众的国家观念、促进当地社会经济的发展起到重要作用。

1．马援南征的故事

马援，生于东汉成帝永始三年（公元前14年），卒于汉光武帝建武二十五年（公元49年），字文渊，东汉初年扶风茂陵人（今陕西兴平县东北）。建武十六年（公元40年），年已56岁的马援老当益壮，奉诏南征交趾。

交趾（今越南北部），从西汉时始是中国的一个郡。东汉建武十六年（公元40年），交趾太守苏定与当地朱鸢部落百姓发生冲突。为了稳定政局，他依法处死了部落领袖诗索，不料却激起更大的反抗。诗索的妻子征侧联合其妹征贰及其他部落起兵反抗，攻陷越南北部及今钦州、廉州一带的城池65座，征侧自立为王，建都麊泠，史称“二征起义”。

建武十七年（公元41年），光武帝刘秀诏令长沙、合浦、交趾诸郡县“具车船，修道桥，通障溪，储粮谷”，为大军出征作准备。十二月，拜马援为伏波将军，以扶乐侯刘隆为副，督楼船将军段志等，率长沙、桂阳、零陵、苍梧兵8000人，大举南下讨伐二征。

马援军至合浦（今广西合浦东北），段志病故，光武帝诏马援并统其军。马援率军出合浦，遂缘海而进，直趋西于，沿途没有遇到抵抗。又东进浪泊（约今越南河北省西部、永富省东部一带），与征侧的军队遭遇，打了一仗，“斩首数千级，降者万余人”。征侧等退保金溪（《大越史记全书》作“禁溪”，约今越南永富省北部），处境“益困”，兵败被杀。此后，马援进军顺利，并扩充了兵力。

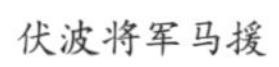

伏波将军马援

建武十九年（公元 43 年）九月，马援向光武帝上言："臣谨与交趾精兵万二千人，与大兵合二万人，船车大小二千艘，自入交趾，于今为盛。"正当马援陈兵交趾时，益州发生了蜀郡守将史欣的叛乱。马援上书建议，派出一军，"从麊泠出贲古，击益州，臣所将越骆万余人，便习战斗者二千兵以上，弦毒矢利，以数发，矢往如雨，所中则死。愚以行兵此道最便，盖承藉水利，用为神捷也"。表明由雒越人组成的交趾精兵，已成为马援所部之主力。同年十月，马援进军九真，沿途所遇雒将或遁或降，马援在日南郡置象林县（约今越南广南之南部），"立铜柱为汉界，一在钦州之西三百里分茅岭东界；一在凭祥州南界；一在林邑北为海界；一在林邑南为山界。铭之曰'铜柱折，交趾灭。'"（清乾隆十一年谢钟龄《横州志》卷九《名宦》）。

马援在交趾期间，进一步完善郡县。时西于县有户 32 000，沿边离县治远者千里，马援奏请将西于县分为封溪、望海二县。马援在建武二十年（公元 44 年）九月班师回朝，沿途修建郡县，治理城郭，凿渠灌溉，促进了岭南农业经济的发展。《交州记》记载："凿南塘者，九真路所经也，去州五百里，建武十九年，马援所开。"《南越志》说："马援凿通九真山，又积石为坻，以遏海波，由是不复过涨海"，又"条奏越律与汉律驳者十余事，与越人申明旧制以约束之，自后骆越奉行马将军故事"。

建武二十年（公元 44 年）秋，马援率军"还京师，军吏经瘴疫死者十四五"。可见中原人民也为这场战争付出了巨大的代价。建武二十五年（公元 49 年）马援在进击武陵"五溪蛮夷"时，在军中病故。后追谥为忠成侯。

马援在交趾地区废除了与中央王朝政策法规相抵触的地方习惯法，推行了封建的法治；废除了原先世袭的雒将制度，健全了封建的郡县制度；修筑城堡、建设中心城市，将幅员过大的县划小，广为修建道路，改善交通，兴修水利，发展农业，等等。马援南征，代表新的生产力的封建生产关系在古代广西得以建立起来。

2．伏波文化的延存

马援平定"二征"的斗争，维护了东汉王朝的统一。汉章帝刘炟于建初三年（公元 78 年）追谥"忠诚侯"并诏"所在皆为立庙"。马援崇拜成为一种地区性民间信仰，其地理分布相对集中，今广西、湖南、广东及海南境内部分地区普遍崇祀马援。据《广西通志 · 宗教志》载，伏波庙遍布广西全境，广西沿海尤其是中越边界的伏波庙分布十分广泛。《广东新语》载：“伏波祠广东、西处处有之，而新息侯尤威灵……侯之神长在交趾，凡以为两广封疆也。”越南民间也把伏波当作神，时至今日，越南北部民众也经常到广西横县等地去祭祀伏波庙。伏波信仰形成了以北部湾乃至琼州海峡为中心的祭祀带，伏波神职多为庇佑江海航海安全职能，这不但表明人们对马援南征、维护国家统一和边疆稳定等历史功绩的肯定，更有助于加强边疆地区各族人民的凝聚力。

马援故道

东汉马援征交趾二征乱时，从合浦港“遂缘海而进，随山开道千余里”所经过的地区的遗迹，即从合浦出发，经钦州湾、防城湾，绕过江山半岛，越北仑河而到交趾地区的海上通道。这一通道自马援开通后，成为联系岭南与中南半岛的主要海上通道，也成为中原王朝走向世界的重要海上通道。三国时的吕岱平交趾士徽割据，收复九真，朱应和康泰出使南海诸国；唐后期高骈屯兵出师安南，击溃南诏军队，收复交州郡等走的都是马援故道。唐宋时期被贬岭南的一批谪臣，也在马援故道上留下了永久的篇章。

伏波庙

在广西沿海的伏波庙中，以钦州乌雷伏波庙与防城港市东兴市罗浮伏波庙较为典型。

乌雷伏波庙（又称乌雷庙）位于钦州市钦南区犀牛脚镇三娘湾渔村西面约 3 千米处，大乌雷岭之南。由于马援平二征叛乱功绩卓著，汉章帝刘炟于建初三年(公元 78 年)追谥“忠诚侯”并诏“所在皆为立庙”。乌雷是马援整训水军，精选水手的重要地方，自然应诏立庙。

钦州康熙岭横山伏波庙

钦州乌雷（伏波）庙

庙始建于东汉年间，清康熙十四年（1675年）、嘉庆年间（1796年后）、道光八年（1828年）、光绪八年（1882年）、民国十二年（1933年）、1992年、2001年都曾修葺或扩建。现庙宇占地面积达1625平方米，建筑面积近600平方米。庙内有44座雕像，特别是那7尺高的马援塑像更令人瞩目。祭祀时，鸣钟擂鼓，数里闻声。伏波庙与正前方相隔一线海水的乌雷炮台相望，东南面是大庙墩，航标高耸，西南面是三墩岛。清代乾嘉年间，著名诗人冯敏昌作诗《舟过乌雷门望伏波庙作》:“船楼横海伏波回，海上旌旗拂雾开。古自神人当血食，谅为烈士岂心哀。山连铜柱云行马，地尽扶桑浪吼雷。漫语武侯擒纵略，汉家先有定蛮才。”高度赞扬马援将军的丰功伟绩。近两千年来，古炮台、古榕石屋和庙门对联“功高东汉，德庇南天”仍相辉映，马援的英灵成为广西沿海人民与大自然、外敌抗争的坚定信念，对他的虔诚的朝拜已转化为人们祈求祖国边陲安宁、国泰发安的崇高愿望。

横山伏波庙

位于钦州市钦南区康熙岭镇横山村，涉临茅尾海。始建于1784年，现址为1984年重建。该庙为一座庭院式庙宇，分上下座，二进六室，两侧通廊。庙门上书“波玉光宫”，门联为:“波瀫薄海，光照横山”。整个建筑是一座典型的岭南式单层建筑，青砖碧瓦红桁桷。据说，庙是康熙岭镇附近的邱、曾、洪、黄等姓村民为纪念马援将军南征的不朽功勋而集资修建的，最初面积只有10余平方米。1885年，冯子材在抗法战争胜利后，为报答马援将军精神之助的恩典，拨款扩建了横山伏波庙，使其建筑面积达到170多平方米。冯子材在庙的顶梁上题写对联一首:“铜柱树分茅寇可靖蛮可平勋标万载波，琼花辉满地民则康物则阜法现千秋”，同时还把他的一把宝剑赠给该庙留念。由于历史原因，这些文物现在均已遗失。

防城港罗浮伏波庙

东兴罗浮垌伏波庙

位于东兴市罗浮村金龟岭，建于清光绪十六年（1890 年），是广西沿海较有影响的伏波庙。近年来，每年正月初四至初八，当地群众都在此举行伏波庙会。人们在伏波像前摆上各色供品，举行祭祀大典、降生童（隆生女）的降神祈福仪式以及舞龙狮、武术表演、对歌及唱师公戏等活动，还延请越南歌手前来“唱哈”等。庙会上有来自防城、东兴、钦州、灵山、合浦、北海等地众多的禤、黄、施、韦等姓的“马留人”及越南边民参加庙会。祭拜仪式结束即开始入席乡饮，村民们端出鸡、鸭、鱼等美味佳肴，在庙内庙外开怀畅饮，气氛融洽而热烈。罗浮垌伏波庙会体现出了与中国其他地方庙会一样具有的祭神、飨饮、娱乐等功能。

3．伏波文化在边疆地区的发展

近两千年来，马援不仅成为广西沿海“马留人”等族群信仰的重要对象，也是南疆人民心目中安边护国、维护民族团结的“神”。伏波将军的英雄事迹、爱国精神和无量功德，不仅以各种方式广为传颂，而且也被民众以立庙、举行纪念活动等方式不断延续着。在人们的心目中，马援由人格化的伏波将军发展为完美的英雄圣人，最后成为一方神灵——伏波神明。这是因为广西沿海地区距统治中心较远，游离性较强，统治者既需要利用神灵信仰来加强边疆地区的控制，也需要发挥神灵信仰的地方教化作用，使中央与地方、国家与民众达到了和谐的统一。马援南征的名事及功绩在凝聚边疆人民，让民众自发地认同中央权力的地位与统治中起到神明指示的作用。

19 世纪 80 年代的中法战争是近代中国人民反抗外来侵略取得胜利的一次战争。广西沿海的各族儿女，为保卫祖国的南大门，维护中华民族的尊严、祖国的主权及领土完整，浴血奋战，写下了可歌可泣的光辉历史篇章，涌现了一大批杰出的反侵略英雄，刘永福和冯子材是他们中的杰出代表。

1．“刘义打番鬼、越打越好睇”

刘永福，早年投身于广西边境归顺（今靖西）一带的属天地会系统的农民起义军。1865 年，他带领 200 ~ 300 人在安德北帝庙祭旗建军，称黑旗军（因打七星黑旗而得名），转战到了中越边境的保胜（今老街）一带，不断发展壮大。1856年，法国开始侵略越南南部。1873年11月5日，法将安邺率军攻下了河内、海阳、宁平、南定三省，越南阮氏王朝无力阻止法军北犯，只得邀请刘永福的黑旗军协助抗法。1873 年 11 月 21 日，刘永福率黑旗军1000人在越南河内城西的纸桥设伏，打死法军统帅安邺，歼敌百名，大获全胜。越南国王封其为三宣副提督，退守越南的宣光、山西、兴化三省。19 世纪 80 年代，法国扩大对越南的侵略。刘永福率黑旗军会同越南黄佐炎的军队，向法军进攻，收复了一些失地。1883 年，光绪皇帝派唐景崧出国与刘永福黑旗军联络策应，力保北圻；同时派出军队进驻广西、云南和越南边境地区。1883 年 5 月 19 日，法军李维业部进攻驻怀德的黑旗军，双方相遇于河内城西二里的纸桥，黑旗军击毙法军 32 人，击伤 52 人，击毙法军统帅李维业。为表彰黑旗军的战果，越南政府封刘永福为三宣提督。

1884 年 8 月，清政府正式对法宣战后，刘永福的黑旗军正式接受了清朝的封赏，转入了中国反抗法国殖民侵略的民族自卫战争中，黑旗军与滇军相互配合，有效地支撑着中法战争陆路战场西线的战局。1884 年底，当东线的清军在军事上失利时，刘永福的黑旗军配合滇军、桂军围宣光达 73 天，遏制了法军进攻广西边境的势头，为东线冯子材的反攻创造了有利条件。1885 年 3 月 23 日，在东线清军取得镇南关大捷的同时，黑旗军于临洮大败法军，乘胜收复了被法军侵占的一府一县四隘，此次胜利与镇南关—谅山大捷等共同扭转了越南战场的局面，沉重地打击了法国侵略者。

2. 老将冯子材与镇南关大捷

1884年8月，清政府正式对法宣战，法国侵略者不断向我国云南、广西边境进犯，中国边疆危机日益严重。此时，已告假回钦、年近70岁高龄的冯子材奉命助理广西边外军事，组军援越。他组建成一支5000人共10个营的军队，号为萃军，于1884年12月27日，从钦州誓师出发赴镇南关，沿途增募了8个营，总共18个营15 000人。到前线后，冯子材被推为前军主帅。他整理溃军，稳定人心，在人民群众的支持下，积极进行反攻。1885年3月23—25日，在法军的进攻下，冯子材沉着应战，身先士卒，指挥军队紧密配合，奋勇抗敌，取得了闻名中外的镇南关大捷，扭转了整个中法战争的战局，法国茹费理内阁为此倒台。虽然，1885年5月，清政府以中国军队战场上的胜利作为筹码，乘胜与法国签订了《中法新约》，法军打开了中国的西南大门，中国边疆危机日益严重。但中法战争是近代中国人民反侵略斗争中唯一在战场上取得辉煌胜利的战争，西方人感叹“黄种的中国军队第一次同欧洲人短兵相接而没有丢脸”“一种前所未有的磅礴的民族气节表现出来”。战争成为了“中国强弱之转机”（孙中山语），有力地打击了法国的殖民统治，促使了中华民族的觉醒。

3. 冯子材与广西海防

《中法新约》签订后，法军舰不断游弋北部湾，1885年5月（农历四月初二），法国兵轮两舰，驶入防城白龙尾港停驻，绘画白龙尾炮台形势，欲侵犯东兴、竹山、江坪三港口。接着，法军舰三艘闯入青梅港绘图，不久又进驻芒街，同时又有军舰由北海进南沥港口，钦廉一带“人心惊疑，夷情诡谲”。

当时，冯子材的十八军营卒军被裁去十营，只得将八营兵力布防在漫长的防线上。广西沿海，冯子材着重布防三个点：东兴点，防止法军从京族三岛、防城港一带登陆；龙门点，防止法军闯入茅尾海进犯钦州；北海点，控制北海东、西一带的海疆。冯子材根据“将来法虏有事，仍不过水攻北海，陆犯南关”的分析，着重加强北海的防卫，在原地角岭设三座炮台、岭尾山设一座炮台、三婆岭设一座炮台的基础上，在西部屏障冠头岭前后山头修了八座炮台，不但加强了北海西面防御，还协防南北两岸。南面的电白寮和白虎头，地势平坦，无险可守，冯子材在铜鼓岭筑了两个堡垒并修筑一道长墙，以防敌军赴涨潮时登陆。法舰畏于炮群之威，不敢妄犯广西沿海。

4．刘永福抗日保台

中法战争后，刘永福奉清政府命令率3000名黑旗军入关回国，被任命为南澳镇总兵。甲午战争爆发后，清政府命刘永福赴台，帮同台湾巡抚邵友濂办理防务。1895年4月，清政府与日本签订中日《马关条约》，将台湾岛、澎湖列岛割让给日本。1895年5月底，日军分两路进犯，相继攻陷基隆、台北，守台官员纷纷内渡，刘永福接任台湾镇总兵，主动承担起指挥全台军民抗日斗争的责任。刘永福会同台湾义军领袖吴汤兴、姜绍祖、徐骧等领导义军与日军相持四月余，大小20余战，在新竹、苗栗、彰化、嘉义等地，重创日军。在清廷断绝援台、部下大都战死、台南面临失陷的情况下，1895年9月21日，刘永福潜回大陆。

在台湾危难的严重关头，刘永福从维护国家统一的民族大义出发，置个人安危于不顾，毅然肩负起领导台湾军民抗日保台的重任。他身先士卒，领导台湾军民坚持浴血奋战4个多月，英勇地抗击了日军两个近代化师团和一个海军舰队的进攻，给日本侵略者以极其沉重的打击。日军在台的伤亡总数近3万人，超过整个甲午战争的伤亡总数一倍以上。刘永福的抗日保台斗争是近代中国人民抗击帝国主义侵略的斗争中战斗最悲壮、战绩最为显著的一次，充分展现了中华民族不畏强暴、顽强拼搏、誓死捍卫民族尊严、保卫祖国领土主权独立的英雄气概。

1．广西沿海与孙中山的反清斗争策略

广西沿海在辛亥革命中曾扮演着非常重要的角色——从中国同盟会成立到1911年辛亥革命前夕，以孙中山为首的革命党人相继在我国南方发动了十次武装起义，有六次在华南沿海沿边地区举行，其中1907年9月的钦廉防起义和1908年3月的钦廉上思起义均发生在广西沿海。1907年12月的镇南关起义和1908年4月的云南河口起义由钦州籍革命党人黄明堂、原钦州一带的会党领袖王和顺和关仁甫具体指挥和领导，参加这两次起义的基干力量均是来自钦廉防起义的部队。孙中山先生之所以多次在广西沿海发动起义，是因为他在计划中将广西沿海列为革命的首义区。1905年8月，中国同盟会在日本东京创立后，孙中山立即把组织领导反清装起义提到议事日程，确立了“两广首义，各省响应”的战略方针。为此，孙中山选择越南河内作为武装起义的基地，选择广西边境地区作为武装起义的突破口。因为，越南紧靠广西，当时法国驻越南当局表面上支持孙中山的革命，以越南为基地向广西边境突破，比较方便输送武器人员之外，更重要的是有大量的广西会党游勇可以作为孙中山武装起义的基本队伍。1902—1905年，广西爆发了会党大起义，起义虽被清政府镇压，但一批残存武装力量转移到中越边境地区，部分会党首领和骨干逃亡越南。如王和顺、黄明堂、关仁甫、梁兰泉和梁少延等人是孙中山求之不得的革命骨干。

2．孙中山在华南沿海沿边地区发动的武装起义

1907年3月初，孙中山偕胡汉民等来到越南河内，在甘必达街（今陈兴道街）61号建立了同盟会军事指挥机关。自1907年3月至1908年3月，孙中山以越南河内为基地，进行了一系列反清武装起义部署。1907年9月至1908年4月，孙中山在两广和云南地区连续发动和领导了六次武装起义、即潮州黄冈起义、惠州七女湖起义、钦州防城起义、镇南关起义、钦防上思起义和云南河口起义。

钦廉防起义，也称丁未防城之役，主要指挥者王和顺。1907年初，钦州、廉州人民举行大规模武装抗捐斗争。9月，孙中山派王和顺至钦州，发动那丽、那彭、那思人民起义。9月5日，王和顺率领200多人攻入防城，以“中华国民军都督王”名义发布《告粤省同胞书》《告海外同胞书》《招降满洲将士布告》，申明以自由、平等、博爱为根本，扫专制不平之政治，建立民主立宪之政体，行土地国有之制度，使四万万人无一不得其所。在战斗中，革命军队伍扩大到3000多人，但由于进攻钦州府城及广西灵山等地均未得手，腹背受敌而告失败。

镇南关起义，也称丁未镇南关之役，主要指挥者黄明堂。1907年12月，孙中山派黄明堂（壮族）和关仁甫率广西游勇80多人，并联络清军内应，攻打镇南关，占领了右辅山的镇南、镇中、镇北三个炮台。孙中山率领黄兴、胡汉民从越南河内赶到镇南关亲自督战。孙中山还在阵地上为伤员包扎，亲手发炮轰击敌人。他曾十分感慨地说：“反对清政府20余年，此日始得亲发炮击清军耳！”并到炮台附近壮族村民聚居地访问、宣传。由于起义军枪械弹药不足，孙中山即返回河内筹办。清军以4000余人围攻右辅山。义军坚守炮台，血战数日，寡不敌众，不得不突围而出。起义遂告失败。

钦廉上思起义，又称戊申马笃山之役，主要指挥者黄兴。1908年3月，孙中山派黄兴率领旅越南华侨中的同盟会员200多人，组成中华国民军南军，攻入钦州。在钦州、廉州、上思一带几十个村镇之间，转战40余日，义军队伍发展到600多人，先后击败清军一万人。后因弹药不继，义军宣布解散。马笃山之役是这一时期同盟会领导的起义中战绩最大、坚持时间最长的一次。

河口起义，也称戊申河口之役，主要指挥者黄明堂、王和顺、关仁甫。1908年4月，在黄兴指挥马笃山起义的同时，孙中山派黄明堂等率领从镇南关撤出的革命军开赴云南边境，发动了河口起义。终因寡不敌众而失败。王和顺被迫解散起义队伍，自率20余人返越南境内，余部退往边境和十万大山。

以孙中山为首的革命党人在广西沿海发动的这一系列武装起义虽然失败了，但革命党人的活动给广西沿海带来了革命思想，凸显了广西沿海的地位。起义锻炼了革命党人，鼓舞了全国人民，促进了革命运动的高涨。以孙中山为首的革命党人也从边境地区的起义中总结经验教训，发展壮大组织，积聚力量，创造条件，发动规模较大、力量集中的武装起义，为武昌起义的成功起到了催生作用。

1. 日军两次入侵广西沿海

抗日战争时期，1939 年 11 月至 1940 年 11 月和 1944 年 9 月至 1945 年 8 月，日军先后两次入侵广西沿海，广西沿海成为遭受侵略者践踏和蹂躏的重灾区之一。

日军第一次入侵广西：1939 年 11 月 15 日，日军约 3 万人从钦州湾的企沙、龙门、黄屋屯、黎头嘴等地登陆，同时封锁北海，入侵广西，企图切断由广西通往越南的交通线，断绝国际对华援助，迫使蒋介石投降。由于中国军队在钦防地区的兵力单薄，邕钦路无守军，因此，日军长驱直入，11 月 16 日占防城，17 日占钦县，18 日占小董。21 日，日军第二十一军的司令部进入钦县。11 月 24 日，攻占南宁。12 月 4 日，日军占领战略要地昆仑关和高峰坳。国民党政府为了收复南宁，调集了 9 个军共约 15.4 万余人的兵力，由白崇禧任总指挥，与日军进行了桂南会战。1939 年 12 月 18 日，中国军队取得攻克昆仑关的胜利。但次年 1 月，日军三万人从广州增援南宁，重占昆仑关。中国军队匆忙撤退，桂南会战失败。此后，桂南战事处于相持状态，直至 1940 年 10 月底日军退出广西。

日军第二次入侵广西：1944 年春夏，日军为了打通从中国由北到南，通往越南的大陆交通线，发动豫湘桂战役。5 月，日军占河南。6 月，又相继占领长沙、衡阳，兵临广西。11 月 1 日，桂林开始激烈的防守战。10 日，桂林沦陷。24 日，南宁沦陷。日军步步进逼，国民党军一退再退。到 12 月中旬，广西的 100 个县市中有 80 个沦陷。1945 年 8 月 17 日，日军全部从沿海地区退出广西。

2. 广西沿海的抗日烽火

日本侵略军两次入侵广西沿海地区，所到之处实行疯狂的灭绝人性的“三光”政策。他们烧杀抢劫、奸淫掳掠，无恶不作。日军的暴行，给广西沿海各族人民带来了深重的灾难。

日军从企沙登陆后，占领防城县长达一年时间。全县23个乡镇中，被入侵的有10个乡镇，被轰炸的有12个乡镇，先后投弹1000余枚，毁民房1000余间，死亡群众300余人，总计损失款25万元以上。

日军登陆后，龙门岛成废圩。在钦县，日军对抗日将士及百姓实施了灌沙、奸杀、杀人取乐等惨绝人寰的兽性行为，在贵台乡上那冷村制造了大屠杀，在康熙岭团和村、大寺乡大显村、小董佛子坳、钦州城郊公鹅田村制造了惨案。日军还在钦州城西郊拆屋毁田20公顷，强迫民众筑机场。日军飞机轰炸大寺乡宿和、那角村、大寺圩及县城等地。到日军撤退时，钦州全城几乎没有一间房子是完整的，到处臭不可闻。

广西沿海人民自发和有组织地进行抗日行动，极大地制约着日军的罪恶活动。1939年12月，钦州县政府组织4000名群众，支援国民革命军一七五师在黄屋屯、大直、康熙岭等地与日军展开旋战，迫使日军向西南沿海溃退。同年，中共钦县地下党组织发动群众500人，支援国民军第二十六集团军司令部政工队在那香、板城一带抗击日军30多次，歼敌200多人。钦州板城六虾村群众组织抗日自卫队，在村周围筑起围墙，在村四面各留一个进出口，在进出口筑有暗堡、地道，村内村外筑起大小碉堡20个，先后与日军作战数十次，歼敌数百名。仅在1940年1月14日的保卫战中，就抗击了日军1600人的大扫荡，取得了打死日军73人，击伤130人的战绩。在浦北白石水，2000余名群众举行抗日保乡大会，建起自卫团武装。1945年6月，在涠洲岛三婆庙，60多名农民、渔民和台湾籍伪军聚集在一起，手持砍刀、渔叉、长枪举行起义，全部消灭岛上侵略者。

1945年6月14日，防城地下党在那良举行起义，建立防城县第一支革命武装部队，番号定为“钦防华侨抗日游击队”，开赴中越边境的日占区，开展抗日游击活动。在一个多月中三战日伪军，毙伤敌10名，俘敌14名，摧毁部分敌区乡村政权。

1. 广西沿海人民与解放海南岛战争

海南岛又名琼崖，是中国第二大岛，它的面积和战略意义仅次于台湾。对其进攻的难度，远远超出金门与舟山。1949 年 12 月，解放战争的两广战役胜利结束后，盘踞在海岛上的国民党军总兵力近十万人，而且占据了海空优势。经过为时 3 个月的精心准备，1950 年 3 月 5 日至 4 月 30 日，中国人民解放军第四野战军的 10 万兵力，在广东军区司令员叶剑英的指挥下，在琼崖纵队的接应下，在无海军、空军配合的情况下，以木帆船为主要渡海工具，突破国民党海陆空军立体防御，强渡琼州海峡登陆作战，收复了海南岛，创造了世界战争史上的奇迹。

广西沿海是当时离海南最近的前线，广西沿海人民义不容辞地接受了支援解放海南岛的任务。钦州、合浦等地都成立了各界支前委员会。其中钦州共筹得大米 5 万千克、木柴 4 万千克、马料稻草 15 万千克，征集了大小木船 400 余艘，船工 500 余名，其中能观天象、气象，有丰富航海经验的艄公 150 名，各乡镇筹集了能造竹筏的大簕竹 1.5 万条。在全县征集汽车发动机 10 多台，以解决改装帆船的动力，还及时架通合浦至钦州的通信线路。北海市筹得支前粮食 100 多万千克，木柴不计其数，组织 500 人成立常备边民工队，作为后勤运输队，征集了 200 余船工和船只，有 10 名船工在战斗中光荣牺牲。防城县派民兵 1100 名，船工 409 名，船 141 艘，涌现了渡海英雄伦世祥等一批战斗英雄。

2. 广西沿海是援越抗美的前线

越南战争是第二次世界大战后美国直接介入时间最长、损失最大、影响最深远的一场战争。1964 年 8 月 5 日，美国借口军舰在北部湾越南沿海遭到北越海军攻击，即所谓的“北部湾事件”发动侵略战争。军用飞机侵入中国海南岛和云南、广西上空，威胁中国安全。1965 年 4 月，应越南劳动党的请求，毛泽东主席决定向越南提供全面无私的援助。广西沿海成为援越抗美的前线。

援越抗美支前：根据中越两国政府签订的协议，中国于 1965 年 10 月至 1968 年 3 月，先后派出防空、工程、铁道、扫雷、后勤保障等部队共 32 万人入越支援。广西沿海人民不惜牺牲，甘冒敌机的狂轰滥炸和海上布雷封锁，夜以继日地守护和转运援越物资，将大量军援、经援，通过铁路、公路、输油管道和北部湾隐蔽航线，源源不断地输送到越南。同时还拿起武器配合援越部队，参加战斗。广西东兴的沥尾、巫头、山心三个大队有 100 多名青年民兵争相报名应征援越部队的越语翻译，有 48 人获批上前线。在援越期间，参加隐蔽航线运输的中方船舶有 35 艘，载重量 1750 吨，其中货船 23 艘，油船 12 艘；此外中方还投入木帆船 20 艘，载重量为 728 吨。

抢修援越运输公路、整治航道、建设港口：1964—1975 年，广西先后抽调 10 万余人次抢修援越运输公路，此外，各地还采取民办公助的办法，兴建了一批地方公路。

修建援越港口。防城港兴建的直接动因是援外的需要。1968 年 3 月 22 日，毛泽东主席批准紧急修建援越用的防城港和企沙船厂。同日，国务院批准兴建防城港，以支持越南人民的抗美斗争。经过建港人员和钦州地区 9100 名民兵一年多的紧张施工和艰苦努力，1970

海上胡志明小道的起点

年初，先后建成2000吨级码头1座，500吨级货轮浮码头2座和直壁式固定码头1座，2000吨级卸油平台1座，铺砌水下输油管一组约500米，1350吨油库2座，码头仓库3座共5000平方米。1971年，企沙船厂（又名卫东船厂）建成。

帮助越南解决交通运输：1965年以后，中国开辟了一条沿海的秘密航线，把援助物资送到越南中部的几个小岛，便于越南继续运入南方。1972年5月8日，随着美帝国主义在越南进行战争升级，美军在越南北方港口布雷封锁海上交通，无法进行正常的海上运输。应越方请求，中国同意开辟中越海上隐蔽航线由广西防城港（包括北海港）自海上向越南输送抗美物资。1972年7月25日中越签订协议书，开辟防城港至越南盖煎岛海域的海上隐蔽运输航线。

开展对越地方贸易：从50年代初开始至60年代末，广西东兴等地开展的对越边境小额贸易、地方国营贸易和口岸贸易不断发展变化，保证了越南边民的生活需要。

积极开展对越经济技术援助：1965年，美国对越南北方沿海狂轰滥炸。越南广宁省和海防市大批渔民进入广西北海、东兴等港口躲避，并在中国海域从事渔业生产。到1966年5月，已达1416艘10 138人。为紧急解决这些进入广西港口的越南渔民生活生产实际困难，经请示国务院同意，广西开放企沙、北海、犀牛脚、营盘4个港口和自己的传统渔场，对越南渔民提供道义支持和紧急援助。承担援越船舶修理任务的企沙、北海两个船厂的民兵，在技术、零配件、原材料缺乏的情况下，想方设法完成任务，使工效不断提高。

1965—1970年，广西还开放企沙、北海、犀牛脚、营盘4个港口和自己的传统渔场，作为越南渔船从事捕鱼活动的地点，为1416艘船和10 138名因战争疏散到广西的越南渔民提供价值125万元人民币的紧急生产物资援助和生活必需品，使他们在战争期间得以安定生活。

总之，广西沿海是中国援越的前方，是我国地方省区援越的重要组成部分，是越南的直接后方，为越南的抗美救国斗争的胜利做出了重大的贡献。

援越抗美斗争，加深了中越两国人民的友谊，加快了广西沿海的基础设施建设特别是港口建设，改善了广西沿海的陆路和水运，加强了广西边防通信建设。特别是防城港的建设，对加速广西沿海经济发展起了一定作用。在防城港建设的基础上，1975年3月22日，广西第一个双曲拱重力式万吨级深水泊位在防城港建成，从而结束了广西海岸线没有万吨级深水泊位的历史。随着以后的扩建，防城港成为我国北部湾最大的港口和重要的出海通道。

援越抗美斗争也在一定程度上延缓了广西沿海的发展步伐。由于受越南战争等因素的影响，在国家战略指导下，广西主要着眼于国防、边防，沿海、沿边的区位优势长期没有得到充分发挥，广西沿海的发展受到影响。同一时期，我国其他多数省份由于远离战场，获得比较安定的发展环境，得到较快发展，从而拉大了广西沿海与国内其他同类地区的经济发展差距。

海上胡志明小道：这是在20世纪60年代的援越抗美战争中，由中国开辟的一条援助越南的海上隐蔽运输航线。它的起点在防城港市北码头0号泊位，终点是越南海防港。这条航线沿着海岸线走，非常隐蔽。越战时，美国对越南进行海上封锁，企图切断一切援越物资的供应。在险恶的局势下，船只把中国等社会主义国家的部分援越物资顺着这条航线沿着海岸线走，绕过水雷区的封锁，穿过如今的下龙湾风景区，利用海面上山峰兀立，海底暗礁众多，极易产生磁场和漩涡的优势，干扰美国军舰和飞机的侦察，躲避美军飞机的轰炸，安全运往越南的海防港和锦普港，对越南支撑着整个抗美战争格局起到重要作用。

目前，“海上胡志明小道”开通为我国通往越南下龙市距离最近、最快捷的海上跨国旅游航线。从下龙湾到海防这段航线，也是下龙湾景区最靓丽的风景线，被列入《世界自然遗产名录》。

海上胡志明小道的起点

中国海洋文化

百花齐放　发展概况
浪潮涌动　海洋文学
浩海撷珠　海洋艺术
古越遗音　语言载体
梦幻迤逦　文化整合

第七章

帆声桅影

——异彩纷呈的文学艺术

海阔天高写华章——广西沿海人民以海为田、凌波耕耘的同时，也从脚下这片广袤的蔚蓝色土壤里汲取养料，在流动着的帆声桅影中创作出绚丽多姿、异彩纷呈的海洋文学艺术。他们用多彩的笔墨描绘大海的绚丽多姿，用动情的诗篇讴歌大海的波澜壮阔，用嘹亮的歌声赞美大海的辽阔深远……海风、海浪、礁石、海岛、沙滩、红树林、港口、巨轮、小船，那万顷碧波是广西沿海人民永远的精神家园。

忙碌的盐工

百花齐放 发展概况

海洋文学艺术是指借助于审美形象，塑造、表现海洋，反映人类涉海生产、生活的艺术作品。海洋文学艺术通常可分为海洋文学、舞蹈、音乐、戏剧、曲艺、绘画、摄影、电影电视、雕刻、建筑等。广西沿海人民有自己独具特色的优秀传统文化，丰富多彩的文学艺术是其中的重要组成部分。多年来，广西海洋文学艺术呈现出了百花齐放的发展格局。

广西沿海人民在长期的海洋渔业生产生活中，创造了许多洋溢着浓郁海洋风情的民间传说及神话故事。这些传说与故事不少都与大海或清官有关，如《珠还合浦的传说》《东坡题诗戏知州》《珍珠酒传奇》《北海古庙宇的故事》《人鱼泣珠的传说》《三娘石的传说》《京族哈节的神话传说》等。

从唐宋时起，众多贬谪文人来到南海边，就总少不了借海抒发情意。一直到清代，从钦州走出了壮族文学大家“岭南三子”之一冯敏昌。以新中国成立初创作的一批反映广西沿海革命斗争写实小说为肇端，广西沿海本土作家在不断成长，逐渐从广西走向全国。在今天北部湾经济区建设的大潮中，北部湾作家群已经成型并逐渐壮大。

广西沿海的民间歌谣形式多样，有京族哈歌、咸水歌、西海歌、大唐歌、大话歌等，内容丰富，这些歌谣如碧海蓝天、绿水青山，有浓浓的南方情愫。南海澄波，民歌情韵，显现出的是多姿多彩的文化精神和生命意识。

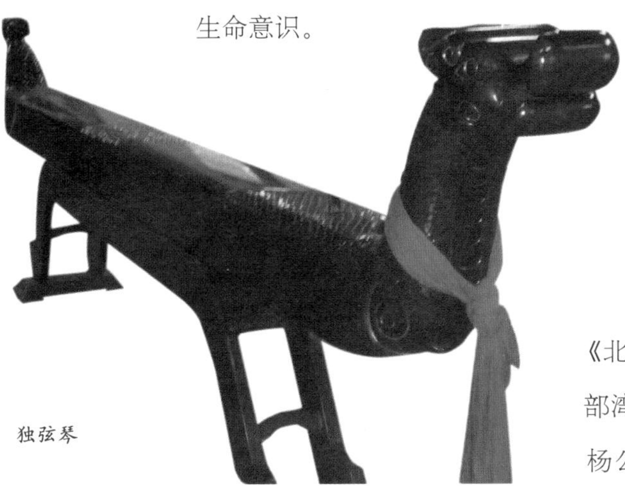
独弦琴

广西沿海人民有自己的民间音乐、舞蹈、戏剧等。民间音乐从古老的八音、独弦琴到现代歌曲《故乡的独弦琴》《金滩有缘》《北部湾情歌》《湾湾歌》《风生水起北部湾》等，特色鲜明。民间舞蹈有扮老杨公、耍花楼、舞麒麟、舞青龙、京族舞蹈跳天灯、花棍舞、摸螺舞、敬酒舞和摇船舞等，内容丰富。民间戏剧有鹩歌、采茶戏、跳岭头、唱春牛、粤剧、木偶戏、烟墩大鼓等，尽是精华。现代改编的戏剧曲艺，如音乐舞蹈史诗《咕哩美》、大型史诗性舞剧《碧海丝路》等继承和发扬了广西海洋文化艺术的风采。大型海上实景演出《梦幻·北部湾》成功推出，成为广西海洋文化产业的闪亮名片。

广西涉海电影电视剧主要有《走遍中国——走进北海》《北部湾》《风生水起北部湾》《老城风云之海鲨一号》以及在广西沿海取景拍摄的《水浒传》《海霞》等。

雕刻绘画：从古代骆越铜鼓的纹饰到三海岩的摩崖石刻，到正在成长的北部湾水彩画派，广西沿海的美术创作队伍不断发展壮大。书法家也形成了特有的艺术风格。

广西沿海的摄影家们把镜头对准“边、海、山”，展示了海天一色的情景，呈现了北部湾自然山海风光的魅力。广西沿海近现代建筑具有岭南特色和南洋风情。

广西沿海的民间语言复杂，白话、涯话、廉州话、军话、黎话、海边话等，是广西海洋文学艺术的文化载体。

京族哈节上百名少女齐奏独弦琴

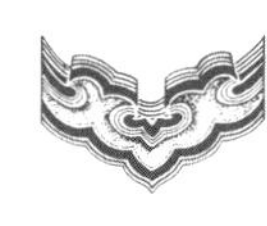

1．优美的民间传说和故事

合浦珠还的史迹及文学遗产

在合浦，纪念还珠史迹的地方很多，如还珠亭、还珠桥、还珠驿、还珠厢等，虽然这些史迹中许多已无法寻觅到旧址，但有关记载及诗文保留了它们曾有的光华。据考，在中国辞书中，以地名、地方特产演绎成语的并不多见，“合浦珠还”是其中之一。“合浦珠还”以合浦古代著名的白龙湾杨梅珠池、南流江畔的大廉山梅岭为故事发生地，讲述了白龙明珠、割肉藏珠、梅岭飞珠、珠还合浦等传奇章节，该神话传说已被列入广西壮族自治区第一批非物质文化遗产名录。

美丽的海域孕育了南珠，成就了独特的南珠文化。新中国成立后，人们在“珠还合浦”神话传说的基础上，相继创作了众多体裁、风格各不相同的文艺作品，传承南珠文化：历史剧《珍珠劫》（黄良声编剧）、粤剧《珠还合浦》（原作黄衍清，合浦粤剧团改编）、电影文学剧本《合浦珠还》（周家干创作）、历史剧《珠还合浦》（郭铭志编剧）、木刻组画《合浦珠还》（李冠国、陈德中作）、舞蹈《珍珠与太监》和《故乡的夜明珠》（邱灼明创作，李家栋作曲，王志模等编舞）、历史小说《情满珠乡》（李英敏作）、诗《珠魂》（韩鹏初作）、《采珠歌》（梁禹作）、歌曲《还珠梦》（《珠魂归》）（余居贤词，李家栋曲）等。其中粤剧《珠还合浦》1991 年获文化部少数民族戏曲保留节目。

合浦珠还的成语典故

这是发端于东汉太守孟尝施惠政的故事。据《后汉书·孟尝传》记载，东汉时期，合浦郡并不生产谷物，而以“海出珠宝”闻名，民间百姓常年用珍珠与相邻的交趾郡（今越南境内）通商贸易兑换粮食。由于当时的合浦地方官员大多贪秽无度，强迫珠民滥采珍珠，于是珍珠逐渐迁徙去了交趾郡境。百姓们断绝了生活来源，贫困的人家甚至因饥饿而死于道路两旁。孟尝到合浦任太守后，清正廉明，革除弊政，使“珠还合浦”，当地才恢复了生机。“合浦珠还”的典故是南珠文化的内核，“还珠”一词已融入为官清廉的精髓，千百年来盛传不衰。

合浦珠还的民间传说

故事起源于合浦七大古珠池。白龙湾畔的渔民，世代以采珠打鱼为生。有一天，穷苦渔民海生，在海上拯救了被恶鲨追杀的珍珠公主。珍珠公主倾慕海生的勇敢、聪明、英俊，为报恩，她化作一名村姑，与海生结为夫妻，生活虽清贫却幸福。不久，朝廷下诏采珠，采珠太监和地方贪官为了向皇帝献媚邀功，强迫珠民下海捞取传说中的夜明珠，使得珠民死伤无数，哀鸿遍野，但是始终找不到夜明珠的踪迹。后来，官府盯上了白龙湾最出色的采珠能手海生，以村民的性命胁迫海生潜海采珠。善良的珍珠公主为了挽救大家，变回了夜明珠的原形，让海生交给官府……但是，当太监在重重护卫下，携带珍珠回京献珠时，每当到了梅岭，夜明珠就会飞回珠池之中照亮海湾。无可奈何之下，太监只得割开自己的大腿将夜明珠深藏于肌肉中缝合好，自以为这样可以万无一失。不料，到梅岭后，雷雨大作，夜明珠从太监体内凌空飞出，重返珠池，给了太监及贪官以重罚。从此，朝廷不敢轻易下诏采珠，白龙湾风平浪静。

人鱼泣珠的故事

合浦珍珠之所以如此美丽，相传是由善良美丽的人鱼公主的眼泪变成的。很久以前，人鱼公主救了一位与凶恶海怪勇敢搏斗而受伤昏迷的男青年。后来他们带着夜明珠回到人间，公主与青年结成了夫妻。县官为了霸占夜明珠，杀害了公主的丈夫。人鱼公主报仇后，伤心地回到海里的水晶宫。朝廷知道有宝珠的消息后，派太监到合浦，逼迫珠民驾船出海围捕珍珠。海底的人鱼公主故意让太监三获宝珠又三失宝珠，掀起巨浪，将宝珠带走。太监得不到宝珠，便自杀在珍珠城，大海重新恢复了平静。人鱼公主非常思念丈夫，她捧着夜明珠，泪如泉涌，眼泪变成了一颗颗亮晶晶的珠玑滚落大海，真情感动了珠贝，每当公主滴下晶莹的泪滴，珠贝吞下后便变成珍珠。于是，合浦海域便成了珠母海，出产的珍珠闻名于世。

阿斑火传说

这是流传于北海一带的民间故事。阿斑火：渔民的神火、保护神，源于渔家姑娘阿斑的传说。传说，在南海有一位美丽的渔娘阿斑，她五官端正，婀娜多姿，心地善良。因少年时害上天花，脸上起了斑点，人们叫她阿斑女。父母因穷向渔霸借钱给她治病。阿斑女父母双亡后，渔霸上门逼还债款，强行把阿斑女卖给妓院抵债。有位叫海生的青年船工爱上了阿斑女，他凑钱把阿斑女从妓院赎了出来，并偷偷把她带上船藏在船底。一天，海生打工的渔船出海捕鱼经过一个叫“海神庙”的海域时，海面上突然乌云翻滚，狂风大作，巨浪滔天。渔霸怀疑船上藏有女人而得罪了海神，便责问船工有谁带女人上船，大家都否认。渔霸便亲自下船舱去搜查，把晕浪躺在船底的阿斑女拖上甲板。海生扶起阿斑女并大声对渔霸说，是我把她带上船的。渔霸暴跳如雷，大骂海生把祸害带上船，并把阿斑女推下了海。阿斑女死后变成了一团火球，把海面照得通红。从此，每当月黑风高、刮风下雨时，这团火球便在这片海域上空飞来飞去，寻找它的海生哥，寻找渔霸报仇。同时照亮天空，为渔民护航。阿斑火成为北海渔民心目中庇护人间，保证渔船捕捞丰收的神火。

东坡题诗戏知州

合浦廉州知州衙门前有一汉代名井叫甘露井。北宋年间，廉州知州陈甫为了标榜其为官清廉，将甘露井改名廉泉井，并在旁边立了一方大石碑。但是陈知州在任期间受贿卖官，搜刮民财，民不聊生，百姓怨声载道，苦不堪言。

苏东坡从海南儋州获赦北归，到廉州下榻邓氏园林清乐轩，每日与廉州人士邓拟、刘几仲饮酒赋诗。陈知州虽然胸无点墨，但为了附庸风雅，每天都到东坡下榻处，与东坡等人饮酒谈诗论文。席间，陈知州请求东坡为他改名的廉泉井赋诗。东坡早已听闻他在廉州贪赃枉法之事，现在居然还要求自己为他题诗留墨，更加气愤。于是略一沉思，挥毫题下廉泉诗:“古衙门前是廉泉，剩得碑文后代传，谁解名泉颜色改，只应日日近赃官。”题目为“廉泉”两字。邓拟和刘几仲看了，知道东坡吟廉泉诗的用意，连声称赞:“好诗，好诗。”陈知州知道东坡题诗有意戏弄他，却不好当着众人的面发作，只得连声附和。此事在廉州百姓中很快传开，百姓集资将诗刻在大石碑上，立于井旁。陈知州非常愤怒，等苏东坡一离开廉州，便派人将刻有吟廉泉诗的大石碑打碎。

京族哈节的传说

海洋民族喜爱海歌，“哈”就是唱歌的意思，“哈节”就是唱歌的节日。这个节日缘自京族对海洋的崇拜和信仰，其背后有一个曲折的神话传说。

离京族三岛不远的白龙岭上住着一只蜈蚣精，渔船每次经过此处都要送一个人给它吃，否则它就兴风作浪，把船掀翻。有位神仙发誓要除掉这一祸害。他化装成一名乞丐，来到东兴港要搭船到北海。船主心中暗喜，觉得有这个乞丐可以送给蜈蚣精。乞丐带着一个大南瓜，上船时请求船主把它用锅煮了。船到白龙岭海面，蜈蚣精出来要吃人，船主说："乞丐公，委屈你了！"说着动手要推他下海，乞丐说："先把南瓜拿给我！"船工拿来煮得滚烫的南瓜，乞丐举起大南瓜投进蜈蚣精的嘴里，蜈蚣精吞下南瓜，烫得直打滚，尸断三段，化成三个小岛，头这截叫巫头岛、心这截叫山心岛、尾这截叫沥尾岛。牙齿落在越南，成为了茶古岛（京族三岛的人称之为"万柱岛"）。

故事反映了京族人想要战胜自然、征服自然的思想：蜈蚣精是海上自然灾害的化身，其原形可能是恶鲨之类，它兴风作浪综合了海上风灾浪害的特征，是自然灾害的"妖化"。而镇海大王则是京族人企望征服自然灾害的力量之化身。人们尊称神仙为"镇海大王"，在白龙尾立庙供奉。三岛的哈亭也供镇海大王神位，每年"哈节"都要迎镇海大王到哈亭享祭，请"镇海大王"保佑三岛安宁，海上平安，打鱼丰收。

三娘石的传说

钦州三娘湾的名字来源于村中的三娘石。传说，三娘石是"三娘"的化身。很早的时候，三娘湾只有苏、杨、李姓三个青年小伙子居住，他们共在一条船上，共用一番网，共住一个舱，辛勤劳动，生活宽裕后，建起了房子。有一天，三个仙女下凡，看到美丽的人间海湾，勤劳英俊的小伙子，决定下嫁人间。玉帝得知后，允许三位仙女暂住三年。这三年里，丈夫出海打鱼，妻子在家织网，夫唱妇和，过着美满生活。三年后，玉帝不见仙女回来，大怒之下，掀起狂风恶浪，吞没渔船。三位娘子在海边并排站着，顶着狂风恶浪，等候丈夫归来，天长日久化成三柱并排站立的花岗岩石。大海见证了他们坚贞

三娘石

的爱情、勤劳勇敢的精神，人们都捧来鲜花香烛敬献三娘石，以表示对伟大母亲、美丽女性和坚贞爱情的向往。

2．古代广西海洋文学

近年，从广西沿海新石器时代遗址出土的一批石器、陶器、铜器等证明，早在新石器时代，广西沿海就出现了原始状态的文学艺术的萌芽。但是，由于远离中原，距离中国封建文化的中心较远，开发的年代较迟。根据现有的文字资料，直到唐代时期，广西沿海才出现了典籍可查的文人——宁原悌和姜公辅。

自秦代以来，历次大战乱所形成的汉民族南迁都给包括广西沿海在内的岭南地区带来了中原文化，中原文化与土著文化的互相糅合，使得原来相对落后的土著文化得到提高，并且以它浓郁的地方特色丰富了中华文化的宝库。特别是唐宋以后，一批中原的官员、文人被贬谪或流放合浦和钦州，他们在屈辱、艰辛、悲壮的贬谪流放中，以中国文人特有的精神气质把中原的先进文化带到了当时尚处于蒙昧状态的广西沿海，通过倡导教化、开馆授徒、著书立说、游记诗赋、从游问学等途径促进和普及了民族教育，加速了广西沿海地区少数民族融合到整个华夏文明的进程。宋元以后，广西沿海兴学育才之风渐盛，其中影响较大的当推清朝乾隆年间的翰林院编修学士、有“岭南三子”之称的冯敏昌。冯敏昌是古代广西沿海壮族先贤留下诗文作品最多的一个。他一生诗作 2000 余首，文 200 多篇。他热爱国家，热爱家乡，用纸笔歌颂家乡钦州的美好风光，如描写钦州临海风光的《龙门》：“惊浪到龙门，连山大海吞。楼船称日裂，火器迸天昏。已见南交宅，真同砥柱尊。鲸鲵还可憾，行胜数东藩。”清人刘彬华在《岭南群雅》中对冯敏昌给予很高评价，认为他“为岭南一大宗”。

近代，广西沿海也产生了不少优秀诗篇，如刘永福的《悼台诗》以及黄遵宪的《冯将军歌》等歌颂刘永福、冯子材抗法斗争的诗文等。

3．当代广西海洋文学

广西沿海风景秀丽，一批本土作家把眼光投向北部湾这一片沃土，产生了一批描述广西沿海人民生产生活的优秀文学作品。如李英敏的电影文学剧本集《南国红豆集》《李英敏电影剧本选》，短篇小说集《海里的月亮》《椰风蕉雨》，散文报告文学集《五月的鲜花》，特别是李英敏所创作的电影文学剧本《南岛风云》和《椰林曲》（与陈残云合作，上海电影制片厂摄制）是广西沿海籍作家走向全国的一个良好开端。

20 世纪 70—80 年代，一批由广西沿海作家创作的文学作品开始在国内有影响的刊物上发表，如陈宜坚的诗歌《千里眼》、肖景业的散文《香满荔园》、陈明举的短篇小说《捕虾记》、吴斯俊的诗歌《滔滔南海布罗网》、陈兆民的散文《赶落潮》和《荔枝春》、沈祖连的报告文学《南海养虾人》和《大海、珍珠、人》、杨幼雄的诗歌《沙滩》等。

从 20 世纪 80—90 年代开始，一批出身于北部湾，生活在北部湾的本土作家如小说家徐汝钊，诗人邱灼明、何津，散文家廖德全、顾文、林宝，小小说家沈祖连，杂文家阮直……还有新生代小说家伍稻洋、杨斌凯、凌洁、冷月，诗人庞华坚等，他们的作品从南中国的边域远海不断亮相《人民文学》《小说选刊》《诗刊》《作家》《北京文学》《上海文学》《中华文学选刊》《中篇小说选刊》《大家》《随笔》《散文》等国内名刊，并不时问鼎广西乃至全国文学奖项，在中国文坛产生了不同程度的影响。这些创作为人们呈现了一个丰富、厚重、绚丽多彩的北部湾文学世界，展示了北部湾作家群的创作实力和艺术特色。如以林宝、龙歌、韦佐、李甜芬、徐仁海、严其章、莫俊荣、苏虎棠、杨桂东等为代表的防城港作家群，创作了大量具有边海山文化特色的文学作品。钦州作家围绕钦州港开发建设、三娘湾旅游开发、坭兴陶产品开发开展各种文学创作活动，产生了一批优秀文学作品。其中，徐汝钊、石山浩、龚知敏、容本镇、谢凤芹等人的创作主要以北部湾历史和现实生活为题材，有着浓郁地域风情。在散文创作中，顾文、廖德全、林宝、阮直、庞华坚等都颇具影响。诗歌创作方面，黄河清、卢祖品、何津、邱灼明、韦照斌、庞华坚、赵红雁、姚泽桐、庞兴强、韩鹏初、龙俊、段扬、蔡小玲等都颇有名气。当代京族作家群创作则更多的是抒发海的情怀，讲述人与海的恩恩怨怨，如民间歌手、诗人苏维光的长诗《石花》和一系列短诗等。

当前，广西北部湾风生水起、千帆竞发，为文艺创作提供了重要的源泉。近 10 年来，作家们先后创作了《云水激荡：2008 广西北部湾》《四十年，一座大港的崛起》《谁持彩练当空舞——北海处置烂尾楼纪实》《防城港：从海上胡志明小道破浪驶来》等一批优秀报告文学，为北部湾建设鼓与呼。

1．富有海洋特色的民间歌谣

京族哈歌

“唱哈”是“哈节”的主要活动项目，“唱哈”的主要角色有三人，即一个男子叫作“哈哥”，又称“琴公”，两个女子叫作“哈妹”，又称“桃姑”。主唱的“哈妹”站在“哈亭”的殿堂中间，手里拿着两块小竹片，一边唱一边摇摆着敲，伴唱的“哈妹”坐在旁边地上，两手敲打竹制的梆子合之。“哈妹”每唱完一句，“哈哥”就依曲调拨奏三弦琴一节。如此一唱一合一伴奏，直到主唱的“哈妹”困倦了，转由另一个“哈妹”出来主唱，“唱哈”要连续进行三天。

北海咸水歌

北海咸水歌一名海歌，又名海察歌，是用地方方言海察话演唱，流行于广西沿海一带乡镇的民间歌谣。它源于疍家人的生活劳作，号称“有咸水的地方，就有咸水歌”。咸水歌一般由上下两句组成单乐段，或由四个乐句组成复乐段。它沿用了中国古代五声音阶，曲调委婉悠扬，结尾终止方式非常特别，在全国民歌中绝无仅有。有独唱、对唱等形式。曲调悠扬、婉转，善用比兴，形象生动，韵味浓郁。

咸水歌在艺术技巧上运用赋比兴的手法，其比喻层出不穷，双关运用恰到好处又韵味无穷，如红豆喻相思、灯草喻心等。如：“拆屋围园栽红豆，未成家计为相思；亡人口里含灯草，死落阴间芯不移。”“三婆古庙出了名，人人都讲庙神灵；别人跪拜我跪拜，别人求雨我求晴。”“阿妹出街卖灯芯，遇着阿哥卖油人；卖油遇着卖灯草，哥有埕来妹有芯。”

咸水歌内容广泛，构思精巧，手法多样，曲调种类有“咸水歌”“叹家姐”“姑嫂妹”以及“十二月送人歌”“十二送情歌”“伴郎”“伴嫁”“叹古人”“叹字眼”等，节奏平稳，曲调悠长，最能表达疍家水上生活的情景和情感。如“叹家姐”内容涵括了劳动、爱情、贺仪、婚嫁、丧葬等，从独唱、对唱到多人轮唱，不同的场合，以不同的内容为唱词。出海捕鱼唱“出海歌”，祝贺新船下海唱“贺新船”，出嫁时唱“哭嫁歌”。

西海歌

西海歌又称为山歌，是流行于北海沿海一带，用廉州话演唱的一种歌谣。有独唱、男女二人对唱或三人联唱。种类有催请歌、盘问歌、辩驳歌、庆贺歌、苦情歌、交情歌等。西海歌的特点是富于比兴、双关和使用歇后语。有单支头歌、双支山头。每唱一句一个山头的，如"落乡做戏到你村场（唱）"叫单支头歌，两句山头的如"鹧鸪饮着芋蒙水，心想无啼（提）颈又痒"叫双支头歌，现在唱的大多是双支头歌。还使用"谐音""比拟""拆字""叠字"以及首尾互相勾连的"连锁词"等。同时十分注意韵脚，一共有12个韵，通常人们爱唱的是"人心""关拦""圈联""秋流"四大韵。西海歌的内容是疍家日常生活的缩影，如"疍家捉鱼在海中，背脊晒成熟虾公，冬天盖张烂鱼网，终年都住白鸽笼"；"棹船手松你讲边不要（摇）紧，转头望人以后有相见。熄掉街灯有时路跟机（这里）过往，入栈寄宿到你家踮踮（探望）"等。逢年过节及婚娶喜庆，北海民间都有西海歌演唱。

企沙山歌

企沙山歌分布在广西防城港市港口区企沙镇沿海。企沙镇地处广西南部，东靠钦州龙门镇，西与港口区隔海相望，北与光坡镇相连，有山和较长的海岸线。这里生活着以捕鱼为生的渔民，现有人口3万多人。新中国成立前，大部分渔民过着海上漂流的生活，生产单一，生活枯燥，他们常以歌自乐，以歌解忧。现在唱山歌的基本都是50岁以上的人，每月（农历）逢二、八、十的日子，他们都会集中在村民自建的歌堂唱歌，所唱包括民间口头和书面创作的歌。即兴而唱的歌，有独唱和对唱，均无乐器伴奏。旋律具有浓厚的地方戏曲音乐和民间音乐韵味。

钦州海歌

海歌是自清朝以来盛行在钦州市钦南区东场、大番坡、龙门港、犀牛脚民间、用犀牛脚海察话演唱的一个歌种。在犀牛脚、东场一带广为流传，至今已有几百年历史。钦州海歌有22个韵，在演唱中通用的是"人心""关拦""圈联""秋流"四大韵，习惯一韵到底。种类有催请歌、盘问歌、随口歌、辩驳歌、庆贺歌、古情歌和交情歌等。它的歌词特点是广泛采用比兴双关手法，民间俗称"山头"，一句歌一个山头的叫"双支头"歌，两句歌一个山头的叫"单支头"歌。曲式上，海歌采用四乐句的乐段结构；调式上，主要是五声徵调式，曲调按词行音。演唱形式上，有独唱、男女对唱，也有三人联唱。曲式结构和调式稳定。另外，海歌还把当地其他民歌和戏曲的音调融入自己的曲调里，甚至把不同的歌曲采取去头留尾加以合并的方法造成新曲，使海歌得到不断地丰富和发展。人们在田间劳作，坡上放牧，山中砍柴，海边结网或院里乘凉，都可以随时随地放声歌唱。你问我答，亲切流畅，悠扬甜美；唱歌的人才思敏捷，反应迅速，出口成章。

2．饶有地方特色的海洋舞蹈

唱老杨公

老杨公是合浦一带所特有的一种民间神话歌舞，用廉州话演唱，已有600年的历史。相传古时候降生在水潮院里的蔡九仙娘（仙姑），因动了思凡之念，被玉皇大帝罚下凡受苦，在危难中得到南海观音的化身老杨公救渡，指点迷津，脱离苦海。由于在救渡过程中，老杨公多次出难题来试探仙姑，仙姑因其善良的人品和悲惨的遭遇，博得了老杨公的同情，遂渡其过海，得以脱险。因此，唱老杨公时，共有老杨公、仙姑和鼓师三人，主要是由老杨公与仙姑边唱边舞，男的扮老杨公，女的扮仙姑，老杨公用山歌来与仙姑对答，引起一场引人入胜的对唱。随着故事的发展，它贯穿着美妙的歌舞，曲调有东海歌、西海歌、撑船歌、棹船调、西江月、顺口溜（讲故事）、犯仙歌等，成套曲牌大多是二乐句和四乐句结构，以单一音乐形式陈述，有时锣鼓落序，民间色彩浓郁，谐趣活泼，具有独特的海边歌谣风情。

耍花楼

耍花楼是合浦一带民间的传统曲种，又名洒花楼和耍风流。流行于北海和合浦县的廉州、环城、沙岗、石康、西场、党江等乡镇，有200年历史。演唱时载歌载舞，主要用官

唱老杨公《渡口接亲》剧照

钦州市灵山县的跳岭头

師
大英堂

话和廉州话演唱，也有用廉州话、粤语和客家话混合来唱的。通常以神话的表现形式出现，富有豪华、风趣的特色和风格。耍花楼有小耍和大耍两种。小耍表演是由两个锣鼓手配合一个茅山教的道士把一本“六害科”喃完毕。大耍表演则像戏剧一样，有情节、各种角色、唱词道白，还有歌舞等。据民国 31 年《合浦县志》载：清道光年盛行于合浦民间，是为重病人收妖捉鬼，消除灾难而演出的，迷信色彩较浓厚。但它以神话故事为载体，以一男一女对唱对舞的形式演出。所用曲牌除王母、九郎洒楼这一情节的十段唱词固定用耍花楼主调外，十二群仙的十二段唱词不固定。近 70 年来惯用“游山打猎”石榴花、二环调、插鲜花、三爷调、开经调、挂金索、叹五更、采茶调等曲调演出，有的欢快热烈，有的悠扬舒展，大都是三乐句和四乐句的乐段结构，结尾常因歌词末句的反复和衬腔而扩展。曲调特点主要是五声征调式，其次是宫调式，也有羽调式。有些曲调在句尾扩充时调式交替，更具浓郁的北海特色，为现今歌舞借鉴利用。

跳岭头

跳岭头是广西沿海地区，主要是钦州市各县区的最具地方民族特色的一种祭祀性传统舞蹈，因其舞蹈是在岭坡上举行，故名“跳岭头”，又因其舞蹈是由专门的师公表演，其用意是驱鬼辟邪保平安祈丰收，故又称为“跳鬼僮”，浦北县一带则称之为“颂鼓舞”。一般在中秋节前后举行，各地都有固定的地点（岭坡）和日期。表演时，师公们头戴面具，身穿花彩白底衫裙，手持刀斧、禾叉、锹、铲之类的器械，在鼓乐的伴奏下有节奏地跳舞。传统节目主要有安坛开光、歌舞娱乐、收妖封坛三个部分。以前，跳岭头的宗教祭祀成分较多，驱鬼除邪的目的很明确，如今，岭头节已发展为民间娱乐，不但壮族跳岭头，汉族也跳岭头。汉族跳岭头除了保留壮族跳岭头的基本演出程式外，在念唱对白时使用“钦州正”

钦州岭头鼓

傩戏的面具

群众在扎青龙

官话，其中表演的“撬船”一场最能突显钦南沿海特色。2006年，跳岭头入选广西第一批非物质文化遗产名录。

采茶舞

采茶舞是钦州汉族地区最为流行的一种传统舞蹈。表演时，演员可多可少，表演者手持花扇或手巾，踏着鼓乐的节奏起舞，队形和舞姿按照既定的程序不断变化；也有的不用道具，以手的各种动作姿态来表现其舞蹈语汇，动作轻盈委婉，整齐统一，旋律优美，是乡村群众在节日特别是中秋节和春节期间一项主要的文娱活动。

舞青龙

舞青龙是流行于浦北县乐民镇的民间祭龙仪式，在中秋节晚上举行。相传，乐民墟是一块“白虎”地，按中国“易”理，“白虎”为凶神。身居凶神之地的百姓，稍有不慎就会招来灾难。后经一位仙人指点，只要每年中秋节用蕉叶扎成青龙遍舞全境，可克白虎，保境平安。从此，乐民镇每年中秋节都编扎青龙起舞。

中秋节晚饭前，乐民墟上的每一条街都竞相编扎一条“青龙”参加活动。龙头用竹篾扎就，蒙上彩绸纸张，龙身用当地产的芭蕉叶扎成。自龙首至龙尾有的长达百米，短的也有五六十米。“青龙”骨架扎成，除龙口、龙角能喷火外，龙脊上插香火，每隔一尺插上用竹管制成的油烛一条。当香火和油烛都点燃后，整条“青龙”从头到尾一片通明，“鳞光”闪闪。入夜，时辰一到，墟上锣鼓喧天，“青龙”飞舞，伴月增辉。所到之处，家家户户燃放鞭炮。沿途参加舞龙的人数不断增加，龙身长的舞者超过一百人。男女老少呐喊欢呼，观看舞龙的群众多达一二万人。舞罢，送“青龙”到郊野，大家蜂拥而上，劏龙取筋（割扎龙的绳索），拿回家中，把它放到猪圈、牛栏、鸡舍里，说是能够辟邪。那一夜，乐民墟家家户户食“龙粥”吃月饼，合家通宵赏月。

京族的民间舞蹈

京族一般在哈节期间举行舞蹈活动。最常见的舞蹈有“跳天灯”“花棍舞”和“采茶摸螺舞”。

跳天灯　唱哈节中表演的舞蹈。京族人民长期以捕鱼为生，捕鱼时的安全和丰收，是渔民的愿望。“跳天灯”是祈求海神保佑的舞蹈。由四个、六个或八个女子表演，他们身穿白色长衫、黑色长裤，头顶一个碗，上面燃着三支蜡烛，两手各拿一只杯子，杯中也燃着蜡烛，随着鼓点节奏的快慢，一面手托蜡烛转动手腕，一面纵横交错的穿插，构成各种图形，气氛肃穆、安静，烛光与白色长衫相映，形象十分优美。

花棍舞　唱哈节中表演的舞蹈。由女子一或二人，身穿白色长衫黑长裤表演，舞时两手各持一条长约一尺多的木棍，上缠彩色花纸，棍头扎成纸花。一般是先唱后舞，唱词的内容很广泛，有叙述父母养育之恩的，有表现男女深厚爱情的。舞蹈以手腕绕动花棍为主，或上下、左右绕动，或在胸前交叉、分开，或以花棍尾端相互碰击，或以一棍搭肩一棍绕圈，动作变化多样但步法变化不多，基本上是碎步。伴奏乐器只用鼓，鼓点随舞者表演逐渐加快，给人以明快和流畅的感觉。

采茶摸螺舞　唱哈节中反映劳动生活的歌舞。歌词大意是：姐妹上山摘茶，采野花三五朵，下溪戏耍去摸螺，快捶螺，用力吸，叮当呵叮。在一曲特色浓郁而亲切的歌声中，舞者时而有模拟采茶的动作，时而以左手模拟握螺状，右手伸出食指轻轻敲打，表示捶螺的动作，舞步则与“跳天灯”大致相同。京族人民性情含蓄、温柔，舞蹈动作也是柔和、抒情的，当“哈妹”唱到“叮当呵叮”时，通过轻轻地击掌，手指轮转和两臂的自然摆动，表达其内在的情感，形成其独特的风格。

“哈妹”跳“敬香舞”

“唱哈节”一般要进行 3 ～ 5 天，除了比较完整的“跳天灯”“花棍舞”“采茶摸螺”等外，还有“敬酒舞”“敬香舞”（即“跳乐”）“跳香舞”“再见歌”等，基本动作与“跳天灯”相同，只是“敬酒舞”“跳乐”“再见歌”为徒手舞，“跳香舞”左手持三支香而舞。

对花屐

对花屐又称“对唱情歌”，是过去京族地区青年男女恋爱、定亲的方式。每逢中秋节或丰收后的月夜，女青年成群结队来到山坡草坪，男青年也三三两两地缓缓走出，月光下青年男女先要对唱情歌，待情投意合后，就腼腆地拿出花屐来对，如果两人的花屐刚好合成一对，就算“天作之合”了。其实平时已有爱慕之心的男女，节日前早已从对方房门外偷看了花屐的样式和尺寸，自然会做出一样的花屐来。当他们对上花屐以后，就高兴地互相祝贺，边歌边舞，对打起花屐来。

3. 特色鲜明的海洋音乐

八音

八音属于民间曲艺中的“吹打乐”类，在广西沿海农村广为流行。八音流行于民间，多为散曲，名同曲异，格调多样。其历史无从考证，但在广西沿海的发展历史已很久远。现在八音主要流行于钦州、防城、玉林、贵港、南宁等广西沿海及周边地区。各地曲牌名同曲异，大致相同。钦州的八音曲牌比较流行的有 100 多首。曲牌来源有两种，一种是祖传下来的（占多数），如《长行》《流星赶月》《小行正》《柳叶青》《牌子》《牌子屋》《恭喜笛》等，另一种是外地传来的，如《西湖》《双蝴蝶》等。据灵山县的老艺人说，他们的八音是广东传过来的。钦州各地的八音吹打风格有雷同，也有差异。共同点是每段散板都有引子，引子反复后再奏起主调段，然后进行结束段。八音主要用于民间的娶、嫁、丧、醮（消灾）、祭祖、满月、贺新居、游神、舞龙、舞狮、舞凤等，各地根据当地当时的风俗、环境、气氛、场合不同而选用不同的流行乐曲。八音已列入广西壮族自治区第三批非物质文化遗产保护名录。

独弦琴

独弦琴是京族独有的民族乐器，也是我国古代流传下来的一种古老乐器，属弹拨类弦

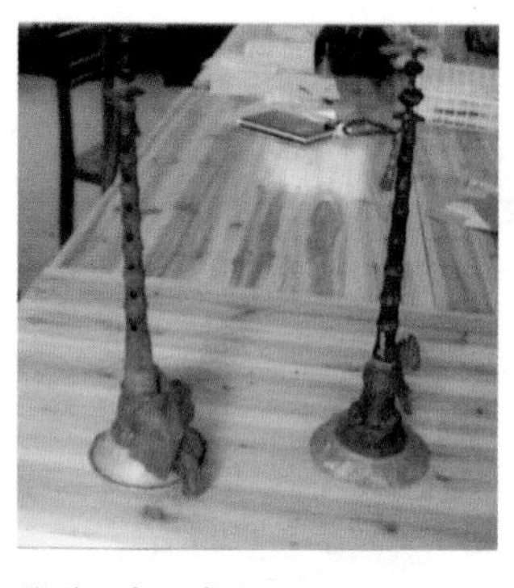

钦州八音：唢呐

鸣乐器，因独有一根弦而被世人习称为独弦琴。由琴身（共鸣箱）、摇杆、弦轴和琴弦组成独弦琴，又叫“一弦琴”。由于它装有一个匏瓜状的扩音器，所以又名匏琴，或独弦匏琴，京族语直呼旦匏。由于它的音律主要表现出悲凉婉转，又叫“悲凉琴”。关于独弦琴的来历，有说是由龙宫传来人间的宝物，由海龙王的“如意琴”演变而来，那一根弦就是龙王七公主的头发变的；有说是京族的先民出海打鱼时，发现系在桅杆上的绳索，伴随船的摇摆用橹碰击则发出奇妙的声音，受此启发而模仿制作的。

独弦琴结构简单，以劈成一半的毛竹筒做琴身，也有用长方形木质音箱做琴身的，左端竖插竹子或牛角的摇杆，杆中间系一根钢弦，琴身形状犹如龙船，摇杆好比海船的桅杆。传统独弦琴，都是用竹木制作的。随着现代文明的发展，独弦琴得到了全面改进：一是麻绳竹篾替换成钢丝弦，独弦琴的音色变得厚实而悠扬，音域也变宽阔而稳定了。二是独弦琴有了乐谱。三是独弦琴的科技含量提高，艺术表现力和可观赏性增强。

20 世纪 50 年代，京族民间乐手苏善辉第一个登上广东省中山纪念堂用独弦琴演奏古曲《高山流水》；2005 年，京族女孩苏海珍发行了中国首张独弦琴专辑《海韵魅影》；旅美华人周子娟在美国成立了独弦琴传播公司，向世界传播、推广独弦琴。还有何绍、苏春发、王能等都是背上独弦琴走进中南海、登上人民大会堂，向世人展示独弦琴独特魅力的人物。独弦琴演奏的内容多为叙事史歌及中国古诗词等，如《宋珍》《陈菊花》《斩龙传》《琴仙》《浔阳江头夜送客》等。2011 年 6 月，京族独弦琴艺术入选中国第三批国家级非物质文化遗产名录。

天琴

天琴是壮族支系偏人的弹拨弦鸣乐器，偏语称鼎叮，由乐器发声谐音而得名。每逢壮族传统节日，偏人都要举行群众性的“跳天”文娱活动，在活动中唯一使用的乐器是鼎叮，故称之为天琴。其形制独特，音色圆润明亮，常用于独奏或为歌、舞伴奏。流行于广西防城港市防城区、宁明和龙州等地。至今已经有上千年历史。

鼎叮，原为天婆（巫婆）为人禳灾治病时所用，后来，这种巫术性质的弹琴歌舞演变为群众性的娱乐活动，但仍称唱天、弹天、跳天。传统天琴长约 120 厘米。琴杆木制，雕

2011年哈节上京族少女百台独弦琴演奏

龙纹。琴头雕成凤形、帅印、太阳或月亮形，左右各置一木制弦轴。琴筒用葫芦或麻竹筒制，呈半球状，厚10厘米，前11胶麻竹壳或薄桐木板，面径11厘米，后端镂刻花纹为音窗。竹制琴码，张丝弦。琴体各部可拆装组合，便于携带。

每年三月三，是壮族歌节，也是偏人的传统节日“阿宝节”。在防城区垌中乡板典村偏人的“阿宝节”，有二国、三省、四县（即中国广东、广西的防城、上思、宁明县，越南广宁省平察县）的数千人前来助兴。男女青年在对歌中寻觅情人，当对歌达到高潮时，他们拿起天琴边弹、边唱、边舞，尽情欢乐。天琴既是歌唱的伴奏乐器，又是舞蹈的道具。活动有时要持续几天几夜。节日中播下的爱情种子，日后将会开放出朵朵幸福之花。

4．扎根民间的海洋戏剧和曲艺

广西沿海三市汉族的民间剧种有粤剧、采茶、鹩剧、山歌剧等。至今仍为群众喜闻乐见和流行的主要是粤剧和采茶，其他的只在局部地方流行。

粤剧

粤剧原称广班或广府戏，民间称为大戏，在广西沿海各地很流行，其普及程度居各种民间艺术之首。粤剧的唱腔优美，旋律流畅，易唱易记，雅俗共享，曲牌严谨而又灵活，富有民间特色；做工精细，表演逼真，文戏雍容潇洒，武戏功夫扎实，富有南派特点；念白清晰易懂，悠扬动人。清朝康熙年间，广府（即今广东省南海、番禺、顺德等县）人纷纷来廉经商。每年春秋两季，他们酬神还愿时便聘请广府班（俗称过山班）来廉演粤剧。同治年间，廉州庙堂戏最盛。每逢华光诞，廉州各商行集资请广府花子蓉（绰号大脚蓉）全女班在华光庙演出。民国初年，来合浦演出的广府班有蔡庆霜、宋超群全男班，地方戏班有大牛德、牛巴六（班主）等。北海也出现了一批专业戏院。1950 年，合浦县成立了专业粤剧团“合力粤剧团”，1951 年北海成立了群力粤剧团，1957 年改为北海市粤剧团。

光绪元年(1875 年)前，粤剧就在今钦州市境内流行。1904 年灵山成立第一个粤剧团“江屋戏班”。1931 年，灵山的“悦笙音乐剧社”成立。1933 年，钦县小董镇“艳丽剧团”成立。1951 年 5 月，北海、钦州、南宁的艺人组建“艺光粤剧团”，在钦州新镜春楼戏院演出，该团于 1951 年改制“国营钦州粤剧团”，1964 年改为广东省湛江专区国营钦州粤剧团，1984 年与钦州地区粤剧团合并成为钦州市粤剧团。粤剧在钦州长盛不衰，从 1951 年至今，专业粤剧团上演的粤剧就有一千多个。各县剧团不但排演了无数的传统剧目，而且还演出了许多现代戏，除了在本地演出外，还到南宁、梧州、柳州、湛江、佛山、广州巡回演出，造就了一大批有艺术造诣的演员。

采茶戏

采茶戏流传于钦州市境内，是在民间的“采茶歌”“采茶舞”“采茶灯”的基础上发展起来的地方小戏。据史料载，清朝乾隆年间，农历正月的“采茶灯”、唱“采茶歌”、跳“采茶舞”已成为一种民俗活动。到道光年间，采茶灯、采蔡舞开始以故事为主线，编写出有人物、有环境、有情节的小戏，成为上元演出的百戏之一，被称为“唱采茶”。由一个茶公（杂脚）和两个茶娘（旦）演出，用锣鼓伴奏。

钦州采茶戏在发展中，其唱本把木鱼唱本改为“茶花”唱本，吸收“南音”作为演唱“杂茶”的基本唱腔，据老艺人回忆，承师传的 34 出传统采茶戏中有超过四分之一是来自木鱼唱本。清末及民国年间，当外省的采茶、花鼓和采调传到钦州时，钦县采茶戏艺人吸收了它们的唱腔、剧目、行当的划分和增加音乐伴奏。此外，粤剧的表演程式，粤剧和民间八音的锣鼓、吹奏曲牌也被采茶戏吸收。

采茶戏的代表剧目，传统戏有《钓蛤茶》《安南茶》《董永卖身》《陈三磨镜》《车龙卖灯》等；现代戏有《蒙老汉修基》《黄大伯与金姑娘》《三春柳》《双喜临门》等。

在钦州，每遇红白喜事，群众都喜欢请采茶戏演出。演出场地很简单，随便找块空旷地，挂块布幕，就可以开台。唱采茶成为钦州群众文化生活的重要内容。

鹩剧

鹩剧是流行于浦北县北部地区的一种民间小戏，在六垠镇的六万山一带比较盛行，寨墟、乐民和官垌等镇也有民间艺人和业余团队。相传，它是由民间贺新年活动中的引凤歌舞发展而来的，盛行于清代，摹拟日月和凤凰，元宵节以前沿村唱舞“引凤”之戏（当地土称鸟为鹩，所以把凤凰称为鹩）。

鹩剧的表演形式是边唱边舞，谈唱为主，即兴而发，通俗易懂。鹩剧原来只有 3 种唱腔：男喜声、女喜声、四句头。后来，艺人们把本地唱“春牛”、舞“竹马”和采茶调、叹花调、山歌、喜歌、表歌等与鹩调融为一体，并吸收了采茶戏和粤剧的一些小调，把鹩剧发展为有 12 种鹩调的地方小戏。现浦北县全县有鹩剧团 30 多个，有保留剧目 40 多个。

公馆木鱼客家山歌

公馆木鱼客家山歌又称金女牡丹，即客家木鱼或称“涯木鱼”。它是流行于北海的白沙、公馆、曲樟、闸口等客家地区的一种用客家话演唱的民间小调（气儿调及用客家话演唱的“客家山歌”），在广东廉江、茂名等地也很流行。

鹩剧

钦南采茶

客家木鱼约形成于明代。其最早是一些走村串户行乞的人的歌谣，后来逐步吸收当地民歌的曲调演变为客家木鱼。相传，公馆客家木鱼起源于樟木书房（廉湖书院），书房中的一对相亲相爱的男女，在到合浦赴考的途中，美丽的妻子被县官强行抢走了，书生无力反抗，只好写出一首木鱼诗来发泄其愤慨。这首木鱼诗很快被乞丐们谱曲演唱而成为木鱼曲。流传下来的客家木鱼的最初曲调与唱词是《金牡丹女·书院情》。其结构比较简单，一般七字一句，两句一节，有特定的“缪单坊”为腔调作衬腔。演唱者用木鱼或梆筒击节，以掌握节拍，边敲边唱，或一人单独演唱，或由一人领唱，众人接腔。客家木鱼曲调吸取当地客家民歌节奏、韵律及艺术特色，形成了一种明快流畅、曲调悠扬、节奏洒脱自由、百听不厌的说唱曲艺形式。内容多为反映男女之间的爱情为主题，具有浓郁的乡土气息。客家木鱼易学易唱，男女老少皆宜，有赏心悦目的感受。

歌曲《湾湾歌》

歌曲《湾湾歌》是以钦州为主题的原创歌曲，由蒋开儒作词，王酩谱曲。歌词为：山湾湾，水湾湾，一湾湾到三娘湾；弯弯的螺号告诉你，这是我的故乡。天弯弯，地弯弯，一弯弯到三娘湾；弯弯的螺号告诉你，这是我可爱的家园。

大型舞蹈诗剧《咕哩美》

大型舞蹈诗剧《咕哩美》是中国首部海洋风情舞蹈诗剧。“咕哩美”是北海民间曲调“咸水歌”的一句叹词，当地人欢聚喜庆、离别忧伤时都喜欢唱。北海在历史上很长时期被称为“咕哩村”“咕哩寨”，因此“咕哩美”的意思就是“北海美”。

《咕哩美》以北部湾独特典型的海洋文化形象为中心，共分三篇。第一篇《灯》：“挂起一盏灯，照亮打鱼人，风雨扑不灭，天天渔娘心”；第二篇《网》：“织出一张网，编我海边梦，根根系得紧，线线是真情”；第三篇《帆》：“扬起一面帆，大海无边际，浪里看明珠，潮水舞天意”。通过灯的心，网的情，帆的意，讴歌当代北海人的现实生活和浪漫理想，描述海洋文化的觉悟和力量，探索海洋文化之精髓，赞美北海人的细腻情感、雄浑气魄和开拓精神，展现中华民族的开拓精神和对未来的企盼，对北部湾风土人情和文化底蕴给予了真实的写照和赞美。艺术上融歌、舞、诗为一体，词和音乐清新脱俗，有着鲜明的地域特色。独特的表演形式，使观众陶醉在融歌、舞、诗为一体的美丽意境里。

《咕哩美》于 1998 年 7 月创作并公演，当年便获广西民族音乐舞蹈调演唯一的特等奖

咕哩美剧照

和 28 个单项奖。应国家文化部邀请，进京演出，轰动了京城，中央电视台录制全场节目，分别在中央一、二、四、八套“电视剧场”栏目中播放，创下新编歌舞剧目收视率之最的记录；先后荣获国家最高政府奖“文化奖”、全国“五个一工程奖”和“荷花奖”。该剧被文化部收入 20 世纪舞蹈精品库。

5．山海交融的海洋美术与摄影

广西沿海地区自然风光旖旎，人文历史丰富厚实。广西北部湾的艺术家深受蔚蓝色的海洋文明的滋养，创作了大量魅力四射的绘画、雕刻作品。

三海岩摩崖石刻

三海岩位于灵山县灵山中学校园内，由于景观优美被誉为“粤西胜景”。今洞内保存有北宋至民国约 900 年间的石刻 140 余幅，大部分保存基本完好。这些石刻有诗、赋、纪事、题字、题名等，内容涉及政治、经济、文化及山川风物，反映了北宋以来各个时期的社会风貌和精神生活，不少作品抒发了对祖国河山的热爱。这些作品分别用不同大小的楷、行、草、隶、篆等字体书刻，具有较高的书法艺术。这些石刻的诗文及书法作者多是地方文人及地方官员，如林锦、陶弼等人。由于三海岩摩崖石刻年代连续，刻幅密集，诗文书法俱佳，并与自然景观相映生辉，历来深受人们喜爱，使三海岩成为游览胜地。1994 年，三海岩摩崖石刻被公布为广西壮族自治区文物保护单位。

广西沿海美术创作队伍

20 世纪 80—90 年代，广西沿海拥有一支实力较强的美术创作队伍，代表人物有王志春、胡德智、赵光辉、黄文波、谢开基、肖伟、张国权、李冠国、李荫本、陈干良、邓敦伟、曾华成、曾令威、曾美昭、蔡道东、梁万成、邓德扬、谢才干、王廖科、王传善、吴京泰、邱世河等，他们创作的作品入选全国美展、省区美展。不少作品以海为题材，如邓德扬的版画《远航归来》，谢才干的版画《甜的海洋》，黄道鸿的版画《凉网》，王传善的国画《珍珠姑娘》，王廖科的版画《京岛渔家》等。

20 世纪 90 年代后，广西沿海美术创作队伍的实力虽然受到一定影响，但大部分画家依然埋头苦干，他们的作品在全国性及省级展览中获奖并被相关美术馆收藏。代表人物有黄道鸿、梁万成、王廖科、邓敦伟、容州、黄有迪、陈伯群、邓新实等。随着广西北部湾经济区开放开发步伐的加快以及钦州学院办学层次的提升，广西沿海美术队伍的创作潜能进一步激活，形成了一个由年轻画家为核心的教育与创作群体，他们的创作中西合璧，表现手法灵活多样。一些作品分别入选国展、区展，获得不少奖项。

广西沿海的艺术家植根于本土的风俗民情、海洋文化，留下了许多宝贵的绘画艺术。自 20 世纪 90 年代以来，以海为题材的作品有：黄海的油画《北部湾渔歌》，黄道鸿与容州合作的版画《阳光下的晒鱼场》，黄道鸿的版画《鱼苗场的歌》《北部湾渔妇》《飞回的海鸟》《海阔天空》《海风轻轻吹》《涨潮》，国画《情人岛我的故乡》和《母亲海》，容州的版画《潮起潮落》和《北部湾之春》，曾朝干的国画《湾里别有韵》，刘光敏的国画《渔村风情》，吴祖真的水粉《海滨之夜》，董焕俊的油画《海湾》，刘雄一的油画《珍珠场风景》等。

北海水彩画风

广西北海的艺术家村被认为是中国水彩画的创作基地，北海水彩画已经成为广西美术的一个重要品牌，正在全国范围内产生越来越大的影响。

北海水彩画群体形成于 20 世纪 90 年代，主要创作骨干有 20 多人，代表画家有蔡道东、肖畅恒、张国权、蔡群徽、吴明珠、张虹、吴志刚、黄小其、张国楠、包建群、张斌等。

画家们在尊重和保持水彩画自身特质的基础上，大胆借鉴包括油画、水墨画在内的其他画种的技巧，拓展水彩画语言表现力。北海水彩画在表现海洋文化共同特性的同时，又有着其鲜明的个性特征，从不同的角度反映北部湾经济区开发所取得的成就，描绘北部湾地区美丽的自然风光和多姿多彩的民族风情，展示北部湾海洋文化开放开拓、多元包容的时代精神，具有新颖、现代和地域特征鲜明的艺术风格。1992 年，北海水彩画首次在中国美术馆展出，引起学术界关注，中国美术馆一次收藏北海水彩画 8 幅。随着广西漓江画派的崛起，北海水彩画被中共广西区党委宣传部、广西文联命名为漓江画派中的“北部湾画风”。“北部湾画风——北海水彩画”创作项目入选文化部 2010 年全国画院优秀创作研究扶持计划项目。

广西北部湾书画院

2009 年 5 月 4 日，广西北部湾书画院在南宁成立。该学院由陈中华、彭洋、肖畅恒、黄道鸿、柳风等五位来自北部湾地区的书画艺术家倡导组织。他们通过选取海洋文化的侧重点，以书法、绘画等艺术形式发掘提炼北部湾特有文化底蕴，创作出更多高水准、高品质反映北部湾经济区发展的作品，以此打造独具魅力的“海洋文化”艺术品牌。

碧水共长天一色——广西沿海摄影队伍

广西沿海的摄影家们用手中的镜头向世人展示独特的“边、海、山”风情，拍出了许多精彩瞬间，在国内外获得了不少奖项，为宣传和推介北部湾起到了积极作用。

早在 20 世纪 70—80 年代，邓安健的作品《京岛女民兵》《披轻纱的姑娘》《京岛渔村》就入选广西及全国摄影艺术展。曾敏强的作品《珠城古榕》、赖应的作品《金秋》《竹编女》《金果飘香》也在省级及港澳报刊上发表。

20 世纪 90 年代以来，展示北部湾魅力景象并获各类省部级以上优秀奖的作品有：李景琳的《钦州港两个万吨级玛头启用》《点点灯火渔人忙》；陈永洪的《日出》《碧海流萤》《渔火闪闪》《京岛赶海人》《赶海图》；周昌好的《收虾笼》《港湾》；李景生的《海鸭归途》《火烈的钦州港》《家园》《情注三娘湾》《北部湾风生水起》；潘立文的《夕阳海滩》；许志干的《码头风光》《海上森林》《决战保税港》；庞卡的《“睛”挑细作》《40 分钟抢救中华白海豚》《码头作业》；黄光明的《打造品牌》；蓝远东的《无悔青春》和《神圣的职责》；曾开宏的《建设中的中石油项目》；冯涛的《全神贯注》《海鸭图》《抢滩》；等等。

第50届世界新闻摄影比赛（荷赛）获奖作品展览暨广西北部湾经济区开放开发全国摄影大赛

2007年6月，钦州市推出第50届世界新闻摄影比赛（荷赛）获奖作品展览暨广西北部湾经济区开放开发全国摄影大赛，向全国各地展示广西北部湾经济区大开放大开发大发展以及钦州深厚的文化底蕴和优美的滨海城市形象。此次大赛，展出了黄道伟的《乘风破浪》，李景生的《风口浪尖》《北部湾滨海湿地》和《渔家风情北部湾》，陈群的《海湾之韵》，朱智的《快乐大本营》，翟可隽的《见证钦州燃煤电厂的崛起》，许志干的《国旗飘扬东兴街》，蓝远东的《要致富先修路》和《崛起海港》等一批优秀的摄影作品。

"风生水起北部湾——广西摄影作品晋（进）京展"

2010年8月18日，由广西壮族自治区党委宣传部、广西壮族自治区文联主办，广西摄影家协会承办的"风生水起北部湾——广西摄影作品晋京展"在中国人民革命军事博物馆隆重开幕。本次展览共展出了166幅(组)摄影精品。作品主题鲜明，内涵丰富，风格突出，具有强烈的时代气息和地域特征。摄影家从不同的角度，用不同的形式和风格热情讴歌了北部湾经济区做强大产业、建设大港口、完善大交通、构筑大物流、推进大城建、发展大旅游、实施大招商、发展大文化所取得的成就；深刻展示了北部湾区域多姿多彩的民族风采、美丽的山海景色；彰显了北部湾经济区建设者艰苦创业、昂扬向上的精神风貌。展览多视角、多层面、多形式地为人们展示了一幅幅北部湾壮丽的图画，记载着广西北部湾经济区开放开发的历史进程，显现出一种纯真本色的艺术形态。

"山与海——漓江画派走进防城港"大型创作活动

2010年12月18日，漓江画派走进防城港美术作品展在中国美术馆开幕，此次画展旨在借助漓江画派艺术家们的妙笔丹青，向人们展示一座正在北部湾迅速崛起、充满活力的新兴重要港口工业城市、重要门户城市和中国海洋文化名城，让人们通过一幅幅艺术珍品更多地了解、向往和走进魅力无限的防城港市。

6．人才辈出的沿海书法艺术

广西沿海书法艺术创作起步于20世纪80年代初，当时在佟显仁、王兆儒、刘明洲、王传善、徐子亮、帅立国、林斧生等书法家的带动和影响下，广西沿海书法界人才辈出，屡获嘉奖。沿海三市现有中国书法家协会会员16人，广西书法家协会会员50余人。书法家们以弘扬中华优秀传统文化为己任，通过举办“广西沿海三市书法摄影联展”，广泛开展书艺学术交流，服务会员，提高书艺，发现人才，多出精品，繁荣创作。钦州书法既保持了小楷创作的传统，又在行草书方面取得突破。小楷代表有王传善、刘明洲、韦华琳、黄岳逢、杨时忆、钟毅等，行草代表有邓立武、林恒、张传瑞、任才茂、黄维东等，篆书、甲骨文代表有王兆儒、王茁等，隶书代表有施显毅等。北海市书坛在林宝光、张九先、钟和昌的带领下，一大批中青年书法家迅速成长起来，如黄旭、刘蒙平、谢振红、覃向明、张建敏、温进、唐果等。防城港市书法家协会主席张永志（京族）为边境地区书法事业发展做出了较大贡献。一批书法家创作捷报频传：北海市书协主席帅立国曾赴新加坡办个人书法展；钦州市书协原主席王兆儒曾先后应邀赴新加坡、澳大利亚及美国举办个人书法展和讲学活动。钦州学院副教授王传善，被誉为广西书法界老一代“小楷王”，其蝇头小楷入选全国第三、第四、第五届书法展、第一届中国书法家协会会员优秀作品展，获1994年由中国书协和中国对外文化交流协会主办的国际书法大展银奖。

7．日益壮大的涉海影视剧

广西涉海影视剧主要有《北部湾》《老城风云之海鲨一号》以及在广西沿海取景拍摄的《水浒传》《海霞》等；近年来，《鹭语》《海鹰战警》等电影在防城港完成拍摄。

电影《海霞》与三娘湾

“大海边，沙滩上，风吹榕树沙沙响。渔家姑娘在海边，织呀织渔网织呀么织渔网……”这首旋律优美、曲调婉转又充满激情的歌曲是电影《海霞》里的插曲《渔家姑娘在海边》。它形象地描述了广西沿海的渔家生活情景。

电影《海霞》取材于南京军区部队作家黎汝清创作的长篇小说《海岛女民兵》。它以20世纪60年代初东南沿海的一个小海岛——洞头岛的渔民生活为背景，写出了以女民兵排长海霞为首的一群女民兵的成长道路以及她们亦渔亦武、保家卫国的战斗生活，也写出了女民兵们各具色彩的性格特征。该片融故事、人物、大海风情为一体，摄影风格清新、质朴、细腻、抒情。片中插曲优美动听，起到了推进情感、渲染气氛的作用。《海霞》拍摄于“文

三娘湾——当年电影《海霞》的外景拍摄地之一

革”后期那个百花凋零、“样板戏”一花独放的年代，以其清新的艺术风格，上映后引起了轰动，女主角吴海燕被时人称为“上影一枝花”。而扮演童年海霞的是现著名小品演员蔡明，她一炮而红，从此走上演艺之路。

钦州三娘湾，是《海霞》的外景拍摄地点之一，据说电影《海霞》中“海霞”的人物原形之一就是1959年三娘湾村的第一任女子民兵班班长“毛福贤”，电影中的部分情节根据她在1950—1953年期间曾带领海岛民兵智斗土匪鱼霸的真实故事改编而成。随着电影《海霞》在1975年轰动全国，海岛女民兵的形象也成为20世纪70年代中国女青年“不爱红装爱武装”的流行形象。今天，影片中海岛女民兵的装束还是广西沿海渔家姑娘的普通装束。

电视剧《老城风云之海鲨一号》

《老城风云之海鲨一号》是以反映20世纪30年代发生在广西北海的真实间谍事件为故事背景的电视连续剧。2008年6月19日，该剧在北海老街开拍。这是一个曾被载入中国抗日战争史上的大事件，它以20世纪30年代日本间谍在北海老城开办药房酿造的“九·三事件”为背景，再现了当年中共地下党组织与日本间谍、国民党军统特务艰苦斗争的历史，是北海第一部反映当地历史的电视剧。

8．独具岭南风格的海洋建筑艺术

广西沿海的传统建筑，在清代主要以岭南风格为主，灵巧清秀。清末民初，广西沿海人民吸收了西洋建筑艺术的优点，结合当地传统建筑的形式，建造了适合华南沿海地区气候特点的骑楼建筑。然而，最能体现广西北部湾沿海建筑艺术特色的古建筑则是合浦的惠爱桥。

惠爱桥位于合浦县城廉州惠爱东、西路之间的西门江河段之上，建于清宣统元年至二年（1909—1910年），由于建在廉州府城西门外，故又称西门旧桥。它是由廉州工匠蒋邑雍集其数十年土木工程经验，创造发明的一座中国本土桁架桥型的古木桥，是广西沿海劳动人民对中国桥梁发展史的一大贡献，完善了我国桥梁发明史中四种基本桥型。该桥是主体木桁架梁组合两头单拱砖桥的复合桥型，由木、石、砖、瓦四种建材组成，全长38.7米，木桁架梁矢高5.64米。蒋邑雍之所以创造出这座独特的三角形木桥，使之悬空河床而过，主要是为了解决当时西门江上游被河水冲击，河口海潮回溯冲刷造成的桥墩双重损蚀的问题，他巧妙地运用了传统房屋建筑中屋顶木构架增大跨度的力学原理，仅在河床两边砌造了两个桥墩就解决了上述问题。西门江是南流江的入海口支流，在20世纪中期以前，海潮常常逆河道而上回溯至廉州城下，冲击桥墩。惠爱桥的桥墩建设，充分体现了海洋对桥梁建筑工程技术的影响。桥墩在迎水、背水方向都筑“分水尖”以减弱江流、海潮的冲击，这是对传统桥梁技术因地制宜的发挥。此外，古桥所用木料，是从香港海运来的南洋坤甸木，体现了海洋文化对建筑艺术的影响。

惠爱桥

广西的海洋文学艺术多姿多彩，其斑斓色彩主要是以白话、涯话、廉州话、军话、黎话等汉语方言及京语（越南话）为载体呈现出来的。

1. 粤语（白话）

粤语是发源于北方的中原雅言（汉族母语）于秦汉时期传播至岭南地区与当地古越语相融合产生的一种方言，属汉藏语系汉语族的声调语言。其名称来源于中国古代岭南地区的“南越国”。粤语发展成熟的年代应在宋代两广（两粤）初分之前，其标准音是西关口音（广州话）为基准的广府话或叫广州话，即“广东话”。粤语以广州、香港为中心，通行于两广、港澳境内和海外粤语华人华侨区。目前广东省大概1亿人口当中，使用粤语人口大约有6700万，加上广西粤语使用人数大约为2500万，香港700万，澳门55万，泰国500万，新加坡和马来西亚500万，美国和加拿大200万，全球有将近1.2亿人口使用粤语。2009年粤语被联合国教科文组织定义为语言，且认定为日常生活中主要运用的五种语言之一，仅次于中国的官方语言普通话。

粤语源于古汉语吸收部分古越语而形成，一共分为九声：阴平、阴上、阴去、阳平、阳上、阳去、阴入、中入、阳入，九声各自代表字有：诗、史、试、时、市、事、色、锡、食。粤语的词汇分为汉字词和外来词。粤语语法与现代标准汉语的区别主要体现在词句顺序、虚词、副词、部分形容词、助词及其放置方式上，复杂而不可或缺的语气助词也是粤语的一个特色。粤语在其发展过程中，自然形成了十大片区，即粤海粤语（也称粤语“广府片”）；港澳粤语；勾漏粤语；莞宝粤语；罗广粤语；四邑粤语；高阳粤语；邕浔粤语；钦廉粤语；吴化粤语。其中钦廉粤语主要分布钦州市、合浦县（旧称廉州）、浦北县、防城县、灵山县及北海市，成为广西沿海最主要的汉语方言。从内部差别来说，钦廉粤语大致可分为五个小片：钦州白话，包括北海市区及近郊的北海话，合浦东部南康一带的合浦话，钦州市区、郊区的钦州话及防城县一带的防城话。廉州话，包括今合浦县大部分地区，钦州市东南部的那丽等乡镇。灵山话，主要通行于北部灵山县境内、钦州市北部、东北部的一些乡镇。小江话，主要通行于东北部的浦北（旧称小江）县境内的中部地区。六万山话，主要通行于浦北县境内的东北部地区，它与玉林、博白一带的白话比较接近。

2．涯话

涯话为广西南部和广东西部等地的一种汉族地方语言，在广西沿海有广泛分布。在粤西、桂东南地区操涯话者超过500万。另外，广东云浮、广西博白等地往北的一些地区乃至江西部分地区也有讲“涯话”的。

关于“涯话”称呼的起源，有人认为因该语言第一人称为涯（仅声调不同）而得名。有人认为“涯”（ngai）话本来叫“雅”（nga）话（即雅语），讲涯即讲雅，只不过由于后来传承中发生了读音上的变化，雅（nga）话成了涯（ngai）话。

一般认为，粤西、桂南的涯话事实上就是客家话，但是部分词汇及发音深受周边语言（如白话）的影响，形成了一县一口音，甚至一镇一口音，十里不同音的情况。

涯话声母21个（不包括零声母），韵母50个，声调6个，即阴平1（花、家）、阳平2（华、爬）、上声3（打、假）、去声4（化、骂）、阴入5（客、七）、阳入6（力、食）。

广西沿海的涯话（客家话）分为四片：钦州以西、上思以东的一块狭长地带，包括钦州的大寺、大直，防城的大菉、那良等一批乡镇。钦州以北那彭、久隆一带。浦北、合浦、灵山三县交界的地带，包括大成、张黄等乡镇。合浦县东部公馆等乡镇。

3．廉州话

北海市合浦县廉州镇，一向是合浦政治、经济、文化中心。清朝晚期，廉州与广州交通贸易极为频繁，大批客廉粤商云集廉州，广府话传入并在这一地区占最大优势。广府话在流传合浦城乡的过程中，经过吸收古越语的积淀和受其他汉语方言的影响，发生了实质性的变化，形成了一个自成系统的新的汉语粤方言的变体，即“廉州话”。

廉州话属粤方言，主要分布在北海市合浦县廉州、常乐、石湾、环城、乌家、西场、沙岗、党江、福城（大部分地区）、闸口（小部分地区）等乡镇，钦州沿海的犀牛脚等乡镇及防城企沙一带也有分布。钦州人称之为“海獭话”。其音韵系统较之普通话略显复杂，古汉语语音的因素保存得更多些。

廉州方言共有22个声母，33个韵母，8个声调，词汇的构成比较复杂。大体来说，它保留有汉越古词，如（“菠萝”即“凤梨”）；吸收了旁系方言，如福州话（“汗衫”即“内衣”）、客家话（“热头”即“太阳”）和闽南话（“阿公”即“祖父”）；同时采摘了一些亲属语言（如广府话“落雨”即“下雨”）；并一些外来词的渗透（如“波”即“球”）等。在构词法上，主要采取词形变化法和复合词构造法两种方法。廉州方言的句法跟普通话大体相同，特别在语序方面都遵循现代汉语的规律。但在双宾语格式、状语的后置、动词的趋向、疑问句的类型、被动的表示、提宾的提示否定词的位置和动词的重叠诸方面，廉州方言与普通话小有差异。

4．黎话

黎话别称雷话、东话、雷州话，是中国七大方言闽语的一支，主要分布在茂名市的电白、茂港，湛江市的雷州半岛、廉江、阳江市的阳西县等粤西地区，广西沿海如北海市也有少量分布，使用人口600多万。

5．军话

军话是我国南方某些地区的一种含有官话成分的混合型汉语方言，属官话方言，是一种古代军队带来的、在南方地区继续使用的、有异于当地方言的话。明代，由浙、闽及湖、广等地调来“卫所”屯集的军队，把军话带来广东，经过几百年发展，它仍保持祖先所操的方言。在全国范围内，被称为“军话”的方言区有：福建省武平“军家话”；浙江省苍南金乡“军话”；海南儋州“军话”、崖城“军话”；广东省平海“军声”、青塘“军话”、坎石潭“军话”、龙吟塘“军话”。在海南的昌江县和东方市也有军话方言区。广西北海市合浦县山口镇、沙田镇和白沙有“军话”，广西钦州龙门也是“军话岛”。此外，在广东陆丰碣石镇和海丰捷胜镇，还有个别明朝军户的后代使用一些“军话”。由于流行范围小，使用人口少，而且都处在周围其他优势方言的包围之中，因此语言学界称它为“官话方言岛”或“军话方言岛”。

“军话”是明代初期“卫”“所”军制的直接产物。明代卫所里军人都是世袭的，同一个卫所的军人来自不同方言区，为了便于交流，一种与周围方言不同而又有点像北方方言的部队通语——“军话”，便在军营里产生。在600多年的演变和发展中，这一在军队里提倡使用的“通语”，虽因在各地区吸收的语言成分而各自有别，但总体特征仍然一致。军话的韵母中无撮口呼，读撮口的多与齐齿呼混，与客家话相似。词语中吸收不少粤、客、闽方言，如song（菜肴）、屋企（家）、大舌（结巴）、蜜婆（蝙蝠）、亲情（亲戚）等。但也有些词语与北方话相同，如第三人称代词用“他”，否定词用“不”，远指代词用“那”，疑问代词用“什么”；动词方面用“看”不用“tei”，用“站”不用“企”，说“知道”而不说“知”。语法上也多受邻近方言影响，如表示动物性别的语素置于名词之后：狗公、鸡公、牛牯，“多”和“少”用作状语常置于动词之后等。

广西沿海的北海市合浦县山口镇、沙田镇和白沙，钦州的龙门岛，明清时期是海防重地，有来自北方及福建等地镇守边海地区的军人，也就成为广西沿海的军话方言岛。

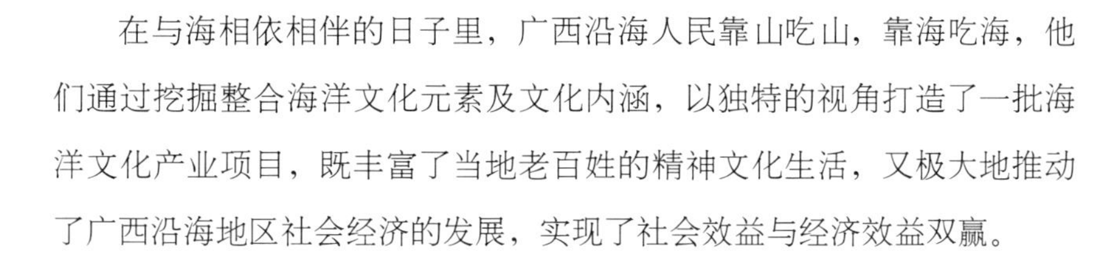

在与海相依相伴的日子里，广西沿海人民靠山吃山，靠海吃海，他们通过挖掘整合海洋文化元素及文化内涵，以独特的视角打造了一批海洋文化产业项目，既丰富了当地老百姓的精神文化生活，又极大地推动了广西沿海地区社会经济的发展，实现了社会效益与经济效益双赢。

1. 钦州国际海豚节开幕式晚会

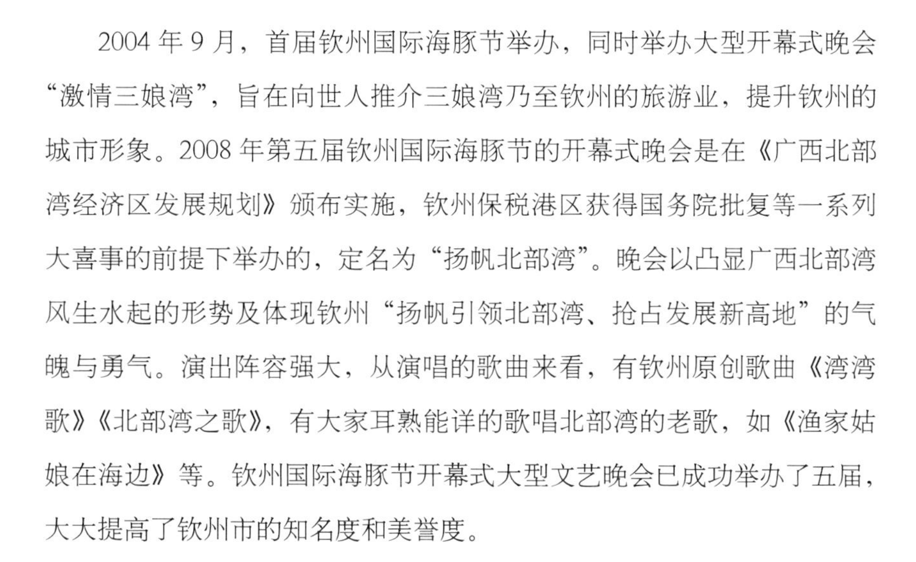

2004 年 9 月，首届钦州国际海豚节举办，同时举办大型开幕式晚会“激情三娘湾”，旨在向世人推介三娘湾乃至钦州的旅游业，提升钦州的城市形象。2008 年第五届钦州国际海豚节的开幕式晚会是在《广西北部湾经济区发展规划》颁布实施，钦州保税港区获得国务院批复等一系列大喜事的前提下举办的，定名为“扬帆北部湾”。晚会以凸显广西北部湾风生水起的形势及体现钦州“扬帆引领北部湾、抢占发展新高地”的气魄与勇气。演出阵容强大，从演唱的歌曲来看，有钦州原创歌曲《湾湾歌》《北部湾之歌》，有大家耳熟能详的歌唱北部湾的老歌，如《渔家姑娘在海边》等。钦州国际海豚节开幕式大型文艺晚会已成功举办了五届，大大提高了钦州市的知名度和美誉度。

2.《梦幻 · 北部湾》

《梦幻 · 北部湾》是防城港市打造的大型海上实景演出，由防城港市委宣传部主办。演出原名《印象 · 北部湾》，2010 年 5 月易名为《梦幻 · 北部湾》。

首演仪式演出于 2010 年 10 月 25 日晚在防城港市北部湾广场举行，由冯小刚担任总导演，献演的内地与港台明星有宋祖英、赵本山、小沈阳、韩红、刘斌、张惠妹、陈慧琳、陶喆、周华健等，演出的节目和形式丰富多样，既有著名艺人的代表作品，更有“梦幻北部湾，聚焦防城港，畅想月亮岛”本地特色的相关节目。

《梦幻 · 北部湾》以中国明朝郑和船队从北部湾扬帆起航，开通海上丝绸之路为背景和线索，以海、港、湾为舞台，“声、光、电”等现代高科技手段与传统舞台艺术的结合，通过载歌载舞的表演形式和最新高科技舞美手段，展现一幅幅东南亚、阿拉伯、欧洲等地的异域景观、风土人情、文化特色。

《梦幻·北部湾》起航演出是防城港市文化产业发展史上具有里程碑意义的重大事件。它标志着我国又一新型的大型实景演出文化项目在海上精彩亮相，将推动我国大型实景演出项目不断创新。

3. 大型舞剧《碧海丝路》

大型舞剧《碧海丝路》是中国首部海洋性题材的大型舞剧，由广西壮族自治区党委宣传部策划，北海市委市政府倾力打造，北海市歌舞团演出。2008 年 11 月 18 日，在南宁举行首演。

《碧海丝路》在大气磅礴的乐曲声中拉开序幕。蔚蓝的大海，红船红帆，狂风暴雨，惊涛骇浪……舞台上方的背景中呈现出的一幅幅经典画面，将观众带到了两千多年前海上“丝绸之路”的壮丽航程中。整台舞剧由序幕《使命》、尾声《红帆》和《婚礼》《海路》《感恩》《守望》《归来》几个篇章交织而成。

《碧海丝路》讲述了一个感天动地的爱情故事。公元前 111 年，汉武帝派遣以大浦为使臣的远洋船队由合浦出发，开始了中国历史上第一次由政府组织的远洋航行。大浦告别了

《碧海丝路》剧照

新婚妻子阿斑，月光岩上的阿斑挥舞着红纱巾等着大浦的归来。历经艰辛的大浦完成使命返回故里，看到阿斑如一尊石雕，无限思念望着大海，大浦用心呼喊着，阿斑终于苏醒，两块红纱在空中交融……整部舞剧主题鲜明、震撼人心，用独特的艺术形式生动地描绘"守望爱情"这一主题，充分展示了古代海上丝绸之路的文化和民俗风情，表达了人们向往友谊与和平的美好愿望，再现了古代中国与东南亚、南亚的经贸、文化交流。合浦渔家的文化元素，南亚各国的风情，在《碧海丝路》中展现得淋漓尽致。每到精彩之处，台下都会响起如潮的掌声。北部湾是中国历史上最早从海上走向南亚的出发点。该剧向世人展示北部湾悠久的历史、深厚的人文底蕴，从而激发海内外各界关注和参与北部湾经济区开发建设的极大热情。

谪戍迁黜　文化背景
群星闪烁　名人简介
佳话永传　名人逸事
文脉绵延　名人督教

第八章

血脉传承
——绵延不息的名人文化

广西北部湾的这一片海，有群星闪烁的弄潮儿。在历史的长河中，有“珠还合浦”留名的孟尝，伏波将军马援，蒙冤遭贬、任钦州知州的岳霖，为教钦州的学官周去非，留芳天涯的苏东坡，推广农耕的林希元，壮族诗人、奉政大夫冯敏昌；还有近代民族英雄刘永福和冯子材，民国名将陈铭枢与陈济棠……

广西北部湾的这一片海，有一批驻足海疆的勇士。如宁氏家族开发沿海，高骈开凿潭蓬运河，邓耀、杨彦迪海上抗清，南天王陈济棠发展防城教育等。而王勃、苏东坡、汤显祖、屈大均、齐白石、田汉等众多驿路过客，都不同程度充实着这片土地的文化内涵，为广西海洋文化载入一段段厚重的历史。

天涯古道，海角驿路，一批名人逸士烙下他们的印记，他们是优秀文化的传播者，也是地方文化建设的推动者。广西沿海在历史文化的交融发展中海纳百川、兼收并蓄，崇文重教之风气逐渐发展起来。仅在合浦，盛唐时期载诸史册者就达 130 多名，明清时期，合浦共有进士 24 人，秀才、贡生、举人 600 多人，还涌现了众多开疆屯兵戍边之名将。新中国建立以来，仅从合浦县乾江“教授村”走出的专家学者就达数百人。

北部湾的船

1．地处海角天涯

广西沿海“面临大洋，西接交趾，去京师万里”“边远荒僻，瘴毒严重，断发文身，经济文化落后”，中原人士把钦廉一带沿海视为畏途。由于自然条件的严峻，交通信息的落后，自古以来，广西沿海的发展一直滞后于中原地区，“风声、文物不能齿于上国”。

2．历代贬谪官员

由于自然环境的恶劣，古代岭南成为历代王朝迁移罪犯的重要地区。流放罪犯与贬谪官员，往往是进入广西沿海的中原文化的载体。公元前213年，秦始皇征服岭南，就以流放罪犯（尝逋之人）来镇守岭南。随后，历代王朝基本上都制定了有罪徙边的政策，如王莽的“颇徙中国罪人使杂居期间”。唐代，“捕获中原反叛者，往往流放岭南为奴”。从隋大业四年（608年）至明嘉靖十五年（1536年）的900余年中，朝廷一直把钦州作为流放和贬谪官员、文人的场所，宋代钦州还专门修筑了收管流放人员的牢城。明朝制定“流刑”，重者充军，“分极边烟瘴、边远、边卫、沿海附近”。清乾隆元年（1736年）规定：“民有犯如强盗免死，窝盗以上之犯发云南、贵州、四川、广东、广西极边烟瘴地方……”乾隆二十年（1755年），清政府把钦州列为“烟瘴严重”地区。这样，历朝有一批官员或文人被贬谪或流放到广西沿海。如两汉时被贬谪流放到合浦的皇亲国戚、太守以上的高级官员共有25名。从隋朝至明朝，先后有23名官员、文人被流放、贬谪到钦州。其中，唐代有8人被流放、5人被贬谪至钦州，宋朝有4人被流放、1人被贬谪到钦州，明朝有1人被贬谪到钦州。这些被贬人士，携带先进的中原文明，进入落后的广西沿海，成为移民文化中最具代表性的部分。

3. 历代南迁汉人

自秦开始，历代统治者对交趾一带用兵以及镇压广西少数民族起义，都陆续有士兵滞留此地不返。如秦始皇平岭南后，除留下部分征战的士兵戍守岭南外，还应将士要求，从中原征集15 000名妇女到岭南来为将士补衣服。公元前112年，汉武帝征集“楼船十万人”“会至合浦，征西瓯”，留下军队戍边。东汉马援平定二征之乱后，留下“遗兵十余家”，他们在此繁衍生息，其子孙称“马流”人。唐朝将领高骈取道广西沿海征伐南诏，曾屯兵三万于合浦。宋朝熙宁年间（1068—1077年），郭达率官兵民夫30万到广西。元初，派军队“会钦廉”，三次征安南。明朝调兵数十万来广西镇压交趾反叛以及平定倭寇，明末清初，南明永历政权数十万军队转战广西沿海抗清，散落了一批浙江、福建士兵。从康熙二十三年（1685年）起，清置龙门协领，设龙门水师，驻岛士兵大都来自福建，他们被裁减后，大多落籍龙门，以打鱼为生。

为了加强对岭南的开发，从唐朝起，统治者在岭南设屯田多达数百所，元朝在广西设军屯。明代，在边疆遍设卫所、军屯，卫所中有不少来自中原的汉人。至今在广西沿海各地仍有不少以屯、营来命名的地方，如黄屋屯、北营、营盘、滩营等。

历史上每一次王朝更替、改朝换代、异族南下中原，都引发了大批的移民潮，如永嘉南渡、安史之乱及靖康之乱后都有大批移民迁到广西沿海。宋人周去非在《岭外代答》记载：“北人，语言平易而杂南音，本西北流民，自五代之乱，占籍钦州者也。”至崇祯末年（1643年）“土著七分，寄籍（汉人）三分”。清人关后，镇压抗清斗争，颁布迁海令，福建、广东人大量流入广西东南部，同时到来的还有四川、湖北、湖南人。

宋朝以后，进入广西沿海的更多是为谋生而来的经济型移民。宋朝钦州博易场聚集着来自西南各地的商人。明清以后，广东、福建商人及农民溯西江而上，沿南流江到人烟稀少的广西沿海一带。如钦州在明崇祯年登记人口“土著七分，寄籍三分”，而到清“乾嘉以后，外籍迁钦，五倍于土著”，汉族人数比土著多出了五倍。

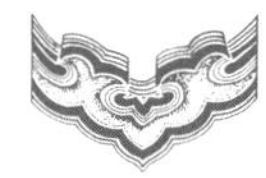

1．孟尝

孟尝（生卒年代不详），字伯周，会稽上虞人（今浙江省虞县），东汉汉顺帝时人。他年轻时被举孝廉任官，因有才能，升任合浦郡太守。当时合浦一带很少生产稻谷，但海里盛产珍珠，珠民用珍珠到相邻的交趾郡与商人交换粮食。由于合浦地方官豪夺强取，强迫珠民频繁滥采珍珠，致使合浦珠苗灭绝，“珠遂徙于交趾郡界”，老百姓财源匮乏，无法与交趾换粮，贫困潦倒。孟尝出任合浦太守后，革除前弊，对珍珠资源采取了一些保护措施，“未已去珠复还”，珠民恢复生产，边境贸易又开始繁荣。合浦人民纪念孟尝太守“去珠复还”的政绩，在廉州城北建还珠亭，在城西北建孟尝衣冠冢，并在冢后建孟尝太守祠，在城西南建海角亭，在城内大东门建孟尝流芳坊一座。“合浦珠还”的传说故事和典故千百年来盛传不衰。

2．费贻

孟尝

费贻（生卒年代不详），四川犍为人，少年时好学长进，有志气和情操，得到同乡人的好评。汉光武帝因其有忠义之气下诏征召他，任费贻为合浦郡太守。费贻勤政爱民，“泣政清简，民怀其德”，离任时百姓百里相送。唐贞观八年（634 年），李世民大赞合浦廉政之风，钦点合浦郡易名廉州，取意为“弘扬廉洁勤政吏治之风”。合浦大廉山、廉江也因其而名。

汉伏波将军马援

3．马援

马援（公元前 14 年至公元 49 年），东汉将领，人称伏波将军。东汉建武十年（公元 40 年），交趾麋泠县（今越南境内）的征侧、征贰聚众起兵反汉。建武十七年（公元 41 年），汉光武帝派马援率兵讨伐，到合浦县境，沿南流江出海，沿西海岸进入交趾，平定二征反叛。建武十九年（公元 43 年），马援经合浦班师北归。《合浦县志》载：伏波将军马援征交趾，驻军合浦，军中给养均从海上运输，经常遇到风涛的威胁和海盗的劫掠，于是马援派人在合浦城西约四十里的大观港日夜开凿了一条长约七八里，宽五六丈，深三四尺的河道以利粮船航行，使船直通钦州龙门七十二泾并出交趾，为平定二征叛乱起重要作用，该河道后称马援故道或伏波故道。广西沿海各地有多处伏波庙。

4. 岳霖

岳霖（1130—1192 年），号商卿，河南汤阴县（旧称安阳）人，为宋朝抗金名将岳飞第三子。宋绍兴十一年（1141 年），岳飞及大儿子岳云等被害，岳霖兄弟四人及母亲被流放岭南。隆兴元年（1163 年）四月，宋孝宗下诏为岳飞平反，岳霖被授任右承事郎，后又授南赣都督。淳熙二年（1175 年），朝廷派其任钦州知州。岳霖到任后，"拓建学宫，兴修水利，筑堤防洪，奖励生产，爱民礼士"，使钦州"政通人和，百废俱兴"。重建学宫后，岳霖还特请大学者周去非两度任学宫教习，培养人才，淳化风俗。其所建学宫直到明代还在使用。

岳霖主政钦州期间，曾勇斗无礼的交趾使节，维护中华民族的尊严。淳熙四年十二月，岳霖任满，回京述职，"民众攀辕挽留，截路塞巷"。钦州百姓怀念岳霖，将其牌位生祀于钦州名宦祠中。

5. 林锦

林锦（生卒年代不详），字彦章，号双溪，福建连江人。明景泰元年（1450 年）乡贡，被朝廷授任合浦学训导，采取有效措施，使当地 25 个附县的蛮寇都归顺朝廷，被擢升为廉州太守。1468 年，升任（海北道）按察佥事，后转任副使。林锦文韬武略，在任内"禁淫祠，修学校，劝民力农桑，行孝悌，治（修建）廉学宫……前后三十余年，皆为生民造福计"，他重修了廉州府城、府学孔庙、海角亭等，并在成化五年（1469 年）为防倭而扩修永安城，并修建了现代仍闻名岭南的永安鼓楼（大士阁）。

6．林希元

林希元（1482—1567 年），字茂贞，号次崖，福建同安县人。明正德十二年（1517 年）进士。因得罪朝廷，嘉靖十四年（1535 年）贬谪到钦州任知州。任职期间，“兴利除弊，约身裕用，严正不挠，豪猾屏迹”。他委派有生产经验的劝农老人主理农耕工作，提倡推广种植粟、豆、麦、芝麻等多种作物，改变钦州历来单种水稻的习俗，同时实行屯田；他建桥 5 座，解决钦州出城的交通设施；他建成社学，每一社学拨公田 20 亩作为办学经费，并且“立教杀，作训言，选名师，召七八岁以上者教之”。对发展文化教育尽了很大努力。他所编纂的《嘉靖钦州志》是研究明朝南方的政治、经济、军事、农业、社会生活等的珍贵资料。

7．冯敏昌

冯敏昌（1747—1806 年），字伯求，号鱼山，壮族，钦州市钦北区大寺镇马岗村人。12 岁考取秀才，15 岁成禀生，19 岁成拔贡，24 岁成举人，32 岁中进士。曾任翰林院编修，钦点会方式同考官，后调户部浙江司主事，补刑部主事，刑部河南司主事等职，诰授奉政大夫。他注重育才，曾主讲河阳书院，兼修《孟县志》等。晚年弃官退居，主讲广东的肇庆端溪书院、越华书院、粤秀书院。其学生多有成就，如内阁学士觉罗桂芳、琼州太守焦琴斋、阳春李正纲、钦州郭北圻、电白邵咏等，是清代杰出的教育家。学者称其鱼山先生，《钦县志》尊称他为良师。他在京首先提倡集资兴建廉州会馆，回钦州后又集资兴建回澜书院，为家乡教育做出贡献。

冯敏昌学识广博、涉猎甚宽，喜金石文字，诗书画俱佳，与顺德张锦芳、胡亦常并称“岭南三子”。他一生作诗 2200 余首，撰文 200 多篇，他一生诗作 2000 余首，文 200 多篇。其中有不少诗歌歌颂家乡钦州美好的海洋风光，如《龙门》：“惊浪到龙门，连山大海吞。楼船称日裂，火器迸天昏。已见南交宅，真同砥柱尊。鲸鲵还可憾，行胜数东藩。”《龙泾还珠》：“碧海芒芒万丈雄，回环七十二泾通。潮来径口川川合，汐退湾前处处同。蚌呈光千浦绿，骊龙吐气几林红。武陵不是桃花洞，管教翻迷老钓翁。”诗文主要收存于：《小罗浮草堂文集》（四十卷）《岭南感旧录》《笃志堂文抄》《师友渊源集》《华山小志》（六卷）《河阳金石录》等文著，还纂修有《孟县志》《广东通志》等多种志书，考订古诗多种，是广西古代著述最丰的壮族大家。

8. 冯子材

冯子材像

冯子材（1818—1903 年），字南干，号萃亭，广东钦州（今属广西）人。同治元年（1862 年）任广西提督。光绪元年（1875 年）调任贵州提督。1883 年 12 月，法国挑起中法战争，滇桂边境紧张，已告老回乡的冯子材应两广总督之邀督办高、雷、钦、廉四府团练。1885 年初，出任前敌统帅，亲率兵于镇南关（今友谊关）前线抗敌。当战事进行到最紧张的时候，分命亲兵抬着棺材随其后，自己手执大刀，打开城门栅栏，身先士卒，带头杀入敌阵，指挥将士击溃法军的进攻，取得了震惊中外的镇南关大捷，接着又领军乘胜追击，取得了谅山大捷，法国茹费理内阁因此倒台。中国军队取得了对法斗争的胜利，但由于清政府的腐败和屈膝求全，冯子材被迫撤军回国。后任过云南、贵州提督，累官至太子少保，1903 年奉旨会办广西军务，抱病到任，卒于军旅。冯子材逝后葬于钦州，朝廷下诏于钦州城东南隅建“冯勇毅公专祠”纪念，称“宫保祠”。著有《军牍集要》。

刘永福像

9. 刘永福

刘永福（1837—1917 年），字渊亭，祖籍博白，生于广东钦州古森洞小峰乡（今属广西防城港市防城区）。早年参加天地会系统的农民起义军。1865 年，在归顺安德北帝庙祭起七旗、八卦旗作为旗号标志，称黑旗军。1868 年，率部 300 余人进驻保胜（今越南老街）屯垦安民，队伍发展到 2000 余人。1873 年，法国侵略军进攻越南河内等地，他应越方要求，率军在河内西郊大败法军，乘胜收复河内。越南国王授予他三宣副提督之职。1883 年，法军占领越北南定省，企图进犯广西。刘永福率兵 3000 在河内城西纸桥一带同法军激战，毙法军司令李维业以下数百人。越南国王封其为一等义勇男爵，任三宣提督。1884 年，清廷被迫向法国宣战后，授予刘永福记名提督。刘永福率黑旗军同清军联合向法军进攻，包围宣光，伏击法国援军，又在临洮大败法军，收复广威。与此同时，冯子材在镇南关（今友谊关）重创法军，从根本上扭转了战争形势，迫使法国茹费理内阁倒台。但此时，清廷却乘胜下令停战，与法国签订条约。1885 年冬，刘永福率黑旗军将士 3000 人回国，被清廷裁减至 300 人。1894 年，甲午战争爆发，刘永福奉命率黑旗军两个营赴台湾，帮办台湾防务。1895 年，清廷同日本签订《马关条约》，割让台湾。1895 年 5 月，日军进攻台北，守台清朝官员撤回大陆。刘永福率黑旗军与台湾抗日义勇军合作，血战近 5 个月，重创日军。在清廷断绝援台、部下大都战死、台南面临失陷的情况下，1895 年 9 月，刘永福潜回大陆。1898 年，刘永福重建黑旗军，任广州镇抚，为人民做了很多好事。辛亥革命后，刘永福被推为广东民团总长，不久告老还乡。1917 年 1 月，病卒于钦州三宣堂。

10. 黄明堂

黄明堂（1866—1938 年），字德新，钦州大寺镇人，壮族，排行第八，又称“八哥”。1903—1905 年，黄明堂参加了广西会党的反清起义。失败后，率众在中越边境一带活动，不断袭击清军和骚扰在越南的法国侵略者。不久，他接受孙中山的改组。1907 年 9 月，他被任为大都督，领导了镇南关起义。1908 年，黄明堂率队联合清军起义队伍发动了云南河口起义。起义受挫后，黄明堂率余部 600 多人退走越南，被迫解散。不久，孙中山派黄明堂从香港回粤桂边组织革命武装。辛亥革命后黄明堂率部东进，连攻数县，被委任为镇统。袁世凯称帝后，捕杀革命党人，黄明堂出走，后被澳门葡萄牙当局扣押投入监狱一年多。之后，黄明堂历任琼崖安抚使，粤军帮统。1922 年陈炯明背叛革命，黄明堂被孙中山任命为南路讨贼总司令，其妻欧阳丽文为别动队司令，率军讨伐陈炯明。1923 年孙中山将黄明堂军改编为中央直辖（后改称建国粤军）第四军，黄明堂为军长，欧阳丽文为第三旅旅长。1939 年 11 月 1 日，黄明堂在钦县大寺病逝，终年 69 岁。

11. 陈铭枢

陈铭枢（1889—1965 年），合浦县曲樟乡璋嘉村人。民主革命家，爱国将领。1906 年加入同盟会，参加了武昌起义、二次革命。后赴日本，在革命党人主办的军事学校“大浩森然庐”和“政治学校”学习。1916年后，他在保定军事学校毕业，在广东地方部队、护国军、粤军、国民革命军担任各级职务。1927年，率第十师参加北伐，所部英勇善战，与叶挺独立团均是被誉为“铁军”的第四军的主力。后任第十一军军长、广东省政府主席等。1932年，因蒋介石扣留胡汉民，陈通电反蒋，出走香港、日本。回国后到江西督率十九路军“围剿”红军。1933年，陈铭枢与李济森等组织发动福建事变失败后，便到香港进行抗日救亡活动，游历欧洲、访问苏联。1937年，回国参加抗日战争，任军事委员会参议。1944年，组织“中国民主政团同盟”和“三民主义同志联合会”。新中国成立前夕，他对湖南省政府主席程潜和上海代理市长赵祖康进行策反工作，以“三民主义同志联合会”中央常委身份，到北京参加新政协筹备会并出席政协第一届会议，担任第一届政协委员。新中国成立后，担任中央人民政府委员等职。

陈铭枢热心于家乡建设，他捐资创建合浦县城中山公园和东坡公园，捐资兴建合浦图书馆（今北海中学校园内）；领衔募捐资金用于扩建合浦第五中学（今公馆中学），后校方用此款建成校务楼取名为真如楼。同时，他办真如小学，捐资建合浦医院、菜市场等。

陈铭枢铜像

12. 陈济棠

陈济棠（1890—1954年），字伯南，广西防城港市人。粤系军阀代表，中国国民党一级上将，曾任中国国民党中央执行委员、中华民国农林部部长。曾长期主政广东，政治上与南京中央政府分庭抗礼，经济、文化和市政建设方面颇多建树，有“南天王”之称。

1907年，陈济棠考入广州黄埔陆军小学，秘密加入同盟会。辛亥革命后，入广东陆军速成学校。后任粤军军官，从排长累升粤军李济深部第二旅旅长。1925年国民政府成立，任国民革命军第四军十一师师长兼任钦（州）廉（州）警备司令。1928年，任第四军军长兼西区绥靖委员、广东编遣特派员，讨逆军第八路军总指挥。1929年3月选为国民党中央执行委员。蒋桂战争爆发后，陈济棠支持蒋介石。之后，陈济棠升任第四军军长兼广东绥靖委员，驻扎广州，再任第八集团军总司令。1931 年，通电反蒋并驱走广东省长陈铭枢，5 月，汪精卫等于广州另立国民政府，陈济棠任第一集团军司令。“九一八事变”后，广州国民政府取消。之后数年，陈济棠集广东党政军大权于一身。1932 年，任国民党西南执行部和国民政府西南政务委员会常委。蒋介石为对付共产党，仍任命陈济棠为赣粤闽湘边区“剿匪”总司令，兼任江西“剿共”南路总司令。1936 年，他联合桂系，发动反蒋抗日的“六一事变”，失败后经香港赴欧洲。1937 年 9 月回国后，被任命为国民政府委员会、最高国防委员会委员。1940 年任农林部长。1946 年任海南特区行政长官兼警备司令。1949 年，任海南行政长官兼海南警备司令。1950 年 4 月逃往台湾，后任台湾“总统府”资政、战略顾问。1954 年 11 月 3 日卒于台湾。

陈济棠治粤期间，先后兴建各类工厂、港口公路、大中小学等，建海珠桥、中山纪念堂、中山大学五山新校舍、爱群大厦等，创办了香港珠海书院、勷勤大学、中山图书馆、广州音乐学院、广州国医学院等。广东尤其是广州，经济、文化和市政建设都有很大发展，广州一跃而成为南中国的“首善之区”和繁华大都市（人口达 112 万），被称为老广州的黄金时代。陈济棠还在茂名修建飞机场、鉴江桥、高州德明中学、广南医院。陈济棠十分支持家乡的发展。他组织扩建了广州经江门、阳江，直通廉州、北海和钦州的公路，大力发展陆上运输，设立西南航空公司，建立北海飞机场。他在防城县（今防城区）捐款办学，建有“谦授图书馆”（旧址仍存），伯南公园和救济院等。

后人对陈济棠进行了实事求是的评价。邓小平接见陈济棠之子陈树柏时说：“治粤八年，确有建树，有些老一辈的广东人还在怀念他。”

防城中学谦授图书馆

1. 宁氏家族与广西沿海开发

南朝陈宣帝太建元年（569 年）至唐中宗神龙二年（706 年）的 130 多年间，广西钦州俚僚酋帅宁氏家族是岭南声威显赫的少数民族首领，它与番禺吕氏、高凉冼氏齐名，史称“百越大姓”。宁氏家族以钦州为基地，在广西沿海开创了辉煌业绩。其势力鼎盛之时，东达郁林、白州（博白县），西有西原（扶绥县地），南拥大海，北至邕州（南宁市），包括今天的玉林、博白、灵山、钦州、合浦、浦北、防城、上思、扶绥、大新、崇左等地。家族内的一些成员曾率兵随隋军南征林邑（越南南部），北伐高丽（朝鲜）。宁氏家族在传播先进文化及开拓广西沿海等方面做出了一定的贡献。

宁氏家族第一位进入广西沿海的是宁逵，他于南朝梁武皇帝时任定州（今广西贵县）刺史，总督九州军事，陈宣武帝时任安州（今钦州）刺史。宁逵死后，其子宁猛力袭刺史职。陈后主祯明年间（587—589 年），宁猛力派其弟宁暄带兵进驻合浦大廉洞一带，开辟新县，扼住东南沿海。隋唐两朝，宁暄及子宁纯一直任合浦太守。宁猛力则率军向钦州西部开辟新区，他采取怀柔政策，使少数民族聚居地区西原蛮归附。宁猛力死后，其子宁长真袭职。宁长真与其弟宁贙于隋仁寿末年（604 年）随欢州道（越南义安）总管大将军刘方攻打林邑（越南南部），以 20 余艘楼船打败林邑的上千艘兵舰。大业七年（611 年）宁长真又率兵跟随隋炀帝征高丽，因军功受封鸿胪卿安抚使。后又升光禄大夫、宁越郡太守。唐初，宁长真以宁越郡地归附唐朝。唐武德五年（622 年）升宁越郡为钦州总管府，宁长真任总管。武德七年（624 年），升总管府为都督府，宁长真任都督。武德八年（625 年），宁长真起兵反唐失败。贞观十年（636 年），钦州都督府易名为总管都督府。贞观十二年（638 年），废除总管都督府。宁氏对钦州的世袭统治废止。宁氏家族为开发落后的广西沿海，增置新县做出了较大贡献。

宁氏家族建造和扩建了不少城镇。广西沿海现存的几座隋唐故城遗址都与宁氏有关。钦江故城，位于今钦州市城东北 25 千米的久隆乡东坝村东北，为宁猛力任宋寿县开国侯时扩建。位于今浦北县泉水乡坡子坪的越州古城（“青牛城”），建于南朝刘齐年间，一直沿用至唐代。廉州故城，位于浦北县泉水乡旧州村，据考证，旧州是唐时廉州州治所在，宁纯首任廉州刺史，此城的建造始于宁纯。

宁氏家族发展广西造船业。隋大业元年，宁贙率水军随刘方渡海攻打林邑；隋末，宁长真率越兵攻打丘和于交趾。两次战争都需要船舰把大量兵员运送过海。有人描述当时的船只：“浮南海而南舟如巨室。帆若垂天之云，柂（舵）长数丈，一舟数百人，中积一年粮，圈豕酿酒其中。”制造这样大的船只，所用木料为钦州出产的乌婪木，长五丈多，纹理缜密，用来做大船上的舵“极天下之妙也”。别的地方产的木材用来做舵，长不过三丈，若遇大风恶浪，往往折断。而用钦州乌婪木做舵，“虽有恶风怒涛，截然不动”。宁氏水军获得了良好的船只装备。正是宁氏家族注重发展水军，钦州造船业才有如此高的水平。

宁氏家族推动钦州陶瓷制造业的发展。近几十年来，考古工作者在今钦南区久隆镇境内发掘了宁氏族人的南朝至隋唐墓葬 7 座，出土陪葬品 130 余件，其中青瓷器 53 件，陶瓷 41 件。经专家鉴定为本地陶瓷工匠设计制造，其工艺先进并有特色。其中民国九年出土的宁道务墓志铭陶碑宽约 0.667 米、长 1 米，烧制难度很高，属国内首创。在宁氏家族统治时期，钦州一带已有陶瓷生产，而且工艺相当成熟。

宁氏家族重视发展冶炼铸造业、采珠业和煮盐业。为了铸造指挥士兵作战的铜鼓及兵器，他们着重发展冶炼铸造业。现今在广西南部发掘的灵山型铜鼓，富有地方特色，铸造工艺精致，其铸造年代是在南朝至唐朝年间。此外，南朝时的越州设有盐田郡，广西内陆的食盐全靠沿海供应。唐开德年间（632 年），越州南部沿海又增设珠池县。

2. 王勃折戟北部湾

王勃（648—675 年），字子安，山西河津通化人，与杨炯、卢照邻、骆宾王并称为“初唐四杰”。父亲为交趾欢州太守。公元 675 年初，王勃为了探望远在交趾的父亲，长途跋涉从老家龙门出发，路过南昌滕王阁，当众书写了名垂千古的锦绣骈文《滕王阁序》，次年辗转来到合浦，乘船渡海前往交趾。于途中溺水身亡。一代文豪，英年早逝。王勃遗体被带往越南，葬在今义安省宜禄县。当地民众为他修建了祭祀庙宇。庙宇在 1972 年被美国飞机炸毁，现剩下断垣残壁。

3．张说“坐忤旨配流钦州”

张说（667—730 年），字道济，河南洛阳人，唐代有名的贤相和诗人。长安三年（703 年），因“魏元忠案”，触怒武则天，被“坐忤旨配流钦州”。在钦州，张说留下诗作约 10 余首，如《岭南送使》《岭南送使二首》《钦州守岁》《南中赠高六戬》等。张说在钦州的诗作既有愁苦忧闷，又有慷慨激愤，还有调整适应之后的振作与潇洒自适，其创作心态超越了传统屈原式的忧愁、思乡与怨愤，成为张说作品中成就及影响最大的一部分。

神龙元年（705 年）正月，唐中宗复位。张说被召为兵部员外郎，后任兵部侍郎，转任工部侍郎，成了中宗、睿宗、玄宗三朝的元老重臣，前后三次为相，封燕国公。他在政治、军事方面都对唐王朝的巩固和发展做出重要贡献。张说的诗作也有较高水平，唐玄宗誉之“道合忠孝，文成典礼，当朝师表，一代词宗”。

4．苏东坡诏移廉州、遨游钦灵

苏轼（1037—1101 年），字子瞻，号东坡居士，北宋杰出的文学家和书画家，是我国历史上“唐宋八大家”之一。其诗文汪洋豪健，词开豪放一派，书法为“宋四家”之一，所倡写意画风影响深远。苏轼任职于朝廷，因政治上守旧，思想上独立，同时遭新、旧两派势力的排挤打击，多次遭外放贬谪，62 岁高龄仍被贬逐到荒蛮的海南岛儋州。元符三年（1100 年），宋徽宗登基，大赦天下，65 岁的苏东坡被“诏移廉州”并由此北返；次年，病逝于常州。

苏东坡于公元 1100 年阴历六月由海南渡来廉州，逗留廉州期间，苏东坡“雅好山水，遨游钦灵，遍访古迹”，并且广交当地各阶层人士，与当地文化吟诗作赋，把酒言欢，留下许多脍炙人口的诗篇，如《自高雷廉、宿于兴廉村净行院》《雨夜宿净行院》《廉州龙眼质味殊绝可敌荔枝》等。苏轼对合浦的影响甚为深远。在后世，纪念他的有东坡亭、东坡书院、东坡公园、东坡井等。

5．汤显祖感受“珠还合浦”

汤显祖（1550—1616 年），明代著名戏曲家。博学多才，为人高风亮节，不愿依附权贵。万历十九年（1591 年），汤显祖因得罪权贵，被贬徐闻县典史。典史为地方管理文书的小吏，

位于今合浦师范内的东坡亭

位于今合浦师范内的东坡井

公务少无实权。汤显祖在徐闻期间，闻廉州知府郭廷良为官建树颇多，深得民心。于是他特意取道合浦游历。在廉州期间，他不仅知道了现任知府的清廉所为，而且还了解到廉州前任知府周宗武的廉政故事。周宗武为官清正廉洁，造福一方百姓。积劳成疾去世时，家中却一贫如洗，连安葬的钱都没有，还是百姓凑钱为之安葬。而周的妻子则靠为人舂米、洗衣扶养孩子。汤显祖感触极大，他把在廉州了解到的知府廉政的故事带回徐闻广为传诵。汤显祖的合浦之行，使他真切地感受到了“珠还合浦”的清廉吏风，却如当世腐朽官风中的一颗夜明珠。在廉州的所见所闻，使汤显祖了解民间疾苦，开阔了视野，拓宽了思路，更加清醒地认识到了封建社会的腐朽与黑暗，这为他日后罢官专心从事戏曲创作奠定了思想基础。

6．屈大均笔下的南珠

屈大均（1630—1696 年），明末清初著名学者，“翁山诗派”创始人。早年他削发为僧，游遍大江南北，被誉广东的徐霞客。清康熙十二年（1673 年），他回广东潜心研究诗文及岭南文化、社会、地理、经济，成绩颇丰，著作《广东新语》被称为“广东大百科全书”。

合浦珍珠历史悠久，品质上佳，自古为历代朝廷贡品，清朝的廉州珠市是广东四大市场之一。屈大均在游历合浦后，专门为合浦珍珠在《广东新语》中写了一章《珠篇》。书中记录了南珠七大古珠池的地理位置，都在今天合浦沿海及附近区域。屈大均经过仔细考察和认真对比认为，合浦地区所产的珍珠具有粒大凝重、晶莹圆润、皎洁艳丽、光泽经久不变等优点。文章写道“合浦珠名曰南珠，其出西洋者曰西珠，出东洋者曰东珠。东珠豆青白色，其光润不如西珠，西珠又不如南珠”，首次阐明了南珠的概念及价值地位，即合浦地区所产的珍珠叫南珠，南珠为珍珠之冠，此后，“东珠不如西珠，西珠不如南珠”常常作为公众所认同的珍珠划分等次的标准而享誉海内外。

屈大均不仅在文章中对合浦古珠池、珠市、珍珠类型、采珠等作了精彩描述，也收录了许多关于合浦珍珠的民间故事，写了《珠人曲》《珠池》《白龙采珠》等诗歌，内容论据充分，描写真实详细，成为珍珠文化的重要史料，为我国古代合浦珍珠的研究做出了巨大贡献。

钦州天涯亭

7．陶弼与钦州天涯亭

陶弼（1015—1078 年），字商翁，北宋湖南永州祁阳人，为官清廉。北宋庆历年间（1041—1048 年），陶弼任钦州知州，他组织百姓修城筑壕，改筑护城河，修建天涯亭，兴学选仕，推广占城稻，在钦州留下不少诗文。钦江古八景之一“三石吐奇”与陶弼有关（传说陶弼当年常游乐于三石，在吟石吟诗、在钓石钓鱼、在醉石饮酒，故有三石吐奇之称）。

天涯亭矗立于钦州市人民公园内。古代“钦州南临大洋，西接交趾（今越南），去京师万里”，因此以天涯来命名。陶弼建天涯亭，初建于城东平南古渡头。明洪武五年（1372 年）钦州同知郭携把它迁到城内东门口重建。1935 年，又迁建今址，故又称“宋迹三迁”。现存天涯亭石柱，是清嘉庆二十五年（1820 年）钦州吏目朱轩“攻石为之”的。由于钦州历代为流放、贬谪官员、文人之地，天涯亭牵动了一批中原名宦、文人无限的“忠君爱国，怀乡思里之情”，并备受历朝州官的关注和爱护，以致代代保存。

8．邓耀、杨彦迪抗清

1644 年，清军入关后，南明朝廷与明末农民起义的余部继续坚持在南方抗清，广西沿海是南明政权盘踞的一个地区。顺治十一年（1654 年），邓耀率抗清武装在钦廉沿海积极活动，顺治十二年(1655 年)，清朝在沿海严洋禁对付邓耀。顺治十三年(1656 年)后，清军水、陆并进围剿抗清武装，于顺治十七年(1660 年)擒杀了邓耀。康熙元年(1661 年)，实行禁海、迁海，将沿海居民迁徙内地，以断绝起义军的后援。抗清水军杨二（杨彦迪）、杨三部被迫转移到台湾。康熙十四年（1675 年），吴三桂反清，派兵攻陷廉州。康熙十六年（1677 年），杨彦迪乘机从台湾率千余人乘船返钦廉，重占龙门作为抗清据点。康熙十九年（1680 年），杨彦迪的战船曾至总江口，战败而去。康熙二十年（1681 年），杨彦迪在海中被部下所杀，海上抗清斗争至康熙二十九年（1690 年）最后失败。

9．李经野与合浦建设

李经野（1855—1943 年），字莘夫，山东曹县龚楼乡土地庙村人，光绪九年（1883 年）进士，官至廉州知府。李经野任廉州府知府时，捐出俸禄建味经书院、重修东坡亭、海角亭、东山寺等，最值得廉州民众感其功德的是建“惠爱桥”。当时，廉州西门江上的桥梁在一次火灾中被烧毁，民众过往很不便利，李经野带头集资建西门江桥。桥成后，民众因其惠政命名为“惠爱桥”，并请李经野亲书“惠爱桥”制匾悬于桥上风雨亭。李经野还豁免苛细杂捐，减轻百姓负担；大力兴办学校，倡导文明；还出资将闲置的考棚园欣尝楼改建成廉州府图书馆，这是当时广东最早的官办图书馆。李经野三年任满，离开廉州时，廉州父老箪食壶浆，长途相送，并赠“万民伞”两把，“千人匾”一块，其政绩载入廉州史册。

10. 齐白石三游钦州

齐白石(1864—1957年)，湖南湘潭人，名璜，字渭清，号兰亭、濒生，别号白石山人，20世纪中国画艺术大师和十大书法家之一，世界文化名人，曾任中国美术家协会主席、中国画院名誉院长。

齐白石一生五次远游，其中分别于1906年、1907年、1908年三次游历钦州，在品尝钦州荔枝美味后，结下深厚的荔枝画缘，创作了许多与钦州荔枝有关的诗画，在中国书画史上独树一帜。他在一幅《荔枝蜻蜓图》上题“寄萍老人齐白石自钦州归后始画荔枝”，另一幅则写“园果无双，予曾为天涯亭过客，故知此果之佳”。定居北京后，齐白石时常吟诗作画回味钦州赏荔的情景：“自笑中年不苦思，七言四句谓为诗；一朝百首多何益，辜负钦州好荔枝。”晚年，齐白石仍不忘钦州荔枝，作画赋诗《思食荔枝》盛赞：“此生无计作重游，五月垂丹胜鹤头；为口不辞劳跋涉，愿风吹我到钦州。”

齐白石三游钦州，提升了钦州荔枝文化。为了永远铭记这段奇缘，近年来，钦州人民建设了一处风光秀美的人工湖，并命名为“白石湖”，以为纪念。

11. 田汉评刘冯

田汉（1898—1968年），原名寿昌，汉族，湖南省长沙县人。我国现当代著名作家，中国现代戏剧的奠基人，中华人民共和国国歌《义勇军进行曲》词作者。

1962年4月20日，田汉来到钦州。在钦期间，他参观了民族英雄刘永福故居——三宣堂，并驱车前往城东12千米处的冯子材墓地。随后，写下了《谒冯子材墓》。诗曰：“泥桥岭畔古城东，且驻征军吊萃翁。松啸如闻嘶战马，花香端合献英雄；扶妖江左成遗憾，抗法关南有大功。近百年来多痛史，论人应不失刘冯。”诗中表达了对两位民族英雄戎马生涯的追忆和深切缅怀之情，高度评价了刘（永福）冯（子材）在抵御外国侵略者斗争中的历史功绩和历史地位。

广西沿海历代的地方州官与名人普遍重教兴学。钦州自从建郡始到清末，历任州官对文化教育事业颇为重视。宁氏家族三代任钦州刺史，重视教育，开办家学，一门出了三名进士。永昌元年（689 年），宁原悌进士科试中举，成为钦州历史上第一名状元，并被授予谏议大夫。宋代钦州知州余靖、陶弼、岳霖，“拓建学宫，兴学造士”，岳霖还聘请学者周去非为学官，使“士之众多也”，使宋代成为钦州中举最多的朝代。明代黄秋槐祖孙三代兴学，于万历四十二年（1614 年）将祖田全部送予钦州学宫当学田。民族英雄冯子材倡导建设镇龙楼，开办绥丰书院，培养文武英才。据统计，在明代钦州有社学 16 所，清代钦州有东坡、铜鱼等 16 所书院，灵山有西灵、桂林等 7 所书院，浦北有归德、猛江等 16 所书院。廉州府（合浦）书院起端于宋代，到明清两代，书院呈勃然兴起之势，而且多数集中于府学孔庙一带并汇合成街，今廉州古城内有“学前街”“学宫街”“文明坊”之名因此起。据载，从明嘉靖九年（1530 年）廉州知府韩莺创建海天书院，到清光绪末年（1908 年）书院制度废止，合浦共设有书院 39 间。明清时期，合浦共有进士 24 人，秀才、贡生、举人 600 多人。

1．宋代钦州学官周去非

周去非（1135—1189 年），字直夫，浙东路永嘉（今浙江温州）人，隆兴元年（1163 年）进士，乾道七年（1171 年）任温州教授，乾道八年（1172 年）任钦州教授，一年后告假回永嘉休“丁忧”。南宋孝宗淳熙三年（1876 年），岳霖任钦州知府，“拓而重建”钦州儒学，特聘周去非再次任钦州教习。

周去非在广西六年后东归，到浙东任绍兴府通判，将自己在广西任职期间所思、所感、所记、所见闻资料整理出来，编撰成书，取名《岭外代答》，这是周去非唯一传世著作。它记载了宋代岭南地区（今两广一带）的社会经济、少数民族的生活风俗以及物产资源、山川、古迹等情况，保留了许多正史中未备的社会经济史料。它是广西地方史中内容较全面而时代较早的重要文献，是研究岭南社会历史地理和社会经济史的重要文献，也是研究海外交通史和12世纪亚非许多国家古代史的珍贵资料，在《岭外代答》中，对宋朝时的钦州情况作了详细记载，如书中第五卷其中的专条“钦州博易城”，详尽描写了交易的繁盛景象。据考，宋代“钦州博易场”位于今钦江东岸大路街。当时交趾商人“遵岸而行”，“舟楫往来不绝”，富商“自蜀（四川）贩锦至钦，自钦易香至蜀，岁一往返，每博易动数千缗”。宋代钦州成了中国大西南地区与外国贸易的中转站。乾隆三十八年（1773年）《四库全书》收编了《岭外代答》，并给予周去非很高的评价。

2．张岳与廉州府学孔庙

张岳（1492—1552年），字维乔，号净峰，福建惠安（今福建惠安）人，明代著名忠臣，嘉靖朝名将，正德十二年进士，官至西南总督、右都御史，谥号“襄惠公”。嘉靖十四年至十七年（1535—1538年），张岳任廉州知府，下车伊始“辄求民瘼”，在辖区内广泛兴修水利，兴办圩市，力倡教化，广西北部湾地区现存最完整、规模最大、规格最高、建筑工艺水平最高，用材最考究，石制构件最为精美的孔庙建筑——廉州府学孔庙，即为张岳所草创。该庙是明、清廉州府官方行政教育场所和尊孔崇儒、祭祀孔子的场所，常年开设儒学课程，有专人执教，从张岳开始，后继的廉州知府大多到此讲授，清代著名水利家康基田在任时常与诸生为师友。孔庙与府衙原址仅隔一条承宣街，东侧“青云路”因庙之故而得名并沿用至今。

3．林希元与钦州社学

林希元，明嘉靖十四年（1535年）起任钦州知州，在任3年期间，“兴利除弊，约身裕用，严正不挠，豪猾屏迹”。在发展农业生产、交通事业的同时，为钦州文化教育设施建设做出了较大贡献：修复儒学一所。该所儒学，原建于城南门外，后移于城东门外，久圮不修，至嘉靖间，林希元拨款修建复学；于东城隍庙故址建学舍20间，以供师生员工居住，公费拮据，还捐出薪俸10两，以助公费；设社学18所：中和社学（今钦州城东门外）、城南社学（今钦南区黄屋屯屯南村）、发蒙社学（今钦南区康熙岭蒙村）、茶山社学（今钦南区沙埠茶山村）、水东社学（今沙埠水东村）、腾龙社学（今钦南区久隆高沙村）、雷峰社学

（今钦南区犀牛脚乌雷村）、芦山社学（今钦南区那丽芦荻竹村）、平江社学（今钦北区小董镇）、如洪社学（今黄屋屯镇）、留峰社学（今钦北区贵台板留村）、白峰社学（今钦北区大直镇）、造材社学（那造村，今名不详）、凌霄社学（板霄村，今名不详）、思淳社学（思芦村，今名不详）、享雷社学（那雷村，今名不详）、同文社学（今防城港市防城区）、思文社学（今防城区那良镇）等；社学建成，"访于民，多有愿学而无力供师膳者"，于是每社学拨公田20亩，共360亩，作为各社学办学经费，并且"立教杀，作训言，选名师，召7、8岁以上者教之"。各乡"子弟闻令，减制衣履入学"，为发展地方教育起到重要作用。

4．冯子材与钦州教育

钦州历史悠久，但地处天涯，离京万里，经济文化落后。在科举时代，钦州当地士子需要到外地的府治去应试才能考上功名。清光绪十一年（1885年），冯子材大败法军，取得了镇南关大捷，受到清廷嘉奖。冯子材晋京面圣，谒拜中回答慈禧太后的询问，向她申奏了钦州人每科赴廉州赶考的艰辛情况，提出在钦州设立考场开科的请求。结果得到了清廷的批准。光绪二十三年（1897年）在钦州贡院、大较场分别设立试场考试文武生员。钦州有了考场，为地方选拔人才提供了方便。但朝廷每科所给钦州取士的名额只有18名，数量很有限，不利于人才的选拔。冯子材又向清廷提出增加录取名额的请求并得到批准，钦州举子从原来每科录取18名增加到36名。为了进一步扩大教育规模，冯子材又在小董建立了铜鱼书院，新中国成立后，书院改为小董中心小学。据不完全统计，自铜鱼书院建立至今100多年中，书院培养莘莘学子两万多人，为国家输送大批人才。

5．陈济棠与防城教育

1926年，陈济棠将军任国民革命军第四军第十一师师长，驻防钦廉。他委托刘永荣局长在故乡筹办一所中学，并由其兄陈维周（时任防城县县长）力成此事。接着，他带头捐资七万多元作为建校的经费，在防城县立第一小学的基础上开始扩建中学校舍。防城第一所中学诞生，名为防城中学。1930年，陈济棠、陈维周又发起兴办高中，并带头捐资。陈济棠先生亲自审核筹建方案，其兄陈维周多次到防城中学勘察选址。1931年8月1日举行校舍奠基典礼，1934年3月新建的高中校舍落成。1934年9月，开始招收高中一个班，后来还设有两个师范班。

1929年冬，陈济棠捐出巨款，在防城的文武岭（今防城中学校园内）兴建一座规模宏大的图书馆，定名为“谦授图书馆”。该馆于1931年9月建成。国民党元老汪精卫、谭延闿以及一大批国民党政要、名人都给这座图书馆捐赠图书，陈济棠也四处托人从上海、武汉、广州等地购进了大批图书藏于馆内。到20世纪30年代末，谦授图书馆的藏书量达10万册，并拥有了一批如《万有文库》《四库全书》之类的珍贵典籍。

6．施世骥与海门书院

施世骥（1661—？），字文中，福建晋江人，靖海侯施琅第四子。清康熙二十年（1681年），协助施琅东征台湾立功授官。清康熙四十四年（1705年），任广东廉州府知府。任职

合浦海门书院

期间，为培养封建人才，改善当地文化教育的落后状况，于府城外西南海角亭前临江空地砥柱矶建还珠书院，并撰《鼎新义学记》碑文。康熙、雍正年间，还珠书院经历代知府扩建，乾隆十八年改名为海门书院。海门书院向来为廉州府培养科举人才的最高学府，是广西沿海地区现存最古老的、规格最高的书院。光绪三十年(1904 年)，海门书院改为廉州中学堂。现存书院建筑有讲堂旧址、魁星楼等。1993 年 5 月 20 日，被列为合浦县文物保护单位。

7. 陈铭枢与文治书院

文治书院位于合浦县公馆镇，是清代合浦县 23 家书院之一，与廉湖书院、太邱书院同称为珠乡客家三大古书院。民国十八年（1929 年），时任广东省主席的陈铭枢将军回乡与家乡的乡绅观达共同商议发展家乡的教育事宜。大家提出将文治书院改为县立中学，并请陈

合浦县立第五中学旧址

铭枢将军领衔代为申请。陈将军慨然应允，起草了《筹备合浦县第五中学校募捐启》，牵头署名向社会广泛募捐，还捐资一万五千元（银元），同时为“合浦县立第五中学”校名题词。在陈将军的带领和号召下，一大批文治书院校友的乡贤们纷纷解囊相助，合浦县立第五中学得以建成。

为了确保学校的正常运行和发展，陈铭枢又和大家商定，将学校前的商铺和周边土地作为校产，所得租金收入作学校经费。新中国成立后，合浦县立第五中学由国家接办，改为公馆中学，校园内至今还保留有“文治书院”门楼、“真如院”（真如，陈铭枢字号）以及陈将军手书的“合浦县立第五中学”题词壁匾，建有陈铭枢雕像。

浦北大朗书院

8．其他书院

合浦味经书院

清光绪十九年（1893 年）七月，由廉州知府刘齐浔与县绅李怀本倡建于东湖幽胜处，当年建成。共建 3 座：后座为山长校文游憩之所；中座为藏书楼，楼下为讲堂，两旁为生徒学舍，花木充庭，曲槛长廊，排同雁翅；前座为大门。院内外“境静阶闲”，“多士之藏修，以此称畅适”。大门以外，湖水荡漾，又有扁舟亭、清乐轩、音公祠诸名胜环峙其左。旧址今为合浦师范学校。

浦北大朗书院

浦北大朗书院位于浦北客家文化村旁，清光绪二十五年（1899 年），由客家人宋氏为教育子弟、培植人才而创建，是客家文化荟萃之地。书院建筑设计高雅、别致、堂皇而美观，分三进两厢布局，坐北向南，属砖石瓦木结构。占地面积约 3300 平方米，建筑面积 3000 平方米。内有大小教室和小房间 16 间，天井 4 个，走廊四通八达，园林式构建，风物宜人。院内立有多条石质梁柱，梁柱上均有“大朗”两字顶格的楹联，意蕴丰赡，耐人寻味，文化氛围浓郁。大门上有“大朗书院”牌匾，大门对联为“大成声振尼山铎，朗润文方浦水珠”，申明弘扬客家文化的宗旨、书院的属地与价值。大门走廊、二进屋檐石、后座木柱都设对联，勉励学生好学上进，反映出大朗书院创始人的文学与识见不凡。

钦州东坡书院

清康熙三十四年（1695 年），由钦州知州程鼎创建，院址在钦州城外平南古渡北岸（现钦州市房产局大楼），院内举祀苏长公像。清嘉庆二十四年（1819 年），知州宋奎等联合州绅以建万寿宫余资请人将旧院拆除，重建一连四座，计屋 22 间，周围以砖垣，占地长约 53.3 米，横 20 米，供来钦生徒明经修行。光绪初年，知州余鉴海为院题联：“惭壮岁墨盾磨躬，时事处万难荐，剡荣膺，获得一州如斗大；企前徽诗瓢负出，天涯分百影，瓣香齐祝，愿联多士竞珠光”，以奖励文风。清光绪十六年（1890 年），知州李受彤将书院迁城北镇龙楼，改名为“绥丰书院”。清光绪三十二年（1906 年），废科举，兴学堂，书院改称“钦州中学堂”，后称“钦州中学校”，现为钦州市第一中学。

中国海洋文化

海门佛踪　佛教传入
巫道共存　道教传播
教会遗址　西方宗教
多神崇拜　民间信仰

第九章

祭海谢洋

——和谐共生的海洋信仰文化

宗教信仰是人类社会发展到一定历史阶段出现的一种文化现象。不了解广西沿海民众的宗教信仰，就不可能真正了解广西沿海的社会、政治、经济、文化的真实历史情况及发展现状。

据《广西通志·宗教志》记载，广西沿海的主要宗教有道教、佛教、天主教、基督教等，还有对海神、三婆庙、伏波庙、土地公、关公等的崇拜。广西沿海位于中西海上丝绸之路的最前沿，又与东南亚为邻，是接受佛教最早的地区之一。道教在广西民间主要体现为巫觋活动，而基督教、天主教势力进入广西是在 17 世纪后。儒学作为中国汉民族固有的宗教深入广西沿海民间。广西沿海信仰文化在传承中国传统宗教文化的同时，还把儒、佛、道与各地的民间信仰结合在一起，形成了具有地域色彩和海洋特色的民间信仰文化，体现了海洋信仰文化的多样性。多神崇拜还与广西沿海民间信仰相结合并和谐共存。

合浦孔庙

公元前6至前5世纪，古印度迦毗罗卫国王子悉达多·乔达摩（释迦牟尼）创立了佛教。两汉时期，印度佛教由海陆两路传入中国，开始在中国得到传播。

1. 广西沿海是佛教传入中国的重要通道

佛教传入中国，有“北有白马寺，南有海上丝绸之路”之说。自东汉开始，印度佛教分海陆两路传入中国：陆路丝绸之路和海上丝绸之路。佛教传入广西主要是经由海路，从南亚经合浦传入，沿着南流江—北流江传播到广西各地。

据记载，公元前3世纪，佛教向外传播之时，正是我国海上丝绸之路迅速发展的时候。汉末至三国时期，中印交通主要在海上，印度佛教僧侣从海路进入中国传教，先到交趾（今越南），再从交趾到合浦登陆，从合浦选择“交广通道”或“东冶至交趾海上航线”到广州及中国内地，与“海上丝绸之路”的内陆交通连在一起。以合浦为始发港的中国“海上丝绸之路”不仅是中外商贸的主要通道，而且成为宗教文化传播的大通道。广西沿海也成为佛教传入中国的通道地区。

合浦孔庙

2. 广西沿海是佛教海路传入中国的中转站

在汉朝所设立的十八郡中，合浦郡处于南海之北岸，其辖区包括今天的广东西部、雷州半岛、海南省全境及广西沿海三市、容县、横县、邕宁等地，拥有密集的港口群包括今防城港、钦州港、北海港、合浦三叉港、海口港、三亚港、徐闻港、湛江港等，以南流江为干道形成的水运网络，通过灵渠，沟通了漓江、湘江、珠江水系，使合浦成为汉朝唯一的海陆水路网络的连接点与外国开展商贸往来的岭南重镇。佛教徒来中国传经布道，往往搭乘商船来到中国，然后选择交通便利、有利于传教的地方上岸。合浦成为佛教从海路进入中国的中转站。

自汉代开始，许多外国使节沿着“海上丝绸之路”从合浦进入广西到中原。此时，正是佛教从印度、中亚向外传播的强盛时期，大量信奉佛教的西域胡人来到中国，开始把佛教传入中国，而广西合浦等地是胡人涉足最多的地区之一，自然是接收佛教最早的地区之一。今天，考古工作者在合浦、梧州、贵港、兴安等地（即当年胡人沿着海上丝绸之路进入合浦再到中原的沿线）的汉墓中发掘到了胡人俑，其面貌特征大多与欧罗巴人种地中海类型的人种相近。有的还具有婆罗尼斯（今印度北部）的习俗特征，很可能是古代印度僧人，他们随同商船从印度到中国传播佛教。当然，也有可能是一些当地人开始信奉佛教，他们死后随葬僧人形象的陶俑。

据史载，早在汉末三国时代，合浦一带已有佛教僧人活动。东汉末，苍梧牟子经合浦海道入交趾，攻佛学，后撰有《理惑论》37 篇，这是当今人们公认的中国最早的佛教著作。据说，牟子当年“捐家财，弃妻子”“剃头发，被赤巾”，当了出家人，这是合浦、交趾一带出现剃度入佛的社会风俗的体现。三国两晋以后，有更多的南亚僧人途经交趾、合浦北上传教。如第一个在中国南方设像布教的康僧会，其祖先是康居人，世居天竺，其父因经商移居交趾，他本人随父母长住交趾，十多岁出家，明解经藏，博览六经，赤乌十年（247 年）到建业（今南京），吴主孙权为之盖建初寺。据《广东海上丝绸之路史》考证，牟子是循着海上丝绸之路来到

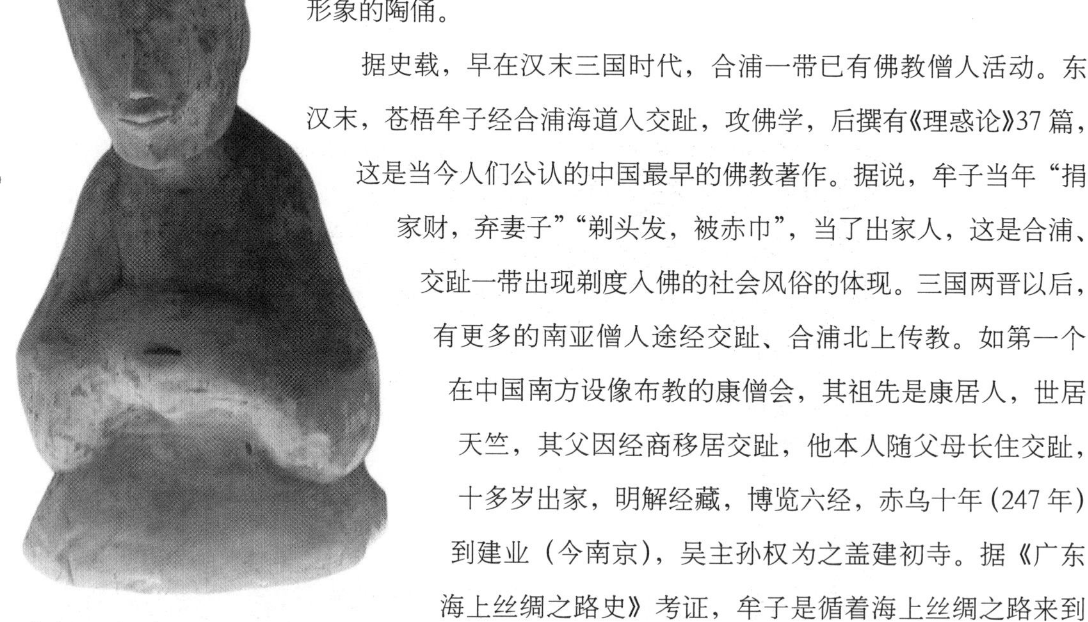

合浦汉墓中发掘到的胡人俑

中国的，他从交趾到建业，必经合浦。

南北朝及唐末时期，由于中国北方的战乱，广西沿海一带社会相对稳定，合浦作为海上丝绸之路的中转站，成为西来的佛教徒常来驻足之地。一批佛教僧侣们从合浦港等广西沿海港口出入传授佛经。据记载，“六朝间往来南海之沙门十人”，其中法兰“至交趾，遇瘴死”，南朝宋文帝曾“敕交州刺史（管岭南及北部湾地区）令泛泊”往阇竺（今印度尼西亚爪哇等地）延请印度高僧那跋摩。同时，历经战乱和排佛、灭佛劫难的北方佛教僧人也纷纷来到南方，传经布道，兴建寺庙，作为广西最早的佛教寺庙——合浦灵觉寺正是此时兴建的。此外，中原移民和官员被贬带来了当地文化的繁荣，为佛教南传提供了良好的交流平台。

20 世纪 60 年代初，在南朝越州遗址（今浦北县石埇乡），出土了一批莲花花纹瓦当，是佛寺建筑的标志。广西在唐代或唐代以前建有佛寺 39 所，其中位于“古交广通道”附近就有 31 所，如南流江边的宴古寺，北流江边的乾亨寺等。古合浦郡境内现存最早的摩崖佛像，是博白县西南 35 千米南流江边顿谷乡宴石山悬崖佛像。

3．广西沿海的佛教遗迹

三廉古刹——东山寺

东山寺是广西现存最早的两间佛教寺庙之一，位于合浦县廉州镇东北约 500 米处，是古代北部湾沿岸地区最大、香火最旺的宗教寺庙，素称“三廉古刹”。1962 年被定为合浦县文物保护单位。

据《廉州府志》记载，东山寺是宋朝时宝山成禅师在原灵觉寺的基础上扩建寺庙而成，明清数次重修增扩。现存的东山寺建于清朝康熙二十六年（1687 年），原有建筑雄伟壮观，为中轴线对称布局的四合院式寺庙建筑，坐北向南，占地面积约 7000 平方米，建筑面积 1600 余平方米。主要建筑依次为山门、天王殿、大雄宝殿、观音殿；两侧以斋庑相连。山门现存有明清两代官员游历时留下的手书如“海角第一峰”“三廉宝刹”“东山寺”“宝花飞上界，灵鹫起东山”等石刻匾额、门联。“文革”时期主体建筑大雄宝殿被毁。近 10 年来，经地方政府筹资修复，千年古寺的面貌再现。东山寺历史上是印度佛教传入中国的驿站，是海上丝绸之路宗教文化交流的历史见证。

合浦东山寺

合浦曲樟山心灵隐寺

灵隐寺位于合浦县城东60千米处。因该寺建在大廉山的中心，所以名叫灵隐。明崇祯十一年（1638年）由生员陈志时建，其后人一再重建、继修。据说当年杭州西湖灵隐寺僧人游方至此，看见曲樟大廉山山脉雄峙，六湖秀色可餐，倦游小歇之际，梦见山中寺庙整肃，华堂钟鼓悠扬，醒后以为祖师显灵嘱之于此建寺、弘扬佛法，于是择址设坛，续香祷告，四方化缘，建成此寺，作承接西湖灵隐香火之脉，所以就以西湖灵隐寺来命名。此寺至今已有370多年历史。

普渡震宫

普渡震宫位于北海市区东郊茶亭路，是今北海市区内得以保存完好的清代晚期较大的古代庙宇寺观，现已被定为北海市文物保护单位。

普渡震宫始建于清光绪二十四年（1898年），由广东罗浮山乾元洞道士吴锦泉（北海东边垌村人）发起，由北海商绅、港澳侨胞募捐集资兴建。坐南向北，占地面积6000多平方米，为中轴线对称布局的四合院制庙宇建筑，建筑采用传统的砖木结构，主要建筑物依次为山门、中天殿、金母殿、地母殿，两侧的斋庑相连，中天殿为重栭驼山顶式木结构建筑。新中国成立后，政府曾先后多次拨款进行修建，现有建筑面积527平方米。普渡震宫是北海集佛教、道教于一体二宗的胜地。由于它地处北海港埠通往廉州的必经之地，建成后，成为清朝时官府迎来送往的典礼场所。“文革”中，曾遭破坏，佛像被毁，后由北海市政府修复原貌。普渡震宫院内古树名木多，最具观赏价值。

保子庵堂

保子庵堂位于廉州镇西北头甲社，是北海著名的佛教古庵堂。据庵中现存古石刻碑记及《廉州府志》的记载可知，保子庵原名“慈云庵”，始建于宋朝末期，后于清朝乾隆四十一年（1776年）重建并改称为现名。该庵坐西向东，为硬山顶砖木四合院建筑，二进三开间，占地面积360平方米，有山门、天井、殿堂，天井的中线上建有一走廊，用砖砌墙柱，屋顶是木梁檩斗结构。殿堂内供奉观音菩萨等神佛像。门嵌有清代“保子庵”石匾额，其下两壁各镶有清代石碑共4方，为康熙四十三年（1705年）“慈云庵香灯铺记”，乾隆十八年（1753年）重修碑记等，是北海当地保存较好的一处古寺庙建筑。现合浦县佛教协会设在该庵，庵内住有尼姑。向来，信徒多到庵里祈求保佑得子与姻缘等福祉，香火很兴盛。1993年被列为合浦县文物保护单位。

4. 佛教传入广西沿海与唐宋之后广西沿海宗教的繁荣

随着佛教从海路的传入，广西沿海尤其是合浦一带的寺庙如雨后春笋般出现，有“一寺三庵七十二庙”之说。至今尚能在史籍记载中查到的寺庙有：东山寺、真武庙、玉皇阁、元妙观、三清观、药王庙、观音堂、三官庙、三圣庙、云霞寺、大云寺、康王庙、东岳庙、准提庵、慈云寺、保子庵、盘古庙、北山庵、三界庙、平江庙、镇海庙、武刀东庙、武刀西庙、西海庙、谭村庙、四帝庙、关帝庙、文昌庙、灵隐寺、平马三官寺、太军庙、沙场寺、永泰寺、北帝庙、满堂寺、太平寺、平隆寺、文武庙、接龙观、火神庙、龙王庙、孔庙、华光庙、地母庙、福寿庵、万灵寺、普云庵、三婆庙、真君庙、武圣宫、风神庙、惠泽庙、雷神庙、城隍庙、万寿宫、学府圣庙、武庙、文昌宫、马王庙、罗公祠、忠义祠、陈五公庙、节孝祠、贤良祠、昭忠祠、鳌鱼寺、觉音庵、海宁寺、接龙庵、万寿宫、千岁庙、新庙、地母庙、佛祖庙、丰隆寺、五谷庙等。此外，还有东兴观音寺和防城的水月庵、钦州的崇宁寺、女庵庙等。这其中天妃庙（又称三婆庙）占了近20家，还有一些是道教观院如元妙观，纯粹是佛教寺的不多，大多的寺庙都具有佛道合一，甚至儒佛道合一的功能，体现了中国传统文化的融合性和广西沿海民众宗教信仰的多元性。也说明，佛教进入中国后，只有与中国传统的儒道文化和地方民间信仰结合在一起，才能为中国百姓所接受，成为具有中国特色的民间信仰和宗教。

北海普渡震宫

巫道共存
道教传播

道教是中国土生土长的本土宗教，约在东汉年间传入广西。北宋徽宗年间为道教发展的高峰时期，这一时期，广西兴建了 27 所道教宫观。民国时期，道教活动在广西受到限制，至 1949 年，广西道士不足百人。至今，广西比较正式的宫观道教活动基本停止。

1．道教与广西沿海巫信仰

由于自然崇拜、鬼神崇拜和巫术等是道教产生的根源，所以道教一经传入广西沿海，便与当地的巫术文化等传统宗教融合在一起，演变成为具有本土特色的道公教，成为华南道教系统的一部分，它带有浓厚的南方宗教性质，与沿海民间的巫文化一脉相承。巫、道公等的传经、布道和做法都体现了原始巫教与汉传道教的融合性与神秘性。

自从道教传入后，广西沿海民间，不管生老病死、娶妻生子、置地上房等大事，都要请道公来布置“道场”做法事，以求一家平安无忧。这种流传于沿海民间的、作为正统道教的残存或异变的道教，人称“乡野道教”，是一种适合当地民俗的民间宗教活动，直接地表现为一种非正统的、民间巫教师公活动。

承担乡村道教活动的人，一般称为巫觋。巫是一种古老的原始信仰，女性为“巫”，男性为“觋”，都是指从事与看不见的鬼神进行沟通的人。民间的巫，多为中老年妇女，无师承，如某女于某天突然口吐白沫，全身颤抖，口中念念有词，自称真神附体，即可成巫。巫主要是受病人家属所托，查看病人为何方鬼神所戏弄，指引如何送鬼安神治病，有时还降仙药。“觋”与道士实际已经合而为一，有师承，主要从事做法驱邪、超度安灵等活动。巫觋做法事虽然收取一定的费用，但一般不脱离劳动。

在广西沿海乡村，人们每遇不幸或认为奇怪的事情必请巫，每遇红白喜事便请道公。无论是巫或道士，在做法事时，只见他（她）们嘴上念念有词，称某某真神附体，做各种画符动作。通过各种“道场”娱神慑鬼关送鬼安神、降药治病、超度亡灵等，以求人间平安，百姓乐业。在当地民众眼中，巫觋起着沟通人与鬼、神的作用。除此之外，巫觋在当地客观上还起着传承本民族文化的作用。他们有一套完整的经书，记录着丧葬、架桥安花、安神安灶等法事的具体操作过程和内法秘旨，影响了当地民间的生子、婚礼、丧葬等人生礼俗和医术系统。如在京族的宗教活动中，除“师傅”外，同时还有“降生童”，即降神扶乩，他们自命是神与人之间的沟通者，能够平妖除怪，影响很大。每村有五六个人至十几人不等，全是男性。京族人若有人畜不旺及身体疾病等，就请降生童作法除妖，以保平安，这种现象还延续到今天。巫觋早已超出了道教的传统宗教意义，成为广西沿海汉、壮文化尤其是民俗文化不可分割的一部分。

道教作为汉族的巫觋之术，传入广西沿海，与广西沿海民间信鬼好巫的习俗相遇。道教与当地巫教合而为一，巫道合流，共同充当着祈福禳病的功能。道教的主要活动逐渐演变成设斋打醮、操办丧事、超度亡灵、作会诵经、消灾弥难等，充满迷信色彩。不管城镇农村，不管贫穷富有，道教威仪经常进行，以满足人们的心理需求。有的求神保佑，祛除灾难；有的祈福求子，辟邪治病；有的为了斩妖招魂；有的为了占卜吉凶；等等。道教仪节斋醮已成为一个重要的活动内容。直到现当代，广西沿海民间特别是农村，四时奉神，香烟袅袅，有病跳鬼驱鬼，遇丧做道场等仍时常可见。相对于本地的原始巫教来说，道教本身也新增了许多新的功能，其中最主要的是风水祈福功能，广西沿海的壮族和汉族讲究风水的习俗逐渐流行开来。

2. 广西沿海道教节日与道教文化遗存

广西沿海的道教节日一般都是神的诞日。道教的神很多，像太上老君、王母娘娘、关帝、武帝、大王爷等，道教节日也特别多。在道教节日里，道士们都要举行隆重的斋醮活动，期间道乐伴奏，唱颂舞蹈，供奉花果，叩拜祈祷，场面十分宏大。在一些大的宫观所在地，往往伴随着群众性的庙会集市，有的要持续十天左右。期间，游人极盛，百货陈杂，说书卖艺，杂耍唱戏，竞售其技。道教节日与当地人们的经济生活、文化生活联系在一起，成为民俗的一部分。道

钦州康王庙所拜的神

教节日活动与当地民俗的同化，是广西沿海道教流传不息的重要原因。

广西沿海的道教文化遗存较多，如在合浦有西场四圣庙、白沙帝王庙、关帝庙、武圣庙、大王罗爷庙、公馆关帝庙、武圣宫、曲樟文武庙、三宝岩仙庙、闸口三帝庙、文昌庙、石康罗公寺、合浦县北山庵等，在钦州市内曾有北府庙、关岳庙、地藏庙等，但都在近40年内被毁，现存只有康王庙、雷庙、三界庙、北帝庙（钦北区大寺镇）。另外，各地的妈祖庙（三圣宫）也属道教文化。

钦州康王庙（内有妈祖神像等）

1. 天主教在广西沿海的传播

天主教与东正教、基督教(新教)并称为基督教的三大派别，亦称“公教”“罗马公教”“加特力教”。广西位于中西海上丝绸之路的最前沿，又与东南亚地区为邻，是接受天主教最早的地区之一。而以涠洲岛、北海为喉口的广西沿海地区成为外来文化传播的重要门户和天主教向广西内地传播、扩散的三个重要据点之一。

广西沿海最早的天主教堂出现在东兴。东兴与越南陆海相连，当时越南是法国的殖民地。受到越南京族和法国传教士的影响，京族也开始有人信奉天主教。特别是江平镇的恒望、竹山、三德的京族百姓，在与西方传教士的接触中，逐渐变成虔诚的天主教徒，并在当地村落修建了天主教堂作为礼拜、讲道的场所。其中三德教堂建于1850年，罗浮教堂始建于清道光十二年（1832年）。目前，中越边境东兴市辖区内的三座天主教堂——罗浮、竹山和江平天主教堂仍保存完好。

清咸丰年间，广西灵山县坪心乡有村民在广东肇庆入了天主教，他回乡后，向村民宣传天主教思想，带动一批村民信教。1858年，法国神甫圣梅从广州来到灵山县，在坪心乡地塘村主持修建了天主堂。1867年，法国天主教趁清政府重开岛禁之际派遣神父随同客民（客家人）进入涠洲传教，1869年建立了盛堂天主教堂，为当时全国四大天主教堂之一。涠洲天主教堂当时属法国远东传教会广州天主教区管辖；而它又管辖（高州、雷州、廉州、防城）区域内的 12 个县的教堂，成为雷廉地区最早的法国天主教基地。教会广纳教徒、广拥田产，势力很大。以后，法国天主教会又分别在城仔村和斜阳岛各建一处教堂。

1879年，法国巴黎对外传教会在北海成立天主教堂，属广州天主教区领导。随着教徒增多，1922年成立北海天主教区，主教府最初设在涠洲岛天主堂村（今盛塘村），由于交通不便，后改设在广州湾（今湛江市）。1922年，由广州湾迁到北海红楼圣德修院左侧，是当时广东七大教区所在地之一，它统辖广西北部湾沿岸的高州、雷州、钦州、防城、灵山、合浦等十二县市的天主教堂，成为雷廉地区天主教会的领导核心，下设圣德修院、女修院、育婴堂和广慈医院等。天主教成为广西沿海地区最大的洋教教派，影响遍及广西沿海地区。曾有过58名外国籍神父到北海教区传教。在 20世纪30年代前后，法国天主教在北海有教民数约300名，连同合浦属约共有教民3800名，灵山约有教民共650名，钦州防城共有教民约1600名。到1949年，北海教区（广西境内）有教堂12座：灵山坪地塘、那隆新田坡、涠洲岛盛塘村、城仔村、北海、防城竹山、罗浮、江平恒望、钦县钦州镇、合浦廉州镇、闸口镇、西场玉丰等天主教堂；外国籍神父12人，中国籍神父9人，教徒总数为6800多人。

2. 广西沿海现存的天主教堂

广西沿海现存的天主教堂有涠洲岛盛塘天主教堂和城仔天主教堂，东兴竹山三德古教堂、罗浮天主大教堂、恒望大教堂、钦州天主教堂、灵山伯劳天主教堂、五马岭天主教堂及钦州福音堂、小董福音堂等。

北海涠洲岛天主教堂

涠洲天主教堂位于涠洲岛盛塘村，是清末“雷廉”地区一座最为宏伟的教堂。现为涠洲天主教爱国会所属教堂，是国家级文物保护单位“北海近代西洋建筑群”的一部分。

涠洲岛天主教堂建于清同治八年（1869年），至清光绪五年（1879年）落成。整座教堂由钟楼、修道院以及学堂、医院、育婴堂等组成，总面积为2500平方米，主体为轻快挺秀的哥特式三层建筑，坐北向南，长51.6米，高约21米，其门窗皆为尖拱券，平顶上四角竖立四根高耸入云的簇柱，而与钟楼连结为一体的修道院则是带有罗马庄重风格的二层券廊式建筑。该教堂建筑用料主要取材于当地的珊瑚石，兼以土瓦木材构筑而成。涠洲天主教堂当时属法国远东传教会广州天主教区“管辖”，是雷廉地区最早的法国天主教基地。1949年后，原驻岛布道的神父离去，教堂建筑也逐渐受损。

改革开放以来，涠洲天主教堂的教会活动得到恢复，不但成为广大天主教民信仰的殿堂，也成为人们到涠洲游览观光的必游之处。岛上至今还保留着一年一次在圣母升天那天

涠洲岛天主教堂

抬圣母像出游的习俗。盛塘村东北面的林地里，有教会专门为教徒设立的墓地。

涠洲岛城仔教堂

城仔教堂约建于1880年，由法国天主教李神父负责筹建，这座教堂称“圣母堂”。该教堂前面是一座宽4.5米、高14米的三层方形钟楼。钟楼正面雕有“圣母堂”三字。钟楼后面为建筑面积265平方米的长方形教堂。与教堂后角相连的是一座二层，建筑面积405平方米的神父楼。城仔圣母堂是一座较典型的欧洲乡村哥特式小教堂，是北海地区仅有的一座圣母堂，是近代法国天主教传入涠洲岛的历史见证物。该教堂由涠洲天主教爱国会管理。

东兴罗浮天主大教堂

罗浮天主大教堂位于防城港市东兴市区罗浮河畔，距离东兴市中心2千米，是东兴现有的三个教堂中最为典型的法式建筑。教堂始建于清道光十二年（1832年），原占地10 447平方米，设有教堂、钟楼、育婴室、男校、女楼、仁爱堂、圣堂、纺织堂等。教堂正面及两侧由十几根柱子托起，形成大半框形的走廊。每根柱子之间都砌成拱形的门形状，相互承连。每根柱子的上方都修成如钟楼的样式，而且顶尖都立着一个方正的十字架。现存主体建筑有大礼堂一座，钟楼一座，修女楼一栋，呈三角分布，相隔几十米，其建筑风格均为典型的欧洲教堂式建筑。“大礼堂”原名“圣堂”，占地约503平方米，背靠神父楼，主体高8米、长25米、宽20米。外表呈四方形结构，圣堂由前、左、右三方共14根圆柱包围，圣堂大厅内共有8条柱子，正门有5个拱门，拱门共有4个消音孔，形状独特别致，正上方的中间有一个直径约1.6米的色彩鲜艳、图案精美的八卦图，顶端是天主教的十字架，四周有精巧秀美的花窗。整个圣堂显得庄严肃穆，宽敞坚固。

东兴竹山三德天主教堂

三德天主教堂位于东兴北仑河口的竹山村。清道光三十年（1849年），法国传教士包文华于从北海来到竹山建立天主教堂并开展传教活动。当时有教徒28户、132人。1852年下半年，北海天主教又派一名姓颜的教士到三德教堂

东兴罗浮天主教堂

东兴竹山三德天主教堂

开展教务活动。颜教士把竹山三德教堂扩建到300平方米左右，可容纳300人活动；另外，建立了一间有100平方米的修女院，当时有修女10人。1984年恢复活动，现教堂已改称竹山天主教堂，有信教群众约500人。

钦州灵山伯劳天主教堂

钦州灵山伯劳天主教堂位于钦州灵山县伯劳镇燕坪村，是一座充满异国风情的、单尖顶建筑结构、平面呈十字形的典型的中世纪哥特式建筑。据记载，天主教传入灵山约在清朝咸丰年间。伯劳镇志麓村的杨荣敬参加洪秀全领导的农民军，后来他流落广东肇庆，加入了天主教。回家乡伯劳后，他把天主教义传给了兄弟，该教扩展到相邻各村及文利、武利、那隆等镇，并集资建起了教堂。

钦州天主教堂

民国二十年（1932年），法国神父富于德、传道士施汉邦从东兴罗浮教会到钦州传教，在思裕路（今四马路）东段的南侧设立天主教堂，建有园林和宿舍。该教堂在钦州全盛时教徒达到320人。1958年后，教堂被钦州公社占用并改建为小学，后被钦州军分区改建为卫生室。1978年后，落实宗教政策，于扳桂街重建教堂。现原址还存有当年教堂的围墙。

3．广西沿海教会遗址

在天主教传入广西的同时，德国、英国、美国也相继在广西沿海设立教会，“德国教堂建于光绪二十六年，为德教会……教民之在北海者，约130名”。英国安立间教会于清光绪年间在北海、廉州和石康建有教堂，圣公会在北海建立“圣路加堂”，在廉州建有“圣巴那巴堂”，并附设学校、医院和幼儿园等，“英国普仁医院，内有宣福音一所，……该堂奉得耶稣教驻北海及附近之教民约 200 名”。在钦州小董有“英国圣经布道会南宁传道区小董福音堂”。美国新约教会教堂，约在清朝宣统年间建“在北海崩沙口”，其影响相对较小。外国传教士的活动主要是为配合帝国主义对华的政治、经济侵略政策的，但毫不讳言，外国教会在传教的同时，兴办了一些医院、学堂、女修（道）院、育婴堂等，客观上传播了西方先进文化。

钦州福音堂

钦州福音堂位于钦州市二马路北一巷（原宜兴街）。清光绪三十一年（1907 年）秋，钦州那丽人苏应福因参加“三那”反糖捐斗争失败，逃到北海，加入了基督新约教会。随后他回到钦州镇宜兴街设立福音堂，属北海新约教会的分支，由苏应福主持堂务，每年由北海教会派美籍牧师到堂传教一至二次。民国十年（1921 年），教堂开办教会小学。民国十四年(1926 年)，北海新约教会改名为五旬圣洁会。1946 年，教会开设平民小学。“文革”期间，教堂被占用。1983 年，教堂恢复活动。

德国信义会旧址

信义会原叫长老会，是基督教新教派的主要宗派之一。该教会在北海建立的教堂，成为长老会在北海和合浦的总堂，各地都有它的分堂。该教会除在北海传教外，还开办德华学校和一所北海最早的活字版印刷所，创办了《东西新闻》报刊，为北海早期的文化教育和发展起到一定的积极作用。现存的信义会楼旧址建于 1900 年，为传教士居住楼。该楼长 30 米、宽 17 米，一层，建筑面积 506 平方米、主体建筑保存尚好，现为北海市公安局使用。它是德国长老会在北海开展传教的历史见证物。

双孖楼旧址

双孖楼是两座相距 32 米的券廊式西洋建筑，两楼建筑面积各 393 平方米。因两楼造型相同，似孪生兄弟，故名双孖楼，是北海最早的西洋建筑之一。双孖楼原是英国领事馆的附属建筑，1922 年英国领事馆撤出后交由英国“安立间”教会使用，供英国传教士居住。1940 年后，双孖楼曾先后为 5 所中小学的校址。抗战期间，广州教会学校“圣三一”中学曾转道香港迁到双孖楼办学。现为北海市第一中学的教师宿舍。它是英国在北海建立外事据点和传教的历史见证物。

会吏长楼旧址

约建于1905年前后。主体建筑长19.86米、宽10.48米，二层，建筑面积206平方米，主体建筑尚好。是当年北海的“安立间”教会（1926年改为“中华圣公会”）神职人员会吏长居住和办公的楼房。该旧址是基督教会在北海设置管理机构的历史见证物。

女修道院旧址

女修道院是天主教区的附属机构，19世纪末期设在涠洲岛盛塘村的天主堂右侧，主要培养合格的修女帮助做教区内各堂口的管理。1925年北海天主教会为女修院另在北海建新院舍。1926年春，女修道院由涠洲迁至北海，至1958年停办。女修道院旧址现存两座房子，一座为长方形的两层楼房，长31.45米、宽8.7米，另一座为小礼拜堂式的建筑，长12.3米、宽6米。两座房子建筑总面积347.4平方米，主体建筑保存尚好。该旧址现为北海市机关幼儿园使用。它是法国天主教在北海建立女修道院的历史见证物。

主教府楼旧址

北海教区成立于1920年，是广东七大天主教区之一，负责管辖广东高州、雷州、廉州、琼州、钦州、防城等12个县市的天主教事务。主教府楼是北海教区“主教”的办公楼。“主教”是天主教的高级神职人员，有任免神父的权力。北海教区设有圣德修道院、女修院、育婴堂、广慈医院等附属机构，其活动经费直接由罗马梵蒂冈经香港寄来。主教府楼建于1934年至1935年。主体建筑长42米、宽17.84米，二层，建筑面积750平方米。因该楼建筑漂亮，环境优美，当地称之为“红楼”，是北海有名的洋楼之一。该楼旧址保存尚好，是法国天主教在北海设置教区管理机构的历史见证物。使用单位于20世纪60年代在该楼加建了第三层，使原貌有所改变。

贞德女校旧址

贞德女校旧址位于现在的北海市人民医院大院内，建于1905年前后，二层，券拱结构，主体建筑长16.3米、宽8.65米，建筑面积280平方米。贞德女校的前身是英国基督教圣公会办的英国女义学，始于1890年，专教授女童班，课程有经书、地理、信札等。1924年正式命名为贞德女子学校，也是北海最早的小学。在近现代，英国、法国、德国、美国等国的教会先后在北海开设了各自的教会学校，现仅剩贞德女校一座。它是西方教会在北海开办教会学校的历史见证物。

多神崇拜 民间信仰

广西沿海民间信仰具有多神崇拜的特点。广西沿海各族人民在海上捕鱼的过程中，对大海的变幻莫测产生了种种畏惧心理，不得不求助于冥冥中的神灵，自然而然出现了对海神等众神灵的崇拜。崇拜的对象既有天地、日月、山川、风神、雷神、水神（龙王）等自然神灵，也有佛、道、神仙、圣贤等众多鬼神，还有对蛙神、蛇神（龙）、鸟、牛等动物神的崇拜。此外，各行各业均有其神，居家四处皆有神仙。但民间信仰主要是以海神如妈祖、龙王等崇拜为核心的多神信仰。

1. 广西沿海以海神崇拜为核心的多神信仰

海神崇拜

古代合浦珠民祭祀海神。人们认为海中有神灵守护着珍珠，必须祭祀，以求庇护获取珍珠。《广东新语》也有珠民割五大牲祭祀海神的记载。京族和疍家每年首次出海、造新船下海前，都要举行“海公”“海婆”拜祭仪式。海神崇拜反映了沿海人民希祈海神保佑和降福的良好愿望。

龙神崇拜

《汉书·地理志》说越人“文身断发，又避蛟龙之害”。古骆越人认为南海是龙之所在，在海中稍不注意，就会受到龙的吞食，他们讲究文

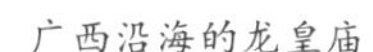
广西沿海的龙皇庙

钦州尖山（文峰山）脚下的雷神庙

身，在下水时以避邪防害。明代廉州就有龙王庙，北海珠海中路东端旧有龙王庙，冠头岭脚北侧原也有龙王庙，现东兴市巫头村仍建有“龙皇庙”，常年香火不断。

雷神崇拜

雷神崇拜源于雷州半岛。北海涠洲岛、外沙一带有雷神，钦州尖山有雷庙。犀牛脚镇乌雷渔村的伏波庙内、东兴巫头村京族哈亭内也供奉有雷神及其配神。《岭外代答》里记载了钦州官民祭祀雷神的情景：“广右敬事雷神，谓之天神，其祭曰祭天。盖雷州有雷庙，威灵甚盛，一路之民敬畏之，钦人尤畏。……其祭之也，六畜必具，多至百牲。祭之必三年，初年薄祭，中年稍丰，末年盛祭。”

风神崇拜

风神又称飓母。广西沿海是夏秋之间台风的多发地带，台风对当地珠民和渔民危害极大。每年农历端午节，渔民举行祭祀活动，以保平安。有些地方，把台风或龙卷风称作“龙气”，对其采取祭祀或预防措施，以求得平安。据《广东新语》记载：“海中苦龙气，每龙气过，辄嘘吸舟船人物而去，置于他所，然舟船人物亦无恙也。”

伏波神崇拜

伏波神崇拜即崇拜伏波将军马援，这在广西沿海较为普遍。广西沿海各地有多处伏波庙。立伏波庙、塑马援将军神像，既是对伏波将军南征的历史回忆，也是蕴含古代滨海社会人们对平安、吉祥的一种追求。

天妃崇拜

天妃，即“妈祖”，广西沿海称“三婆”。天妃信仰是广西沿海渔民普遍崇信的主要海神之一，广西沿海各地均有天妃庙（三婆庙），有些其他庙宇也供奉天妃。

龙母崇拜

广西沿海民众自古有崇拜龙母神的习惯。今钦州犀牛脚镇和龙门镇、北海外沙、防城港江平镇等地尚有龙母庙。渔民出海前都习惯把船头对着龙母庙的方向，杀鸡、放鞭炮、烧香祭拜，祈求龙母娘娘等诸神保佑出海打鱼平安、丰收。

孟尝神崇拜

清朝，合浦县境内有孟太守祠。太守祠是东汉合浦郡太守孟尝“珠还合浦”德政的历史物证，沿海珠民立祠祭祀他，希望继续得到他在天之灵的庇护，使珍珠不再迁徙异地他乡，为子孙世代所享用。

防城港市港口区白龙尾的三王庙

镇海大王崇拜

京族有着以供奉镇海大王为核心的多神崇拜。白龙镇海大王是当地民众信仰神格的最高者，被认为具有保护渔民出海平安、驱赶海贼、管辖海域安全和赐予人们生产丰收的四大法力。白龙岛怪石滩西岸白龙岭上有镇海大王庙，立有石碑。人们把镇海大王的牌位放在哈亭中央供奉，哈节期间要到海边将镇海大王迎回哈亭祭拜。京族把每年农历八月二十日定为镇海大王的“诞日”。

东兴市江平镇京族三岛的水口大王庙

防城港白龙尾镇海大王庙

钦州乌雷村民在婚礼前的祭海仪式

2．广西沿海地区海神的多样化

自然神的海神

《淮南子·原道训》记载："九嶷之南，陆事寡而水事众，于是人民被发文身以像鳞虫。"生活在包括广西沿海在内的越族地区的古越人经常与水打交道即"习水"，盛行断发文身之俗。《汉书·地理志》也载："越人断发，以避蛟龙之害。"有人解释因为越人"常在水中，故断其发，文其身，以像龙（蛇）子，枚不见伤害"，认为这是他们避蛟龙的一种自我保护的方式。显然，龙（蛇）是沿海渔民最早崇拜的自然神之一。

人格化的海龙王

广西沿海渔民认可和崇拜的人格化海神最初是南海龙王。隋唐时期，道教结合龙的形象，创造出东海龙王沧宁德王敖广、南海龙王赤安洪圣济王敖润、西海龙王素清润王敖钦、北海龙王浣旬泽王敖顺，统称"四海龙王"。康定元年（1040年），宋仁宗加封南海龙王为洪圣广利王。南海龙王庙从此在广西沿海地区兴盛起来，每年的二月初二是龙抬头日，广西沿海渔民都要举行隆重的祭祀仪式，祈求南海龙王显灵保佑，风调雨顺。如北海外沙的"龙母诞"现今还非常隆重。

神化的海神妈祖

唐朝时，因禅宗盛行，观音菩萨成为渔民信奉的女性海神。宋朝，中国沿海出现了一位影响更大的海神妈祖即天妃（也称天后、天后圣母，福建、广东、台湾一带称之妈祖，广西沿海称之三婆，民间俗称为海神娘娘）。三婆原名林默娘，原是福建一名渔民的女儿，后来成了传说中保护渔民的海上女神。渔民要出海便建立三婆庙，以保佑自己在海上平安。三婆逐渐神化成为我国沿海从南到北都崇信的一位女性神灵。相传她不仅能保佑航海捕鱼之人的平安，而且还兼有送子娘娘的职司。其道教封号：辅兜昭孝纯正灵应孚济护国庇民妙灵昭应弘仁普济天妃。每逢农历三月二十三日妈祖圣诞日，已婚尚未生育的妇女常到天后面前虔诚祈祷，以求早得贵子。供奉妈祖的香火之盛远胜其他海神。中国沿海凡是有港口的地方，都会建有天后宫或天妃庙，其规模往往与港口的规模相对应。

3. 天妃（三婆）逐步成为广西沿海的崇奉主体

宋元以后，天妃的故事广泛流传于沿海，到明朝洪武年间有“圣妃娘娘”的封号，成为沿海或海运的守护神，对天妃祭祀礼仪也因各地而异。天后宫是渔家出海前举行祭祀仪式、祈祷平安和渔获丰收的场所。在广西沿海渔家的心目中，天后宫（天妃庙）的规格仅次于观音庙。不仅疍家人，客家人也供奉天妃。如涠洲岛是客家人的居住区，岛上的天妃庙是北海地区存在较早、规模较大的寺庙之一。合浦、北海境内有 20 多家天妃庙，有称天后宫的，有称三婆庙的，有的则以地名称之，如合浦文昌塔下的九头庙，其实是天妃庙，因为建庙处有九头岭，故称之九头庙。钦州到防城沿海也有多处天妃庙或三圣宫。甚至佛寺和道观里，大都也设有妈祖神位，体现了滨海文化的地方特色。

4. 广西沿海的天妃（三婆）庙

古代广西沿海的廉州城、钦州城、灵山城以及合浦白沙、涠洲、钦州龙门、东兴、小

东兴江平镇山心渔村三婆庙

合浦九头岭天后宫

江等地的海岸、岛屿及通江达海的沿岸处遍布天妃庙。现存有北海涠洲岛的三婆庙，合浦乾江天后宫、海角亭天妃庙、廉中天妃庙、南康三婆庙、党江天妃庙，东兴竹山三婆庙、东兴江平山心渔村三婆庙等。

从合浦乾江古港口到古廉州城入海处约四千米长的河段旁边，分布着海角亭天妃庙、九头岭天妃庙（九头庙）、乾江天后宫三座天后宫，其中建得最早的是九头庙，规模最大的是乾江天后宫。

九头庙

九头庙是天妃庙的俗称，因建于九头岭上而得名。建于明洪武十五年（1383年），由千户长林春所建。明崇祯版《廉州府志》记载，该庙旁原有造船厂遗址，清代乾体海口即在庙的附近。当地居民世代相传，九头庙面朝大海、沙洲，海船出海、归航之时，船工旅客由此登岸拜谢天妃娘娘的护佑恩德。今在九头庙一带山崖，仍可瞭望到南流江三角洲沧海桑田的变迁痕迹。

海角亭北面的天妃庙

该庙位于西门江畔，也是北部湾地区较早的天妃庙，在明代隆庆年间让位给了海角亭。

清代岭南书画名家鲍俊曾为该天妃庙题写“深恩施粤海，厚德纪莆田”的对联。

乾江天后宫

乾江天后宫占地面积超过400平方米，为三进式三开间两廊布局，建筑格局为木梁结构。它约建于清同治三年（1864年）三月，由村民捐资修建。天后宫最具魅力之处，不在于它的年代久远，而在于它规模庞大、工艺精致和布局豪华，在北海当地首屈一指。由于岁月风雨的洗刷和人为的破坏，宫内设施已损毁无存。但当人们走进宫内，仍然可以透过石柱雕梁，窗格饰砖，彩瓷和壁画，感受到这座庙宇当年气势恢宏及香火旺盛的景况。天后宫前有一祭祀广场（现为菜市场），这是当年每逢渔家出海之前举行祭祀仪式的地方。

涠洲三婆庙

该庙位于涠洲岛海边，面海背山，利用海蚀洞做天然屏障，庙与岩洞巧妙结合在一起，始建于1732年，初时为一天然石室，后由当地渔民商号集资加建。现庙内还保存着同治三年（1864年）重修庙时的碑记，碑文提及三婆曾显灵救了剿匪遇难的清兵。20世纪80年代重修，占地500平方米，建筑面积250平方米，殿堂1座。整个建筑平面呈“T”字形，为硬山式黄琉璃瓦顶，中部屋顶为一亭状。前面总宽25.35米，中部有前廊，双木门上各彩绘一门神，门朝东南。门厅面深10米，进深4米，黄色釉面砖贴面，正脊中有一葫芦，两面为双龙。后殿面海10米，进深6.5米，房高5.5米，内有四柱将后殿分为三间三进。最后一进有佛台，上供三婆塑像，佛台前有香炉台，香炉台前为供桌。正殿内原有一古钟，铸着“清朝道光廿四年”（1844年）的字样，现古钟与三婆的神像等都已散失。庙内，香

东兴竹山三圣宫

火不断，拜祀、求签者络绎不绝。涠洲岛每年年末都举行一次三婆出游活动，每当三婆出游时，涠洲岛热闹非凡。

东兴竹山三圣宫

三圣宫也叫三婆庙，是我国大陆最南端的妈祖庙，坐落在中越边界北仑河口，始建于清光绪二年（1876 年），是当地居民和华侨为了祈祷出海平安、六畜兴旺而集资兴建，庙宇中所用的木材及屋脊顶上雕刻的图文和人物等瓷制品都是由建筑师绘制好图纸，从越南按设计制成运回安装，至今已有 100 多年历史。三婆庙虽然饱经岁月沧桑，但我们在其雕梁画栋间，还可隐约看出它昔日的辉煌。

南沥三婆庙

南沥村在北海市南端。三婆庙在渔村南面，依傍着大海，相传它原叫“镇海庙”，始建于明朝，是为了镇住在海上兴风作浪的妖魔鬼怪才兴建的。现在渔民们出海前，必来许愿，祈求平安，而外地游客、北海市民往往在初一、十五也常来许愿还愿。

南康三婆庙

该庙又称冼太庙，是北海市合浦县南康镇重点文物保护单位。位于铁山港区南康镇南康街前进路，占地 680 多平方米，始建于清乾隆年间，距今已有 300 多年，庙源渊远，多次变迁，1993 年重建，基本恢复了原貌。2001 年 5 月 1 日，北海市人民政府立之为市级文物保护单位。

5．中越边境的伏波庙会与“马留人”

“马留人”的称谓记录着一段不平凡的历史。当年，马援平定二征之乱后，树两铜柱于象林南界，并留戍士兵，“号曰马流”。马留人，泛指为留戍所征地区的马援士卒之后代。他们自相婚配，有 200 户，衣食与中原相同。今天，防城、东兴等与安南（今越南）交壤之处的许多壮、汉人群均称其祖先为东汉时随马援征战交趾留下的部将，特别是黄、禤两姓人群仍自称“马留人”。

近两千年来，马伏波将军的英雄事迹、爱国精神和无量功德，一直被岭南人民广为传

“马留人”祖先黄万定之墓

东兴江平镇红坎村伏波庙

颂。在马援南征途经的中国岭南沿海地域直至越南的一些地区，人们为其建立庙堂加以供奉，进而演绎和积淀了丰富多彩的伏波文化，包括历史文化、宗教信仰、思想道德和民风民俗等。马援成为防城—东兴等地“马留人”等族群信仰的重要对象，防城港和东兴一带是中国伏波信仰最浓厚的地区。

“马留人”祭拜伏波将军马援的伏波庙会十分隆重，庙会上举行各种各样的民俗活动，人们在伏波像前摆上各色供品，举行祭祀大典、降生童（隆生女）的降神祈福仪式以及舞龙狮、武术表演、对歌及唱师公戏等活动，还延请越南歌手前来“唱哈”等。伏波庙会吸引了防城、东兴、钦州、灵山、合浦、北海等地众多的禤、黄、施、韦等姓的“马留人”及越南边民参加。祭拜仪式结束即开始入席乡饮，村民们团圆聚餐、济济一堂，大家端出鸡、鸭、鱼等美味佳肴，开怀畅饮，气氛融洽而热烈。伏波庙会体现了中国其他地方庙会所具有的祭神、飨饮、娱乐等功能。民众拜伏波大神以祈求平安、幸福、健康、富有，求得风调雨顺、国富民强、避免灾害等。伏波庙从官祭的庙宇逐渐演变成为民间自发性宗教祭祀活动的场所，进而在广西宗教活动中闻名遐迩。

除了“马留人”对伏波将军的信仰以外，京族也信仰伏波将军。东兴市江平镇红坎村伏波庙最为京族群众信奉。红坎村主要为阮、吴、李、刘、林等姓的京族人，每年正月十五夜里都祭祀伏波。当夜，全村人在长者的带领下，摆出各种供品，击鼓打锣，举行隆重的仪式拜祭伏波。沥尾村的哈亭中，供奉有各种各样的神，其中有一个是伏波将军。

随着中越边民交往日益频繁，当地民众以伏波庙为依托，通过民间歌会等形式，广交中越两国各族朋友，为弘扬伏波文化、构建民族和谐做了大量的工作。

中国海洋文化

船说北部湾　古代航海
海上丝路港　汉唐丝路
海商与移民　商贸兴盛
开埠与窗口　西学东渐
交流与融合　文化发展
东盟合作高地　经贸文化合作

第十章

丝路情长

——多元开放的海上对外交流

广西北部湾，这是一片浩瀚的大海，也是一片神奇的大海。从古越人“以船为车，以楫为马”，到几十万吨巨轮的驶来；从汉代海上丝绸之路的开辟，到中国—东盟自贸区的建成，广西沿海人民不断地续写着海洋经贸文化交流的辉煌历史。

广西沿海地区自古以来就是中国与外来文化交流的重要前沿地带。史书记载，居住在广西沿海的古越人有“越人便于舟”“以船为车，以楫为马”的传统。公元前111年，汉武帝统一岭南，设置合浦郡，以合浦港等为始发港开辟了海上丝绸之路。船队从合浦港出发，顺季风洋流沿海岸线往西南下，以丝绸、茶叶等与东南亚及南亚各国进行交换，换来象牙、琉璃、犀角、玳瑁等，在显示汉朝天威的同时，促进了中华民族与海外邦国的文化联系。合浦成为中外交往的要冲之地，与东南亚、南亚、西亚、北非、欧洲等地发生了直接或间接的经济和文化交往。

史书上有“自汉武以来，朝贡必由交趾之道”“南海交通频繁之大港，要不外交广两州”“南海舶，外国船也，每岁至安南、广州”“每岁，广州常发铜船过安南货易”等记载，都是广西沿海与海外进行交往的重要证据。中国丝织品、珠宝从这里远销世界各地，域外物品不断传到中国来，合浦汉墓出土的各式玻璃、水晶、宝石、“马面形”托灯陶俑是明证。

北宋年间，由于同辽、金、西夏之间战争不断，北方交易终止，不得不开辟南方贸易市场，朝廷便在钦州设置博易场，吸引大量越南和西南内地的商人前来贸易。越南商人用金银、铜钱、沉香、光香、熟香、生香、珍珠、象牙、犀角等与我国交易纸笔、米布及蜀锦。至清乾隆、嘉庆年间，钦州街道商贾云集，店铺林立，车水马龙，设立了广州会馆等。乾隆《廉州府志》描写当时的广西沿海地区是“各国夷商无不航海梯山源源而来，……实为边海第一繁庶地”。1876年，中英《烟台条约》签订，北海成为通商口岸，各国轮船停泊于港，各国领事馆纷纷建立，成为广东当时经济最发达的城市之一。北海，成为西方文化传入广西的一个窗口。

新中国成立后，特别是改革开放以来，广西进一步加强对外文化交流。进入21世纪以来，特别是与东盟国家的文化交流，从政府间文化交流的“一枝独秀”到政府、民间、企业间的“多路并举”，双方文化交流的深度和广度在不断扩大。

1.“船”在广西沿海人民的经济生活中的作用

广西北部湾海域是我国人民在南海活动的最早范围。由于航海技术、造船水平等原因，早期航船须沿中南半岛海岸出航，才能辗转东南亚各地，广西沿海地区凭借有利的地理位置成为中外船只往来于南洋的主要港口之一。自西汉汉武帝元鼎六年（公元前111年）始，以合浦港为中心的广西北部湾海域就是我国“海上丝绸之路”的重要起点和必经之地，“海上丝绸之路”历经两千年不衰，是古代中国与海外世界经济社会联系的重要通道。其中，“船”在广西沿海人民的对外交往及经济生活中起到重要作用。

广西沿海岸地带具有良好的生产捕捞条件。居住在南海之滨的古越人自原始社会起，就过着“以采海物为生”的生活，道光《廉州府志》记：“廉州九头岭下，有战国造船遗址”，《后汉书·陶璜列传》记载：“合浦郡土地硗脊，无有农田，百姓唯以采珠为定。商贾去来，以珠贸米”，船成为他们日常生活中不可或缺的交通工具。《淮南子·齐俗训》载“越人善于舟”，《淮南子·原道训》载“九疑之南，陆事寡而水事众”。唐朝项斯

北部湾的船

北部湾的船

在诗歌中描述古合浦造船业："领得卖珠钱，还归铜柱边。看儿调小象，打鼓试新船。"《岭外代答》中对钦州疍民的描写也说是"舟楫为家"。

2. 广西沿海地区的船

广西沿海地区最初的渔船，应该是用木刳去内心中空后而形成的独木舟。先秦时期，广西沿海一带就有舟楫的存在，《越绝书》载：越人"水行而山处，以舟为车，以楫为马，往若飘风，去则难从"，《汉书·严助传》载：越人"习于水斗，便于用舟"，都是对越人用船的记载。到目前为止，在钦江流域茅岭江支流的大直江和黄屋屯江（古鱼洪江）发现了8艘独木舟，钦州市博物馆收藏了独木舟6艘，在南流江流域也有独木舟发现。主要特点：舟形呈中间宽、两头尖，工艺粗糙，舱内明显是用火烧后而挖凿的，木质坚硬，呈黑色。

秦汉时期的广西沿海渔民可能已使用了戈船、木帆船及楼船。戈船主要用于战争，有人认为，戈船很可能是边架艇，是太平洋上最多的一种航海工具，既轻便又快捷。秦始皇派军队平定岭南和汉武帝派军队平定南越国时，就因越人船技的突出而使用了楼船。

木帆船指木质结构的船，又称风帆船，船上设备主要有桅、帆、舵、桨、橹、碇及绳索等。木帆船唯一的助航设备是一个小罗盘。木帆船主要是借助风力来前进，船上虽然有"橹"，但主要作用是调整方向。风帆设有两桅、三桅等，大多采用长方形、扇形或三角形的篷帆，可以作升降的调节。船有三支桨、五支桨。船身首尾略窄，两边稍翘。有的结构复杂，设有舱房，船头安装排浪板，船尾设有密封的尾舱。这种船既可适用于沿海航行，也要适用于内河航行。

在钦江流域发掘的古代独木舟（现藏于钦州市博物馆）

楼船，是指建有二层以上船舱的船，十桨一槽，航行速度快。大多数楼船头低尾高，船尾有一大舵，船身左边船舱共计可达下层，船右边有一桅上张挂帽形的帆和族旗，中边水中有浮木和档木造成的边架。东汉马援从广西沿海港口出发，跨海征交趾二征侧、征贰叛乱时用的就是楼船。隋末唐初，统治广西沿海的宁氏家族的部兵所用的指挥船也是楼船，它在隋军征伐林邑战役中发挥了重要作用。

竹筏、木筏也是古代的航海工具，古代称为“桴”。《越绝书 · 记地传》里记载“使楼船卒二千八百人伐松析以为桴”。由于它制作起来不需要很高的技术，且与独木舟相比，可以承载较多的人，所以，它应用广泛，到近现代人们还在使用。

宋代时，广西沿海主要使用木兰舟、藤舟、刳木舟和兽舟等。

据宋人周去非的《岭外代答》描写：木兰舟“舟如巨室，帆若垂天之云，桅长数丈，一舟数百人，中积一年粮，圈豕酿酒其中”。建造这样的船，必须要用好的木材，当时钦州海山，有奇材两种：一种叫紫荆木，如铁石般坚硬，颜色像燕脂一样，易直，树干大，够两人合抱，用它作为栋梁之材，可数百年不腐朽；另外一种叫乌婪木，山树长五丈多长，纹理缜密，专门用来造大船之桅杆，“极天下之妙”。大凡在海上航行，船舵最重要，几十人的生命系于一舵，用别的地方产的木材做的舵，长不过三尺，遇大风恶浪往往折断，而用钦州乌婪木做舵，“虽有恶风怒涛 ，截然不动”。这是广西沿海造船业发达的体现。

藤舟，其实就是木板船，由于它是无须铁钉制成的，而用藤蔓系束船板而成，故称藤舟。在独木舟的基础上，唐宋时期，广西沿海拼板船制造业也很发达。由于广西沿海是边远地区，当时制造拼板船所用的铁钉和桐油之类的物品非常缺乏，船工就地取材，将制好的船板钻孔，从山中找来藤蔓从空中穿过系紧船板，然后从海滩上找来茜草，把茜草晒干，塞在板与板之间的缝隙，干茜草遇水就会发涨，迅速把藤缝塞紧，船就不透水了，当时的船只很大，“越大海的商贩皆用之”。

刳木舟是“广西江行小舟，皆刳木为之，有面阔六七尺者”，兽舟为钦州一带的土产，主要是“竞渡”即赛龙舟所用，也是“刳全木”做成。

近代广西沿海，出现了红头船，俗称“红单船”(船头油刷朱红色)。它主要由柚木骨架、柚木船板构成，造价很高，一般在暹罗（今泰国）建造，主要用于远洋帆船队。清朝末年开始有红单船（三大桅）帆船来往于北海、钦州与广州等地。

此外，民国期间广西沿海还出现了机动船、汽艇等。

道古说今，船是广西沿海人民的生命之舟，发展之舟。

以广西沿海的合浦等地为起点的“海上丝绸之路”，形成于秦汉，发展于三国隋朝，繁荣于唐宋，转变于明清，历经两千年不衰。广西沿海地区是古代中国与海外世界经济社会联系的重要通道之一。

1. 汉代“海上丝绸之路”的开辟

汉元鼎六年（公元前111年），汉武帝平南越国后，便以合浦港等为起点开展与东南亚及南亚各国的大规模官方海上贸易往来。据《汉书·地理志·粤地》载：“自日南障塞、徐闻、合浦船行可五月，有都元国；又船行可四月，有邑卢没国；又船行可二十余日，有谌离国；步行十余日，有甘夫都卢国。自甘夫都卢国船行可两月余，有黄支国。……自武帝以来皆献见。有译长，属黄门，与应募者俱入海市明珠、璧琉璃、奇石异物，赍黄金杂缯而往……自黄支船行可八月，到皮宗；船行又二月，到日南、象林界云。黄支之南，有已程不国，汉之译使自此还矣。”这是史书上有关中国与东南亚、南亚海上交通的最早的系统记载。东汉建初八年（公元83年）后，随着零陵峤道即湘桂走廊的扩建，更多的船只选择以北部湾为终点，海上丝绸之路进一步通向了罗马（大秦）。汉桓帝延熹九年（166年），大秦王安敦遣使节人日南徼外进入北部湾从合浦上岸来到中国进献象牙、犀角、玳瑁。

汉代中国的对外交通有西域道（陆道），南海道（海道）：从中原过湘江入灵渠，过桂门关，沿南流江而下经合浦出北部湾，再沿岸西行到交趾（伏波故道），抵达印支半岛及南亚各国。因此，北部湾海域是中国与东南亚、南亚各国最近的海域，是汉代中国海上丝绸之路的重要起点和重要通道。

2. 三国至南北朝时期的“舟舶继路”

从三国至隋，由于南北分裂，中国南方与西方各国的陆路交往受阻，不得不依靠海路与海外各国联系。“自汉武以来，朝贡必由交趾之道”，

“南海交通频繁之大港，要不外交广两州”。吴王孙权派吕岱从番禺抵合浦港，从海道平定交趾，并在 226 年派遣“中郎康泰、宣化，从事朱应，使于寻国（即扶南王范寻）”。隋朝以合浦作为镇抚北部湾和进行对外贸易的基地之一，大业元年（605 年），隋炀帝派遣刘方和宁长真率兵从合浦出海，直抵越南中部，大败林邑，林邑国王从此不断遣使朝贡。随后，隋炀帝又委派宁长真为宁越安抚大使，坐镇合浦，控制南海市舶冲路。大业三年（607 年），隋炀帝又派常骏、王君政“自广州沿安南沿岸行……抵于赤土（今马来西亚）”，南海各国派使节随同回访，“循海北行，达于交趾”，从合浦上岸进入中国。此外，广西沿海也是佛教僧侣们向海外取经出入的地区，“六朝间往来南海之沙门十人”，其中法兰“至交趾，遇瘴死”，南朝宋文帝曾“敕交州刺史（管岭南及北部湾地区）令泛泊”往阇竺（今印尼爪哇等地）延请印度高僧那跋摩。此时的广西沿海海陆交通十分发达，呈现出“舟舶继路，商使交属”的景象。

3．唐宋时期繁荣的海外贸易

唐朝时，中国的对外贸易空前发展，航行于南中国海和印度洋上的船舶数以千计，“唐代南方的主要海港，除扬州外，还有交州（即今广西和越南北部地区）、广州和泉州”，“当时之发航地，首广州次交州，偶亦为今合浦境内之旧治，与钦县境内之乌雷”。朝廷的对外贸易主要通过合浦港进出，林邑等东南亚各国“汛交趾海（即北部湾）”来朝贡，也有“交、南入贡由钦州路以归”。唐元朔元年（661 年），唐在广州等地设市舶使，规定“每年四月海舶来交、广海岸上岸之前，市舶司按照朝廷及长官意旨预领购买舶来品的价款以备按价支付，舶到岸十日内，市舶司购买过物品后，其余由外商在海岸与百姓自由交易”。安史之乱后，由于西北陆路交通逐渐萎缩，市舶收入在政府税收中所占比重越来越大，海外贸易得以进一步发展。“交趾之北（北部湾地区），距南海有水路，多复巨舟”，海上交往空前频繁。五代时，南方沿海通商相当活跃，海上交通的发展也偏重于南方。

宋朝继续设立市舶司，从东北到西南，行至钦州止，沿海州郡类都设有市舶，“掌番货海船征榷贸易之事”。宋雍熙四年（987 年），宋太宗还派遣内侍八人，到海南各蕃国，主动发展对外贸易。廉州、钦州是东南亚各国前来朝贡的泊岸点及中原、西南各省进行海外贸易的必经之地，从钦廉港口出发的海外航线已有 12 条。

由于唐宋时期，合浦港逐步被泥沙淤积，朝廷积极开辟广西沿海的对外新通道。唐贞观十二年（638 年），清平公李弘节派遣钦州首领宁师京寻找当年刘方所走的故道，到达交趾，开拓夷僚，设置襄州（今上思一带），使钦州与邕州相通，并从钦州修筑通襄州的道路直抵交趾，开辟了广西沿海地区与东南亚的陆上通道。唐咸通八年（867 年），高骈奏请开凿了天威径（潭蓬运河），使经钦州海面出安南的船只可直接穿过天威径，无须绕过白龙尾，直达交趾，既缩短了航程，又保证了航行的安全。这样，到宋朝时，从钦州通交趾有海陆两道，陆上即由钦州通襄州直达交趾；海上即由钦州渡海出安南，正如《桂海虞衡志》所讲："今安南国，……东海路通钦、廉，西出诸蛮，西北通邕州，……自右江温润寨最远。由钦州渡海，一日至。"而且由于原来安南船只大多在到廉州的过程中遭遇溺舟，他们就改到钦州来，一般使用小舟，从交趾的港口出港后循岸而行，不到半日，就可以进入钦州港。由钦州渡海通安南成为当时最便捷、安全的通道。

唐宋时，广西沿海主要与安南等南海国家进行贸易，船舶从安南运来苏合油、光香、金银、朱砂、沉香、犀角、玳瑁等，把本地的瓷器、牛皮、桂皮、铁器等运往东南亚各国。钦州不仅是陶瓷产地，也是香料的集散地，史书载"桂产于宾、钦二州……于钦者舶商海运，至于东方"。合浦，是唐代中国四大盐场之一，珍珠贸易也十分繁盛。北宋大中祥符三年（1010 年），北宋朝廷准许在廉州及钦州如洪寨（今钦州黄屋屯一带）设互市，同时，朝廷在廉州设沿海巡抚司，具有市舶的职责。北宋元丰二年（1079 年），广西经略要求朝廷在钦州、廉州设置驿站，安置交趾人，在钦州江东驿置博易场。这样，钦州博易场设立。

钦州博易场是以中越两国商民交易为主的国际贸易市场。《岭外代答》卷五《钦州博易场》记载了双方的贸易情况。从商人的数量、商品的种类、贸易的规模上都反映了当时贸易的繁盛景象。前来贸易的交趾商人有称为小纲的"其国富商"，有交趾官府组织的贸易团队"谓之大纲"，还有做小买卖的交趾边民"谓之交趾蜑"。宋朝"富商自蜀贩锦至钦，自钦易香至蜀，岁一往返"，小商则是"近贩纸、笔、米、布之属，日与交人少少博易""斗米尺布"，规模较小。在博易场交易的物品种类，有日用品如鱼、蚌、食盐、米、布、纸、笔等，有奢侈品贸易，如金银、铜钱、沉香、光香、熟香、生香、真珠、象齿、犀角、蜀锦，还有琥珀、合浦海中产珍珠等，交易的规模较大，"每博易动数千缗"。商业博弈激烈，甚至出现欺诈，具备了相对成熟市场的特征。

南宋后，随着广州作为中国对外贸易港口地位的加强，南方沿海的对外贸易逐步集中到了广州，广西沿海的海外贸易逐步衰落。到明清时期，主要以民间贸易为主。

1．广西海洋文化多元性的形成与发展

广西沿海的海岛和陆地上居住着汉、壮、瑶、京等族人民，广西海洋文化吸收中原文化、本土文化及周边各民族文化，经融汇、创造而形成和发展起来，具有鲜明的民族特性。

自古以来，广西沿海地区是中国和广西对外开放、交流的一个重要门户。广西沿海地区是汉代“海上丝绸之路”的始发港、佛教海路传入中国的中转站和天主教传入中国的最早地区、近代广西对外开放的重要港口。来自中国西南和中原各地的货流、商流在这里聚集，来自海外的商人使节在这里频繁进出，使广西沿海地区形成了东西方文化碰撞、交融的格局，体现出一种开放、包容、多元、开拓的“海洋文化”的特征。现存于北海市珠海路临街两旁的、装饰着浮雕的拱形窗柱，还有集粤派特色、融西式风格于一体的骑楼建筑，就是多元文化交汇的结晶。此外，广西北部湾地区的宗教信仰也是多元化的，佛教、道教、基督教或天主教等在民间存在一定的影响，所崇拜的地方海神也有多元性，沿海各地现存有不少体现各种宗教和民俗信仰的寺、院、宫、庙，也体现了多元文化交汇。

早在汉朝时期，广西沿海地区就成为中国海洋经济最富有活力的区域之一，孕育形成了珍珠文化、商贸文化、制造业文化等。“合浦珠还”的故事就产生于此。现合浦汉墓中发掘的玛瑙、琥珀、琉璃等外来装饰品，体现了海外贸易对当地民众生活的影响。1000 多年前的钦州，宋朝在此设博易场，使钦州成为中国西南地区对外交往、贸易的重要港口。1876 年，北海被辟为对外通商口岸，成为中外海洋文化和谐交融发展之地。东兴在 20 世纪 40 年代是我国与英国、法国、美国、东盟各国通商的重要口岸之一，称为“小香港”，商业气氛甚浓。20 世纪 60 年代，因抗美援越战争需要而建的防城港，为越南人民战胜美国侵略者做出了巨大贡献。防城港在越战结束后加快建设，于 1975 年建成了广西第一个万吨级码头，现已发展成为年吞吐量超过亿万吨的中国西部第一大港。钦州市自 20 世纪 90 年代以来，以自力更生的精神和勇气建成了大港口。北海市也十分注重发展海运事业。广西北部湾地区在融汇东西方文化中逐步形成了多元的海纳百川般的文化结构，并在改革开放中形成了一种开拓进取的改革精神，使海洋文化在新的历史条件下获得了新的生命力并更具有现代性。

在东西方文化融汇的过程中，除了西方文化、南洋文化和东南亚文化对广西沿海地区产生影响外，通过海上丝绸之路带来的中国与西方的贸易往来和文化交流，也使广西沿海地区较早地接触和受到西方文化的影响。一些到南洋谋生的华侨通过回国投资建房，把东西方文化融汇的另一体系“南洋文化”传了进来，再融合地方文化，产生了独特的广西北部湾地域的“南洋文化”现象；因为与东盟各国毗邻，东南亚文化对广西沿海地区产生影响。因此，广西海洋文化不是一般概念中的“海洋文化”，而是一个多元文化的复合体，其具有的鲜明特点、独特的文化意义对中国—东盟自由贸易区的建立和泛北部湾战略的实施起到积极的推动作用。

2．广西北部湾明清时期的海商文化与移民

海商主要是指来往于海外各国、从事海上对外贸易的中国东南沿海省份的商人。明清时期，广西北部湾地区的私人海外贸易极为兴盛，一批海商活跃在海外贸易线上，一批商船往来于北部湾近海及南洋各地，为广西北部湾地区移民海外提供了交通条件；华侨华人在海外的分布，为北部湾海商建立了一个商业网络。广西北部湾海商在成长和发展过程中形成了独特的文化特色。

私人海外贸易与海商、海盗

明清时期，广西北部湾地区出现了一批对外贸易的港口，如合浦冠头岭、钦州龙门港、东兴竹山港和江坪等。随着海外贸易的发展，北海港成为新兴的对外贸易港口。对外贸易的范围主要是北部湾近海及东南亚各国，尤以越南为多。商人在钦、廉沿海运出的“廉盐”、生丝、牛皮、海产品、靛青、布匹、纸张、陶器、铁锅、茶和药材等，运进安南大米（夷米）、槟榔、胡椒、冰糖、砂仁、竹木、香料和海产品等。

随着贸易的发展，从事海外贸易的人数逐步增多，规模不断扩大。与越南一江之隔的东兴成为私贩云集之地。从事海外贸易的大多数是零星的、独家经营的小股私人海商，但也逐渐出现某些资本雄厚、船多势大的海商集团。这主要是由于海上贸易竞争，同时也为了对付官兵的追捕，海商们往往团结在一起，逐渐形成了个别资本雄厚、船多势大的私人

贸易集团，如以杨彦迪为首的海商集团。杨彦迪等率众移民东浦后，拥有自己的船只，活动范围很大，形成了一个海外华商网络。

由于海上私人贸易是沿海人民的主要生计，海商一般都具有海盗和海商的双重特性。这是因为，明清曾厉行海禁，原有通商港口被严查，沿海商民便将货物集散地、交易场所、仓储、补给基地等转移到沿海小岛与偏僻港湾之处，形成沿海走私港网络。如处于中越交界狭小水道上的东兴江坪镇，是“中国人去时是渔民，出来时便成了海盗”的地方，密聚着来自不同省份的包括商人、小贩和渔民在内的中国人与越南人混合居住，是中越海盗活动的巢穴。钦州龙门岛与安南国万宁州江坪仅一潮之隔，为钦、廉二州门户，每当海疆多事时期，往往成为盗贼盘踞的窟宅。杨彦迪、冼彪等曾占据此岛为海上活动基地，成为当时在中国东南沿海纵横捭阖的郑氏海商集团的一部分。

在海禁政策下，沿海商民先是以走私贸易对付海禁政策。走私贸易被严厉打击后，则下海为寇，武力与官军对抗，甚至勾结外国走私商和海上浪民，劫掠东南沿海地区。明永乐七年（1429 年），钦州海盗阮瑶率船队攻长垫与林虚巡司，烧焚廨舍，毁掉斋栅，自此时开始的“钦州海寇之乱”历时 280 余年，到清康熙二十九年（1690 年）才得以停止。

海商文化特性

广西北部湾海商属当时享誉海外的粤商的一部分，其经营规模和人数都比同期的潮州海商、海南海商、嘉应海商要少，但它受岭南文化影响，融合了古骆越文化、中原汉文化和海洋文化，有其文化特色。

兼容性强。古骆越人历来崇海、敬海，农耕和渔猎经济占相应的地位，随着中原汉民大量南迁，儒家文化影响北部湾民间，农耕成为主要经济形式，但靠海为生的环境使人们学会贸易，形成了以农业为根基、以渔业为出路、以海外贸易为延伸、以手工业为补充的生产模式。它在各种文化的交汇中，大量吸收了多种文化的元素，保持了自己的独特性。如在服饰文化、饮食文化、居住习俗、渔歌传说、信仰禁忌等方面都有自己的特点。19 世纪初，在广西北部湾华侨商人最集中的堤岸，华侨的会馆、公所、同乡会以及关帝庙、天后庙等林立，有“海外中华”之称。

具有对外辐射性和交流性。海商把中国文化的影响逐步辐射到移居国的社会生活各领域。他们开设商行，一方面吸收当地的习俗文化，按照当地的生产经营方式发展；另一方面传承中国文化的精髓，将中国优秀的传统文化带到居住国。东南亚国家的民间风俗习惯中不同程度地有广西北部湾民间生活的影子。海商往返于中国与东南亚各国之间，在文化传播中充当了中介和桥梁的角色，使外来文化渗入到北部湾民间。如西方语言、生活习惯的渗入到北部湾民间，出现了中西文化融合的现象；海商带回的经验、性格、气质和财富、新的思想观念及生活方式等，潜移默化地影响到与之接触的群体及社会风尚。

富有开拓冒险、追求自由的精神特质。“行船泅水三分命”，海洋商业的艰难与危险，使广西北部湾海商形成了开拓冒险、追求自由的性格。即便是明清海禁“严通番禁，寸板不许下海”，海商仍辍耒不耕，远商海外。由于商贸活动的拓展，迁移成为海商的一种生活、习惯和性格，甚至东南亚也仅成为移民到美洲、澳洲以及世界任何地方的一块跳板。

海商倡导了沿海人民下海贸易与移民海外的风气。尽管明清时期向外拓展的广西北部湾海商人数不多，区域也限于东南亚国家，但对扩大北部湾人的视野、促进开放的心态产生了较大影响。特别是海商们倡导了沿海人民下海贸易与移民海外的风气，从此，平民将下海贸易以及向海外移民看作是一条重要的生活出路。“望海谋生，十居五六”，一代又一代的平民走向海洋，在海洋中艰难崛起，奠定了海商的平民文化底色。

海商在对外拓展中注重内外联结，铸造了“钦廉人”重亲的文化性格。远离故土的海商，很注重以家族或亲缘关系为纽带的凝聚性，形成浓重的宗族观念和认同情结。广大海商注重与家乡的联系，通过祭祀祖先等各种形式的活动，加强宗族成员的联系，积极参加原宗族或家族的公益活动，如修祖坟、建宗祠、修族谱、办学校等。在海外，海商大多也依靠乡族关系立足，从事工商业或工矿及种植业。他们乐此不彼地联乡谊，叙乡情，传承乡土文化，组织会馆及同乡会，广西北部湾海商聚集地区大都有钦廉同乡会或钦廉会馆。

海商与移民

由于地理条件的原因，广西北部湾地区是移民出洋的便利通道。“钦之西南，接境交趾……水则舟楫可通。自钦稍东，曰廉州，廉之海，直通交趾。”明朝廉州通越南的海路，“自乌雷正南二日至交趾”。清代广西沿海到越南的交通线“若广东海道：自廉州五雷山发舟，北风顺利，一二日可抵交之海东府”，“自冠头岭而西至防城”水道皆通。清朝时期，东兴街及竹山村等地，由于与越南的咜䃥、碁采等处接壤，很多内地居民在此开铺煎盐，每日来往的商旅很多。

明中期后，来往于广西沿海与东南亚国家之间的商船急剧增加，成为移民出国的经常性的交通工具。在1820年前后，中国每年出洋的商船总数通常为315艘，其中赴越南贸易就占了三分之一，这其中应有一定数量的随商船移民或滞留越南不归的商民。安南首都河内（西贡）以及东京之间的国内航线上，一年中有载重 50 ～ 70 吨的船只，往返三趟进行贸易，其中华侨船只有 60 艘。暹罗（泰国）与安南之间的贸易，绝大多数是用属于华侨所有并营运的暹罗船完成的。

明清广西北部湾的海外移民最初均主要搭载商船到达南洋东南亚各地，移民主要沿着海商航路的沿岸分布，广西北部湾海商是东南亚华侨的主要来源之一。19 世纪末，由于英国、法国、德国、日本等国轮船公司纷纷涌入北海，仅 1890—1899 年间，外轮开辟了北海至国内外各地的 6 条航线，进出港达 2300 余艘次、116 万吨位，平均每年 230 艘次。随着对外航线的延伸、契约华工的激增及华商的发展，移民范围进一步延伸到美洲、澳洲和非洲，北部湾对外贸易航线成为移民出洋的传统航道。海商沿着贸易航线的港口组构商业网络，东南亚各地商埠涌现了一批初具规模的华商侨居区，如越南的广南地区和占城、新加坡、马六甲、暹罗、印度尼西亚、文莱等。

由于帝国主义以北部湾的港口为据点，掠卖猪仔（契约劳工），输出移民成为广西北部湾商船最重要的商品之一。19 世纪末，法国、英国、德国及荷兰等国纷纷在北海及芒街等地设点招募华工到各殖民地去充当契约华工。据不完全统计，从 1885 年至 1925 年间，经北海海关注册出境的华工和妇女儿童不下 10 万人，大多来自合浦、钦州、灵山、博白、北流、玉林和容县等地，他们分别到达新加坡、文岛（印尼）、马来西亚等地，甚至到达非洲。

明清广西北部湾的海外移民最初主要分布在南洋东南亚各地，19 世纪末，契约华工的激增及华商的发展，移民范围进一步延伸到美洲、澳洲和非洲。据统计，至 1992 年止，有 88.4% 的广西籍华侨华人集中在亚洲各国，其中又有 130 万人定居在越南，其次是马来西亚、新加坡、泰国等东南亚各国，形成了广西海外移民分布相当集中的特点。

海外移民为了谋求生存和发展，不但通过劳动改造了各居住国的山河面貌，促进了当地经济发展，而且传播了祖国先进的生产技术，密切并扩大了居住国与祖国之间的经济文化交往。由于移民对祖国物产的依赖性，使移民散居网络与北部湾的海外贸易圈密切联系起来，为北部湾对外贸易的发展奠定了社会基础。越来越多的北部湾人沿着商船的航路出洋，海外移民的拓展之处往往也是北部湾对外贸易所延伸之处。持续不断的海外移民，为北部湾海商的发展壮大奠定了社会基础。移民与贸易成为广西北部湾海商网络的两大支柱。海商与海外移民的相互作用，促进广西北部湾的社会变迁，为广西北部湾社会、经济、文化发展创造条件。

1．北海——近代西方文化的传输窗口

1876 年北海开埠后，以法国、德国、英国为代表的西方殖民势力大量涌入北海，外国侵略势力在进入北海进行传教等活动的同时，客观上传播了西方先进文化。北海也成为接受“欧风东进”的风气之先的沿海城市：光绪十一年（1885 年），在北海设立了官办的电报局；光绪二十四年（1898 年），英国、法国教会在北海开办义学和女子学校，开设英文、法文课程；光绪二十六年（1900 年），英国教会用上了电灯；同年，借助从英国进口的设备，北海有了木材机械加工；光绪三十四年（1908 年），人们就能在北海的英国领事馆里观赏到无声电影；1909 年，北海出现了中外合办的电灯公司；1918 年，飞机现身北海；1929 年，北海开通了与广州的航空邮路……此外还有活字印刷机、抽水机、X 光机等。北海的西洋建筑以及有着中西合壁风格的老街，作为近代社会、经济、建筑、宗教和中外文化交流的历史见证，向人们述说着 100 多年前的开埠，西方文化的传入客观上给这座城市带来的变化。随着各种洋货挟同外国文化的传入，北海方言词汇中出现了一些音译外来词，如飞(票)、仕的(手杖)、波（球）、领呔（领带），人们开始在一些事物名称前面通常加上“洋”“番”以及“西”字，如洋伞、洋葱、洋楼、西餐、西医、番泥（水泥）。当地人也称外国人为“西人”“番鬼老”“番人”等。

2．北海西洋建筑群的出现

1876 年北海开埠后，随着西方殖民势力的涌入，北海出现了大批洋人建造的西洋建筑，“总计北海大小洋楼，共 22 座”。现存北海的西洋建筑（除了涠洲岛的两个教堂外）主要分布于北海市北部湾中路以法国领事馆旧址为中心的 1.2 平方千米的范围内，从用途上大致可分为：领事馆、教堂及其附属建筑、海关、洋行、信馆、医院等几大类。

领事馆　英国领事馆（1885 年建成新馆，称为“红楼”，现在北海一中内）；法国领事馆（1887 年建，现为北海迎宾馆 5 号楼）；德国领事馆

（1905 年建成，现为北海工商银行用）。

教堂 有涠洲岛天主教堂和城仔天主堂、双孖楼（分别建于 1886 年、1887 年，两座楼的造型一致，券廊式单层建筑，属英国领事馆财产，为英国圣公会使用，现在北海市一中校园内）；信义会教会楼（1902 年建，为券廊式单层建筑，面积约 200 平方米，现位于北海市中山东路，为德国传教士宿舍）；北海天主教堂（建于 1917 年，中西结合的双层建筑，建筑面积 250 平方米，位于北海市解放路）。

海关 即洋关（建于 1883 年，为券廊式二层建筑，位于北海市海关路）。

医院 普仁医院八角楼、医生楼（为西式八角形塔楼建筑，位于和平路，1886 年建）；法国医院（1905 年建，券廊式二层建筑，面积约 900 平方米，现在北海市人民医院内）。

洋行 旧有法商孖地洋行，德商森宝洋行、捷成洋行，英商的永福公司、太古洋行、怡和分公司等，现存德国森宝洋行（为券廊式二层建筑面积约 800 平方米，位于北海市解放路）。

法国信馆 建于 1900 年，为二层券廊式建筑，面积约 400 平方米，位于和平路。

以上建筑均于 2001 年 7 月列入第五批全国重点文物保护单位“北海西洋建筑群”。它是西方文化在北海发展成长的体现，也是北海得以承“欧风东进”之先而成为中西文化交融的前沿地区的体现。

北海市近代西洋建筑——德国森宝旧址洋行

3. 北海老街与骑楼文化

今天，人们徜徉于北海珠海路升平街、钦州中山路及一到四马路、合浦阜民南北街、防城中山路以及张黄、公馆、小董、那良等名镇老街，总能品味到岭南文化魅力，而骑楼便是这种文化魅力的缩影。

北海老街位于北海市区北面，包括珠海路、中山路、沙脊街等老街，始建于1883年，面积约0.4平方千米，绵延1.5千米，是中国保存最长的骑楼老街之一。沿街两侧全是中西合璧骑楼式建筑。这些建筑大多为2～3层，主要受19世纪末英国、法国、德国等国在北海建造的领事馆等西方卷柱式建筑的影响，临街两边墙面的窗顶多为卷拱结构，卷拱外沿及窗柱顶端都有雕饰线，线条流畅、工艺精美。临街墙面不同式样的装饰和浮雕，形成了南北两组空中雕塑长廊。这些建筑临街的骑楼部分，既是道路向两侧的扩展，又是铺面向外部的延伸，人们行走在骑楼下，既可遮风挡雨，又可躲避烈日；骑楼的方形柱子粗重厚大，颇有古罗马建筑的风格。珠海路老街的建筑日渐老化，但由于尚算保存完整，仍被历史学家和建筑学家们誉为“近现代建筑年鉴”。

在北海出现珠海路等骑楼街后，自20世纪20年代起，在广西沿海三市，骑楼建筑遍布大城小镇。骑楼建筑风格融汇中西风格，有哥特式、南洋式、巴洛克式、中华传统式，融会贯通，各具特色，这是广西沿海深受近代西方资本主义影响的见证，成为解读广西北部湾文化的出入口。

北海外沙骑楼建筑群

北海铁山港区南康镇骑楼老街

钦州中山路骑楼老街

1．新时期广西沿海地域文化及风俗民情的变化

改革开放后，特别是北海（含防城港）被定为全国沿海首批对外开放14个城市后，广西北部湾出现了“数以千万的投资者涌进来，上万余人才争进来，十万大军闯进来”的奇观，成为中国外来人口较多的地区之一。据统计，目前，东兴市区有60%以上的外来人口，防城港市区有40%的外来人口，而北海市区30万人口中有近10万人来自全国各地，钦州市区外来人口约占20%。外来人员的进入，特别是拥有较高文化的载体大批迁入，改变着广西沿海地区的居民成分，其地域文化及风俗民情出现“多元化”特点，东风西俗，南腔北调，相比较而并存，相融合而发展，呈现一种多姿多彩的绚丽风貌。广西沿海的文化及民情风俗处在急速嬗变之中：客家文化、疍家文化各具特色，跳岭头、采茶戏、粤剧、西海歌、咸水歌等各具典型风格，白话、广式普通话、客家话、廉州话等的使用折射出多姿多彩的文化氛围。广西沿海的许多民间节日也开始带有各地的一些色彩。广西沿海地区充分发挥优势，凸现民族、地域、历史的特色文化，打造民族文化品牌。以北海银滩、钦州三娘湾和防城港为代表的滨海情韵等都得到建设。

2．广西近年来的对外文化交流活动

广西北部湾经济区成立后，紧紧抓住中国—东盟博览会永久落户南宁，中国—东盟自由贸易区如期建成和《广西北部湾经济区发展规划》全面实施的契机，结合实际积极开展全方位、多层次、广覆盖的对外文化交流活动，实施对外文化交流“多路并举”的方略，“请进来”与“走出去”相结合，利用官方、民间、企业等多种方式进行文化交流，包括艺术表演、艺术展览、理论研讨、文化考察、人才培训等方面，推动歌舞、音乐、戏剧、杂技、木偶、书法、美术、民间工艺等文化艺术活动，成为中国文化走向东盟的前沿窗口。自2006年以来，广西已成功举办了5届“中国—东盟文化产业论坛”，成为中国—东盟文化区域合作的一大

品牌亮点。

广西积极参与国家层面的对外文化交流活动。2008 年起，广西连续 3 年承办文化部海外“欢乐春节”品牌在印度尼西亚、泰国以及韩国的文化交流活动；2006 年配合文化部打造的中国—东盟建立对话关系 15 周年纪念峰会专场文艺晚会“金凤送来山水情——风情东南亚 · 相约在南宁”；以山水实景演出模式开创了广西与东盟交流合作的新境界，以制作人梅帅元为核心的广西创作管理运营团队与越南合作建设的下龙湾海上实景演出《越南越美》、与柬埔寨合作建设的吴哥窟实景演出《微笑的高棉》两个项目已列入文化部对外文化贸易重点项目。

“广西文化舟”成为广西对东盟文化交流的新品牌。继“2006 北京 · 广西文化舟”成功举办后，“2007 马来西亚 · 广西文化舟”又在马来西亚首都吉隆坡举办。“广西文化舟”向国内外推介了广西文化、中国文化，打造了广西对外宣传的亮丽品牌，提升了广西的国际新形象。“广西文化舟”与中国—东盟博览会、南宁国际民歌艺术节已成为广西三大新品牌。以《印象·刘三姐》为代表的刘三姐文化品牌、以《八桂大歌》为代表的广西民族歌舞品牌，在东盟国家社会各阶层产生广泛影响。2011 年 4 月，广西制定了“广西与东盟文化合作行动计划”，广西拟通过打造文化外宣品牌，建立创新型交流载体，建设开拓性对外文化贸易品牌，扩大文化外交的成果，让广西成为中国文化走向东盟的前沿窗口，成为中国—东盟进行文化交流合作的聚集区，成为中华文化走向东盟的主力军和生力军，为建设具有广西气派、壮乡风格、时代特征、开放包容的广西文化做出贡献。

广西沿海各地也积极开展对外文化交流。防城港市充分利用与越南接壤的区位优势，创造性地开展了组织国际龙舟赛、开展中越文化艺术交流文艺演出、中国—东盟港口青年联谊晚会、中越边境（东兴—芒街）商贸旅游博览会文艺晚会暨焰火晚会、中国东兴—越南芒街元宵足球友谊赛、京族哈节等一系列旨在促进双方经济发展、文化交流和增进两国边民友谊的活动。特别是中越（民间）龙舟邀请赛既继承了端午这一重要的民俗文化，又独具匠心地开创了“海上龙舟”文化品牌，已经成为中越两国人民加强文化交流和巩固传统友谊的桥梁。

2010 年 8 月 25—29 日，为庆祝中越两国建交 60 周年和中越友好年，深化两国人民特别是青年的友谊，增进互信和了解，共创中越两国更加美好的未来，中越两国在广西举行中越青年大联欢活动。3 万多名中越青年在短短 5 天时间里，深入广西 8 市，通过共植友谊林、放流鱼苗、举办联欢大会、联欢晚会等活动，共叙友谊、畅谈未来。在两国青年一代中建立起深情厚谊，为中越友好事业注入新的活力和生命力。

作为中国与马来西亚 2011 年文化交流的主要内容之一，2011 年 5 月，广西北海市歌舞团携大型历史舞剧《碧海丝路》赴马来西亚进行为期一周的访问演出，轰动槟城。2011 年 12 月，《碧海丝路》沿着当年的海上丝绸之路，赴斯里兰卡等国家演出，继续开启文化之旅。2011 年 5 月，广西防城港市和中国电影家协会、中国电影基金会、北京国中商联投资管理服务有限公司签署合作备忘录，相关各方决定共同斥资 1000 亿元人民币，在防城港打造中

2012 中越边境（东兴—芒街）商贸·旅游博览会开幕式

国—东盟国际电影季和建设中国—东盟（防城港）国际影视文化产业园项目。

广西沿海的少数民族与泰国、老挝、越南的语言部分相通，风俗习惯相近，气候接近，双方开展教育合作有独特的优势。2004 年以来，广西沿海高校与一些东盟院校建立了交流合作关系，校际之间交流来往频繁。2010 年，在广西学习的外国留学生近 7000 人，其中东盟留学生近 6000 人，仅越南留学生就有 4000 多人，约占在华越南留学生的 40%；广西派往东盟交流学习的高校学生也有 5000 多人，是中国派往东盟交流学生人数最多的省份。目前广西有 25 所院校招收东盟国家留学生。从 2011 年起，广西给予东盟国家留学生奖学金 1000 万元，吸引东盟国家留学生到广西学习。在国家孔子学院总部的支持下，广西高校不断走进东盟开展汉语培训。2006 年以来，广西派出了 300 多名汉语教师志愿者前往泰国、菲律宾等国任教。广西大学等与泰国的 3 所大学以及老挝、印度尼西亚等国大学建立了 6 所孔子学院，培训学习汉语的各类学生 1 万多人。广西民族大学已开建东盟学院，致力于培养更多中国—东盟高级人才。除了互派师生交流外，双方教育部门还致力于开展技能培训。从 2004 年起，自治区教育厅每年组织 20 多所高校到越南、泰国、印度尼西亚、马来西亚举办广西国际教育展，促进学校之间的交流。泰国教育部 2007 年、2009 年、2010 年在南宁举办了 3 届教育展，共有 100 多所泰国高校参展。广西与东盟学生相互流动已过万人，广西争取到 2015 年使交流人数达到 3 万人，使广西成为东盟青年学生出国留学的首选目的地之一，使东盟成为广西学生的学习、实习基地和就业市场。

“十二五”时期，加快广西北部湾文化产业发展的一个重要方面就是与东盟合作发展文化产业，发展的重点包括建设中国—东盟文化产品物流园区、中国—东盟文化产业人才培养基地、中国—东盟国家数字出版基地等。广西北部湾要发挥与东盟各国山水相连相依、文化同源、习俗相近的文化优势，借助“中国—东盟博览会”的国际平台，推动品牌的拓展和提升，实现与市场资源的整体战略对接，提高广西海洋文化的国际知名度和市场占有率，带动广西海洋文化的全面繁荣。

由于地处中国和东盟这两大经济体的结合部，广西北部湾经济区在中国—东盟自由贸易区中起到桥梁和纽带作用。中国的内地省份可以通过这里走向东南亚，东南亚国家也通过这个“门户”进入中国。

1．广西与东盟各国开展经贸文化合作有着独特优势

相对于中国的其他省区，广西与东盟各国发展经贸关系有其潜在的不可比拟的区位优势：广西是中国唯一与东南亚既有陆地相连，又有海洋相连的省区，广西沿海、沿江、沿边，背靠国内广阔腹地，面向东盟十国市场，是我国进入东盟最便捷的通道；广西北部湾经济区位于中国与东盟两大板块的结合部，是连接中国内陆地区与东盟市场的重要通道与地理中心，地处东南沿海经济圈、大西南经济圈及大东盟经济圈的汇合部。这既可以利用东南亚和国内两大市场来扩大出口和增加进口，也可以利用东南亚和国内两地资源来进行经济技术合作，把东南亚和国内的资源、东南亚和国内的市场与广西的地理位置有机地结合起来，实现资源优化配置；广西与东盟国家有传统经济、文化交往关系，合作潜力巨大。近几年来，广西的经济发展和基础设施建设明显加快，与东盟开展交流的能力不断增强；首府南宁被定为举办中国—东盟博览会的永久地址，给了提升广西与东盟国家经贸合作的层次、提升广西在全国走向东盟的前沿地位的良好机会；《广西北部湾经济区发展规划》将北部湾经济区定位为面向东盟的区域性国际经济合作区，一大批项目开始布局。2009 年底国务院出台了《关于进一步促进广西经济社会发展的若干意见》，明确提出广西是中国面向东盟的重要门户和前沿地带，是西南地区最便捷的出海大通道，在深化与东盟开放合作中具有重要战略地位。

2．广西与东盟经贸文化合作成果

2010年1月1日，中国—东盟自由贸易区建成。以自贸区降税为契机，广西不断加大对东盟市场的开拓力度，通过充分发挥中国—东盟博览会

的贸易促进功能，到东盟国家举办广西商品博览会、大力发展与越南的边境贸易、不断加强贸易便利化建设、进一步调整外向型产业结构、积极扩大进口等多项举措，广西与东盟的贸易关系日趋紧密，呈现出蓬勃发展的喜人景象。

广西北部湾经济区在中国与东盟贸易中发挥了积极和富有成效的作用。2010 年广西外贸进出口总值 177.1 亿美元，增长 24.3%，刷新 2009 年创下的 142.5 亿美元的历史纪录，再创历史新高。2010 年 1 月 1 日，中国—东盟自由贸易区如期建成，广西与东盟双边贸易规模持续扩大，东盟连续第十年保持为广西第一大贸易伙伴和第一大出口市场的地位，双边贸易总值 65.3 亿美元，增长 31.9%。其中对东盟出口 45.9 亿美元，增长 27.1%；自东盟进口 19.4 亿美元，增长 45.1%。其中，广西北部湾经济区四市进出口规模稳步扩大，四市进出口合计 76.9 亿美元，增长 16%，占同期广西进出口总值的 43.5%。其中出口 35.4 亿美元，微增 1.9%；进口 41.5 亿美元，增长 31.5%。

广西加强与中国西南、中南等省份企业的交流与合作，建设一批面向东盟市场的窗口贸易公司；以中石油钦州 1000 万吨炼油项目和中石化北海炼油异地改造项目为突破，打造面向国际市场的石油进口基地；依托南宁保税物流中心、钦州保税港区、凭祥综合保税区等，建设一批面向东盟市场的出口加工基地；南宁设立了面向东盟的中国—东盟企业总部基地。越南、柬埔寨、泰国、老挝、缅甸 5 个东盟国家在南宁设立总领事馆，东盟十国、日本、韩国及中国香港、澳门在南宁建立了商务联络部。

广西沿海的枢纽地位使其成为中国与东盟友好合作的桥梁，不少东盟企业选择广西沿海地区作为进入中国的“试验田”。众多内地及港澳台企业也在广西北部湾地区扎根，面向东盟建立自己的根据地。随着中国与东盟合作的加深，其相交融汇面日趋扩大，广西沿海已成为融汇两者经济、文化的示范性区域。

“十二五”期间，广西将全面深化开放合作，务实推进泛北部湾经济合作和中越“两廊一圈”合作，积极参与大湄公河次区域合作；推进交通、电力、电信、信息网络等互联互通；积极拓展与日韩、欧美、大洋洲、非洲等经贸合作等，力争在进出口总额和实际利用外资方面有新的较高增长。

3．中国—马来西亚钦州产业园——中国与东盟经贸文化合作向纵深发展

2011 年 10 月 21 日，第八届中国—东盟商务与投资峰会在南宁开幕，时任国务院总理

中国—马来西亚钦州产业园区
开园奠基仪式

的温家宝作了题为《深化合作，共同繁荣》的讲话，指出："全球经济格局正在发生深刻变化，亚洲的地位和作用日益重要。中国和东盟都是最具活力的经济体，都处在发展转型的关键时期。要抓住难得的历史机遇，推动经济持续平稳较快发展，就要进一步加强区域经贸合作。中国—东盟国家人口众多，市场空间巨大，经济互补性强，合作前景广阔。这些为我们深化贸易投资合作提供了广泛可能。"为此，温总理提出要"共同建设好自贸区；大力推进互联互通；扩大双方投资合作；深化区域经济合作，拓展人文领域的交流"。

2011 年 10 月 21 日上午，时任总理温家宝与马来西亚纳吉布总理为"中国—马来西亚钦州产业园"揭牌，这标志着中国—马来西亚钦州产业园已进入实质性建设阶段。2012 年 4 月 1 日，时任国务院总理温家宝与马来西亚总理纳吉布共同出席中国—马来西亚钦州产业园区开园仪式，共同转动金色钥匙，为中国—马来西亚钦州产业园区开园揭幕。

中国—马来西亚钦州产业园区是中国与马来西亚政府合作的第一个园区，是两国政府合作的国家级产业园区，是继中新苏州工业园区、中新天津生态城之后我国第三个中外两国政府合作的园区。产业园区规划总面积 55 平方千米，规划人口 50 万人。首期开发建设 15 平方千米，其中启动区 7.87 平方千米。产业园区将按照打造中国—东盟合作典范区的目标，着力建设先进制造基地、信息智慧走廊、文化生态新城、合作交流窗口。中国—马来西亚钦州产业园，将是中马两国经贸合作的标志性项目和中国—东盟自贸区合作共赢的示范区。该产业园的快速推进，是中国与东盟合作的重大跨越，它标志着中国与东盟合作将从传统的贸易往来向投资合作领域纵深发展。

主要参考文献

白爱萍，廖国一．2010．古代广西北部湾地区的海洋渔业文化//北部湾海洋文化研究．南宁：广西人民出版社．

班固．1982．汉书．北京：中华书局．

北海年鉴编辑委员会．2001．北海年鉴（2000年卷）．南宁：广西人民出版社．

北海市地方志编纂办公室．2001．北海市志．南宁：广西人民出版社．

蔡怀能，林坚毅．1991．中国南珠．南宁：广西科技出版社．

陈伯陶．2011.胜朝粤东遗民录．上海：上海古籍出版社．

陈梦雷，等．1995．古今图书集成．蒋廷锡校订．成都:巴蜀书社．

陈寿．1975．三国志．北京：中华书局．

陈振汉，李友．1997．广西沿海潮汐．广西水产科技，(4)．

邓弦．2004-05-24．文坛遗案：杰出诗人王勃溺逝北部湾．广西日报．

杜平，章远新．2004．21世纪初广西海洋产业发展研究．北京：海洋出版社．

范成大．1986．桂海虞衡志校注．严沛校注．南宁：广西人民出版社．

范翔宇．2008．海门佛踪．南宁：广西人民出版社．

范翔宇．2010-05-17．书院文化，翰墨留香．北海日报．

范晔．1982．后汉书．北京：中华书局．

防城港市地方志办公室．2011．防城港年鉴2010．南宁：广西人民出版社．

防城县志编纂委员会．2000．防城县志．南宁：广西民族出版社．

房玄龄，等．1975．晋书．北京：中华书局．

费正清．1993．剑桥中华民国史（1912—1949）：上卷.北京：中国社会科学出版社．

冯艺，张燕玲．2006．风生水起——广西环北部湾作家群作品选．北京：作家出版社．

冯自由．1947．革命逸史．上海：商务印书馆．

符达升，过竹，韦坚平，等．1993．京族风俗志．北京：中央民族学院出版社．

傅中平，黄巧．2002．广西海洋资源概况及开发刍议．广西地质，(15)．

顾裕瑞，李志俭．1991．北海港史．北京：人民交通出版社．

广东省地方史志办公室．2009．广东历代方志集成 廉州府部（全12册）．广州:岭南美术出版社．

广东省文物管理委员会．1961．广东南路地区原始文化遗址．考古，(11)．

广西北部湾经济区规划建设管理委员会办公室，等．2011．广西北部湾经济区开放开发报告（2011）．北京：社会科学出版社．
广西大百科全书编纂委员会．2008．广西大百科全书·地理卷．北京：中国大百科全书出版社．
广西大百科全书编纂委员会．2008．广西大百科全书·历史卷．北京：中国大百科全书出版社．
广西统计局．2009．广西统计年鉴．北京：中国统计出版社．
广西壮族自治区地方志编纂委员会．1994．广西通志·侨务志．南宁：广西人民出版社．
广西壮族自治区地名委员会．1992．广西海域地名志．南宁：广西人民出版社．
广西壮族自治区考古训练班．1978．广西南部地区的新石器时代晚期文化遗址．文物，(9)．
广西壮族自治区通志馆，图书馆．1988．清实录（广西资料辑录）(一)（卷150）．南宁：广西人民出版社．
广西壮族自治区通志馆．1985．广西市县概况．南宁：广西人民出版社．
广西壮族自治区委员会党史研究室，广西军区政治部．1995．广西抗战纪实．南宁：广西民族出版社．
桂平县志编纂委员会．1991．桂平县志．南宁：广西人民出版社．
何丰伦．1997．中法战争后广西边防建设初探．中国边疆史地研究，(2)．
黄海云．2009．清代广西汉文化传播研究．北京：民族出版社．
黄焕光．2006．广西海洋资源及发展海洋经济的构想．南方海洋国土资源，(4)．
黄家蕃，等．1995．南海“海上丝绸之路”始发港徐闻、合浦的形成条件//南海“海上丝绸之路”始发港．北京：海洋出版社．
黄家藩．1991．南珠春秋．南宁：广西人民出版社．
黄启臣．2006．海上丝路与广东港．北京：中国评论学术出版社．
黄朔，等．2010．广西北部湾海洋文化产业发展探析．产业经济，(11)．
黄伟林．2007-10-08．激流勇进，顺势而为——关于文艺面对北部湾经济大潮的思考．广西日报．
黄伟宗，司徒尚纪．2010．中国珠江文化史．广州：广东教育出版社．
黄招扬．2008．广西海水晒盐工艺研究——以广西北海市铁山港区北暮盐场为例 [D]．广西民族大学硕士论文．
黄铮．1989．广西对外开放的重要港口——历史、现状、前景．南宁：广西人民出版社．
吉成名．1993．有关唐代海盐生产技术的几条材料剖析．盐业史研究，(1)．
蒋锦璐．2008-03-18．新思路 新天地——广西文化工作者热议建设北部湾海洋文化．广西日报．
蒋开科．2010．北部湾海洋文化论坛论文集．南宁：广西人民出版社．
蒋维乔．2008．中国佛教史．南京：江苏文艺出版社．
京族简史编写组．2008．京族简史．北京：民族出版社．
军事科学院军事历史研究部．1994．中国抗日战争史（上、中、下）．北京：解放军出版社．
昆山顾炎武研究会．2002．天下郡国利病书．上海：上海科学技术文献出版社．

赖昌方. 2007. 北部湾灿烂的传统文化资源. 南方国土资源，(7).
蓝武芳. 2007. 京族海洋文化遗产保护. 广东海洋大学学报，(4).
黎学锐. 2012. 广西海洋文化开发利用研究. 歌海，(6).
李绸元. 2006. 南越笔记. 广州：广东人民出版社.
李国祥. 1989. 明实录类纂. 广西史料卷. 南宁：广西师范大学出版社.
李金明. 2000. 中法勘界斗争与北部湾海域划界. 南洋问题研究，(2).
李庆新. 2010. 濒海之地——南海贸易与中外关系史研究. 北京：中华书局.
李树华，夏华永、陈明剑. 2000. 广西近海水文与水动力环境研究. 北京：海洋出版社.
李贤，等. 1982. 后汉书. 北京：中华书局.
李志俭，顾裕瑞. 1989. 北海港历史、现状、前景. 南宁：广西人民出版社.
李志俭. 1995-06-10. 四大古港之一的"廉州港". 北海日报.
李珠江，朱坚真. 2005. 21世纪中国海洋经济发展战略. 北京：经济科学出版社.
郦道元. 1990. 水经注. 上海：上海古籍出版社.
梁鸿勋. 1905. 北海杂录. 香港：日华印务公司.
梁旭达，邓兰. 2001. 汉代合浦郡与海上丝绸之路. 广西民族研究，(3).
廖德全. 1999. 当代广西北海市1949—1997. 南宁：广西人民出版社.
廖国一，曾作健. 2005. 南流江变迁与合浦港的兴衰. 广西地方志，(3).
廖国一. 1998. 中国古代最早开展远洋贸易的地区——环北部湾沿岸. 广西民族研究，(3).
廖国一. 2001. 环北部湾沿岸历代珍珠的采捞及其对海洋生态环境的影响. 广西民族研究，第一期.
廖国一. 2005. 东兴京族海洋文化资源开发. 西南民族大学学报，(1).
廖国一. 2009. 北部湾古代的南珠文化//北部湾海洋文化研究. 南宁：广西人民出版社.
廖国一. 2010-02-07. 中越边境的伏波庙会. 防城港日报.
林宝光，等. 1995. 大西南的出海门户——北海. 北京：海洋出版社.
灵山县志编纂委员会. 2000. 灵山县志. 南宁：广西人民出版社.
刘明. 2007. 海洋经济发展存在问题诊断——以广西为例. 当代经济管理，(6).
刘明贤，邱灼明. 1993. 珍珠传说. 广州：广东旅游出版社.
刘希为，刘盘修. 1991. 六朝时期岭南地区的开发. 中国史研究，(1).
刘恂. 1983. 岭南录异. 广州：广东人民出版社.
刘迎胜. 1995. 丝路文化——海上篇. 杭州：浙江人民出版社.
卢润德，秦田初，张慧颖. 2009. 走产业集群之路，加快发展广西北部湾港口物流业. 中国商贸，(9).
卢岩. 2010. 防城港文化遗产丛书——非物质文化遗产部分. 南宁：广西人民出版社.
吕余生，等. 2011. 泛北部湾合作发展报告（2011）. 北京：社会科学文献出版社.
穆黛安. 1997. 华南海盗. 刘平译. 北京：中国社会科学出版社.

牛秉钺.1994．珍珠史话．北京：紫禁城出版社．
农作烈，等．2008-03-08．借海洋文化之风扬泛北部湾经济合作之帆．西部时报．
欧阳修．1975．唐书．北京：中华书局．
潘茨宣．2009-06-18．张说——曾流谪钦州的一代词宗．广西日报．
潘乐远，等．1994．合浦县志．南宁：广西人民出版社．
潘乐远．1994．腾飞的合浦．南宁：广西人民出版社．
潘琦，等．2002．广西环北部湾文化研究．南宁：广西人民出版社．
彭静．2011．天主教在广西涠洲岛的传播与对外扩散．岭南文史，(2)．
彭年．2002．远古秦汉海洋渔农文化史事拾摭．广东教育学院学报，(4)．
钦州市地方志编纂办公室．2000．钦州市志．南宁：广西人民出版社．
钦州市委宣传部，钦州市文联．2008．钦州文化丛书·千年史话．南宁：广西人民出版社．
卿希泰．1992．中国道教史（第二卷）．成都：四川人民出版社．
邱明灼．1996．北海游记．南宁：广西民族出版社．
屈大均．1985．广东新语．北京：中华书局．
曲金良．1999．海洋文化概论．青岛：中国海洋大学出版社．
沈昫，等．1975．旧唐书·地理志．北京：中华书局．
司马迁．1982．史记．北京：中华书局．
司徒尚纪．2009．中国南海海洋文化．广州：中山大学出版社．
苏轼．1985．东坡志林．上海：华东师范大学出版社．
孙斌，徐质斌．2004．海洋经济学．济南：山东教育出版社．
覃义生，覃彩銮．2001．大石铲遗存的发现及其有关问题的探讨．广西民族研究，(4)．
覃主元．2006．汉代合浦港在南海丝绸之路中的特殊地位和作用．社会科学战线，(1)．
田汝唐．1957．17—19世纪中叶中国帆船．上海：上海人民出版社．
王锋．2010．北部湾海洋文化研究.南宁：广西人民出版社．
王克．2000．北部湾风情——广西部分．北京：作家出版社．
王文卿，王瑁．2007．中国红树林．北京：科学出版社．
王小东．2010-03-13．关于北海历史文化与城市发展的思考．光明日报．
王桢．1981．农书．北京：农业出版社．
魏征，颜师古，等．1975．隋书．北京：中华书局．
吴彩珍．1992．中国瑰宝——南珠．南宁：广西民族出版社．
吴定光，等．2000．北海风丛书．广州：广东旅游出版社．
吴满玉，冼少华，等．2005．当代中国京族．南宁：广西人民出版社．
吴小玲，陆露．2003．南国珠城．西安：三秦出版社．

吴小玲．2001．北部湾地区的古代居民探源．钦州师范高等专科学校学报，(2)．
谢之雄．1989．广西壮族自治区经济地理．北京：新华出版社．
徐质斌．2007．中国海洋经济发展战略研究．广州：广东经济出版社．
颜小华．2009．基督教在近代广西民族地区的传播发展及其原因．中央民族大学学报，(5)．
杨孚．2009．异物志．广州：广东科技出版社．
杨国桢，郑弘甫，孙谦．1997．明清中国沿海社会与海外移民．北京：高等教育出版社．
姚思廉．1975．梁书．北京：中华书局．
于谨凯．2007．我国海洋产业可持续发展研究．北京：科学出版社．
余益中，刘士林，廖明君．2009．广西北部湾经济区文化发展研究．南宁：广西人民出版社．
张创智．2011-06-07．坚持科学发展，构建和谐海洋．中国海洋报．
张桂宏．2009．广西沿海地区潮汐特性分析．人民珠海江，(1)．
张国经．2002．廉州府志．北京：中国书店出版社．
张开域，等．2008．海洋文化与海洋文化产业研究．北京：海洋出版社．
张廷兴，岳晓华，等．2008.中国文化产业概论．北京：中国广播电视出版社．
张廷玉．1974．明史．北京：中华书局．
张壮强．2000．广西近代援越抗法战争．厦门：厦门大学出版社．
郑天挺，吴泽，杨志玖．2000．中国历史大辞典：下卷．上海：上海辞书出版社．
中共北海市委员会．2000．广西的改革开放——北海卷．北京：中央文献出版社．
中国海湾志编纂委员会．1993．中国海湾志（第十二分册），广西海湾．北京：海洋出版社．
中国少数民族社会历史调查资料丛刊修订编辑委员会．2009．广西京族社会历史调查．北京：民族出版社．
中国社会科学院语言研究所词典编辑室．2007．现代汉语词典．北京：商务印书馆（北京）．
钟珂．2010．民国以来京族海洋渔捞习俗变迁及其文化蕴涵研究——以广西东兴市沥尾村京族为个案.广西师范大学硕士学位论文．
钟文典．1999．广西通史（第一卷）．南宁：广西人民出版社．
周去非．1996．岭外代答．屠友祥校注．上海：上海远东出版社．
周燮藩，牟钟鉴，等．1992．中国宗教纵览．南京：江苏文艺出版社．
朱海燕．2009．防城港文化遗产丛书——历史文化遗产部分．南宁：广西人民出版社．
朱名遂．1995．广西通志·宗教志．南宁：广西人民出版社．
朱宗震，汪朝光．1996．铁军名将——陈铭枢．兰州：兰州大学出版社．

后记

《中国海洋文化 · 广西卷》是第一本全面梳理、展现广西海洋文化的书籍，堪称广西海洋文化的“山海经”。

广西拥有1595千米长的大陆海岸线，12.8万平方千米的海域面积、7.5万公顷的滩涂面积以及500多种的海洋鱼类，海洋资源丰富而独特，而且广西是我国唯一与东盟国家既有陆地接壤又有海上通道的省区，区位优势得天独厚，是中国面向东盟开放合作的前沿和窗口，是连接多区域的国际通道、交流桥梁、合作平台，是西南、中南地区开放发展新的战略支点。

广西北部湾是一座文化资源蕴藏极为丰富的宝库，如果把人类社会发展的进程概括为四大文明形态，即游牧文明、农耕文明、海洋文明和都市文明，那么广西北部湾文化具备了农耕文明、海洋文明、都市文明的基本特征，又由于这些特征的相互交叉、渗透、融合和影响，形成了广西北部湾文化独特而粲然的光彩，比如南珠文化、商贸文化、军旅文化、民族文化，这里的海洋文化、风俗文化等，都闪耀出了迷人的魅力。中国最早的“海上丝绸之路”——汉代“海上丝绸之路”就是从广西合浦、广东徐闻扬帆起航，越过沿海，入印度洋，到达印度、西亚及欧洲等国家和地区。广西沿海至今依然还保留有新石器时代贝丘遗址、古运河、古商道、古炮台、伏波庙及南珠、京族哈节、疍家、三娘湾神话等一批历史古迹及民间文化遗产，蕴含着巨大的文化潜力，有待我们进一步挖掘、研究、整合、开发与利用，展现其独特魅力。

历史反复昭示我们，向海而兴，背海而衰，是一条亘古不变的铁律。长期以来，由于种种原因，与其他沿海兄弟省市相比，广西丰富而独特的海洋资源未得到有效开发，海洋经济发展落后，产业结构单一，科技含量不高，海洋文化挖掘开发滞后。近年来，广西党委、政府高度重视海洋经济的发展，明确提出了广西北部湾经济区优先发展战略，着力加快海洋经济发展，推进海洋强区建设，港口建设快速推进，临港工业迅速发展，滨海旅游方兴未艾，科技兴海全面铺开，海洋文化蒸蒸日上。当前，伴随着广西北部湾经济区的开放开发、中国—东盟自贸区建设的转化升级、西南中南地区开放发展新的战略支点在广西打造，广西将深入贯彻落实党的十八大精神，抓住这一千载难逢的发展机遇，走向海洋、经略海洋，着力建设海洋强区，为建设海洋强国、加快实现富民强桂新跨越做出积极的贡献！

广西壮族自治区海洋局是全国最年轻的海洋行政管理部门，2011 年 1 月 1 日才正式独立运转。广西壮族自治区海洋局紧紧围绕“广西与全国同步全面建成小康社会、建成西南中南地区开放发展新的战略支点”的战略部署，坚持陆海统筹，坚持规划、集约、生态、科技、依法用海，加快海洋产业布局和结构的优化调整，健全地方性海洋法律法规体系，构建蓝色生态环境屏障，推动科技兴海纵深发展，弘扬北部湾特色海洋文化，海洋各项工作取得了明显成效。尤其是在海洋文化方面，2012 年，广西壮族自治区海洋局编制完成了《广西海洋文化及海洋文化产业发展策划》，这是全国首个通过评审的省（市、区）级海洋文化及海洋文化产业发展策划；2013 年在此基础之上，又编制了《广西海洋文化及海洋文化产业发展规划》，将海洋文化挖掘、创作、提升与旅游发展有机结合起来，将海洋生态文明发展建设与旅游开发结合起来，将生态型海岸改造与美丽滨海城市结合起来，着力打造知名海洋文化品牌，建设海洋文化产业园区，培育北部湾特色海洋文化产业集群。

钦州学院是目前广西沿海地区唯一的公立本科高等院校，在海洋文化研究方面独具优势。《中国海洋文化 · 广西卷》由钦州学院编撰。钦州学院组建了由 10 多名教授专家组成的编写组开展本书编撰工作。经过两年多的艰苦努力，历经数易其稿，书稿终于完成，并顺利通过专家组评审。

《中国海洋文化 · 广西卷》一书编撰分工大致如下：张创智审定全书，银建军、吴小玲统撰全书，黄家庆、任才茂、张元朗、钟秋平、何波、唐湘雨、宋坚、张士伦、黎树式参加了本书相关章节的编撰工作，任才茂、陈炫严负责图片拍摄及收集，梁云、李红、张强、李梦云、张淦侑、蓝远东等提供了部分相片。

在本书即将付梓之际，编写组感谢在编撰过程中给予大力支持的单位、领导、专家：广东中山大学黄伟宗教授、黄启臣教授和司徒尚纪教授，广东社科院海洋文化研究所李庆新教授，广西社科院当代广西研究所冼少华所长，澳门大学人文学院历史系主任安乐博教授，广西师范大学文化与旅游学院廖国一教授，广西社会主义学院的庞卡副院长，合浦博物馆陆露副研究员，防城港市政协邓朝和主任，防城港市社科联蒋开科主席，防城港市财政局梁云副局长，北海市委宣传部张强科长，钦南区政协办公室罗宁忠主任；沿海三市的政协文史委、文联、社科联、海洋局、文化局、方志办、党史办、科协以及钦南区政协办公室等单位。此外，本书还借鉴了不少同行专家、学者的相关研究资料及图片资料，在此不再一一列举，谨向各位热心支持本书编撰工作的朋友们表示衷心感谢！

由于编者水平有限，书中难免存在不足或失误之处，敬请读者见谅，并欢迎广大读者批评指正。

《中国海洋文化·广西卷》编写组

图书在版编目（CIP）数据

中国海洋文化·广西卷/《中国海洋文化》编委会编.—北京：海洋出版社，2016.7
ISBN 978-7-5027-9099-8

Ⅰ.①中…　Ⅱ.①中…　Ⅲ.①海洋—文化史—广西　Ⅳ.①P7-092

中国版本图书馆 CIP 数据核字（2015）第 050634 号

责任编辑：唱学静
装帧设计：一瓢文化·邱特聪
责任印制：赵麟苏

ZHONGGUO HAIYANG WENHUA · GUANGXI JUAN

海洋出版社　出版发行
http://www.oceanpress.com.cn
北京市海淀区大慧寺路 8 号　　邮编：100081
北京画中画印刷有限公司印刷　　新华书店经销
2016 年 7 月第 1 版　　2016 年 7 月北京第 1 次印刷
开本：810mm × 1050mm　1/16　　印张：21.5
字数：377 千　　定价：68.00 元
发行部：010-62132549　邮购部：010-68038093
编辑室：010-62100038　总编室：010-62114335